高等教育"十二五"规划教材

Visual FoxPro 程序设计教程

（修订版）

郭元辉　李　军　程国忠　主　编

科学出版社

北　京

内 容 简 介

  本书以 Visual FoxPro 6.0 中文版为开发环境，以程序语言结构为主线，结合程序的实际要求，力求全面讲述 Visual FoxPro 的基础知识和应用程序设计方法。主要内容包括数据库基础知识、Visual FoxPro 系统概述、Visual FoxPro 语言基础、数据库和表的基本操作、结构化查询语言 SQL、查询与视图的创建、Visual FoxPro 程序设计基础、表单的设计与使用、菜单的设计、报表和标签的创建与使用以及使用 Visual FoxPro 开发小型的管理系统。

  本书内容系统全面、结构清晰合理、通俗易懂、案例丰富。本书可作为普通高等院校相关专业的教材，也可作为成人教育、各类计算机培训班的教学用书和自学者的参考资料。

图书在版编目(CIP)数据

Visual FoxPro 程序设计教程（修订版）/郭元辉，李军，程国忠主编. —北京：科学出版社，2010
（高等教育"十二五"规划教材）
ISBN 978-7-03-027333-8

Ⅰ.①V… Ⅱ.①郭…②李…③程… Ⅲ.①关系数据库-数据库管理系统，Visual Foxpro-高等学校：技术学校-教材 Ⅳ.①TP311.138

中国版本图书馆 CIP 数据核字（2010）第 074791 号

策划：姜天鹏 宋 芳
责任编辑：王纯刚 李 瑜 刘文军 / 责任校对：柏连海
责任印制：吕春珉 / 封面设计：东方人华平面设计部

科 学 出 版 社 出版
北京东黄城根北街 16 号
邮政编码：100717
http://www.sciencep.com
新科印刷有限公司 印刷
科学出版社发行　　各地新华书店经销

2010 年 5 月第 一 版　　开本：787×1092 1/16
2016 年 7 月第七次印刷　　印张：18 3/4
字数：432 000
定价：54.00 元（共两册）
（如有印装质量问题，我社负责调换〈新科〉）
销售部电话 010-62140850　　编辑部电话 010-62135763-2038

本书编写人员名单

主　编　　郭元辉　李　军　程国忠

撰稿人　（按姓氏笔画排序）

冯庆煜（西华师范大学）

李　军（四川农业大学）

何洪英（西华师范大学）

罗兴贤（西华师范大学）

周智勇（西华师范大学）

赵扬杰（西华师范大学）

郭元辉（西华师范大学）

高江锦（西华师范大学）

程国忠（西华师范大学）

韩　燕（西华师范大学）

熊　华（西华师范大学）

前　言

Visual FoxPro 关系型数据库系统是新一代数据库管理系统的杰出代表。它以强大的开发功能、完整而丰富的工具、友好的开发界面以及完备的兼容性等特点，备受广大用户的欢迎。

本书以介绍 Visual FoxPro 6.0 中文版为主要内容，系统地介绍了关系型数据库管理系统的使用以及开发管理信息系统的基本步骤，共分为 11 章。

第 1 章的内容主要包括数据库的基础知识和 Visual FoxPro 系统概述。

第 2 章介绍了 Visual FoxPro 的基础知识，包括 Visual FoxPro 的用户界面、工作方式、辅助设计工具和项目管理器。

第 3 章介绍了 Visual FoxPro 的语言基础，包括数据类型、常量和变量、常用函数、运算符和表达式。

第 4 章介绍了数据库和表单的创建和使用。

第 5 章介绍了结构化查询语言 SQL 的概念和基本功能。

第 6 章介绍了查询和视图的创建和使用。

第 7 章介绍了 Visual FoxPro 的程序设计基础，包括程序文件的创建、编辑、运行和调试；程序的基本结构；子程序、子过程和自定义函数的使用等。

第 8 章~第 10 章主要介绍了表单的设计与使用、菜单的设计与使用、报表与标签的设计与使用。

第 11 章以学生信息管理系统开发为例，介绍了使用 Visual FoxPro 开发小型数据库系统的基本方法和步骤。

本书每章前都有教学要点，使读者对本章的主要内容和应掌握的知识和技能有明确的了解。每章后面还备有习题，以便读者巩固所学知识。

本书由郭元辉、李军、程国忠担任主编。其中第 1 章和第 2 章由郭元辉编写；第 3 章和第 4 章由冯庆煜编写；第 5 章由程国忠编写；第 6 章由罗兴贤编写；第 7 章由赵扬杰编写；第 8 章由熊华编写；第 9 章由高江锦、何洪英编写；第 10 章由周智勇、韩燕编写；第 11 章由李军编写。

本套书共两册，总定价为 54.00 元。其中，《Visual FoxPro 程序设计教程》（修订版）定价为 32.00 元，《Visual FoxPro 程序设计上机指导与习题集》（修订版）定价为 22.00 元。

由于作者水平有限，经验不足，书中难免存在缺点和错误，敬请广大读者提出宝贵意见。

编　者
2013 年 5 月

目　　录

第 1 章　数据库基础知识及 Visual FoxPro 系统概述

本章要点

- ✧　掌握数据库技术的基本概念和相互关系
- ✧　掌握关系型数据库的概念，了解关系运算
- ✧　了解 Visual FoxPro 的发展、安装、启动和退出

20 世纪 60 年代，计算机的发展进入了晶体管时代。从那时起，计算机更新换代的速度愈来愈快，到 1971 年即跃入了超大规模集成电路时代，出现了微型计算机。计算机技术的发展，使得它的应用范围不断拓宽。计算机技术逐渐地从用于军事及科学目的的数值计算，扩展到了数据处理领域。

数据库系统就是在这种形势下应运而生并迅猛发展的，如今它已经成为现代计算机科学领域内一个新兴的、重要的分支。数据库系统由数据库、介于数据库与应用程序之间的数据库管理系统和提供用户使用的各类应用程序 3 个部分组成。数据库管理系统是数据库系统的重要部分。

1.1　数据库基础知识

1.1.1　数据、信息和数据处理

1. 数据（data）

数据是对客观事物的物理表示。在计算机中，能被计算机所接受和处理的符号，例如数字、字母、文字、特殊字符以及图形、图像、声音等多媒体都称为数据。数据被存储在计算机的存储设备中。

数据可分为数值型数据（如成绩、工资、价格等）和非数值型数据（如性别、日期、姓名、声音等）。数据可以被收集、存储、处理、传播和使用。

2. 信息（information）

信息是经过加工处理并对人类社会实践和生产活动产生决定性影响的有价值的数据。信息是以某种数据形式表现的。信息与数据的关系可以表示为：信息=数据+处理。

数据和信息既有联系又有区别。它们之间的关系是：信息是对客观世界的反映，数据是信息的具体描述和表现形式，是信息的载体。但是，可以用不同的数据形式表示同样的信息，信息不会随它的数据形式的不同而发生改变。例如，某公司要开会，可以把"开会"信息通过文字、网络、广播等形式通知到各部门。这里，文字、网络或广播是不同的表现形式，可以表示同一个信息。

3. 数据处理（data processing）

数据处理也称为信息处理，是指利用计算机将各种类型的数据转换成信息的过程。它包括对数据的收集、整理、存储、加工、分类、维护、排序、检索和传输等一系列处理活动。目前，数据处理常常离不开计算机技术和数据库技术。在计算机中，通过计算机软件来管理数据，通过程序对数据进行加工处理，用外存储器来存储数据。

1.1.2　数据库、数据库管理系统和数据库系统

1. 数据库

数据库（data base）就是数据的集合，它把数据按照特殊的目的和一定的方法存储起来，以便于访问管理和更新。数据库可以直观地理解为存放资料的仓库，只不过这个仓库是在计算机的大容量内存上，例如，硬盘就是一种最常见的计算机大容量存储设备；而且数据必须按一定的格式存放，因为它不仅需要存放，而且还要便于查找。

2. 数据库管理系统

数据库的创建、管理、使用和维护等都需要由一种叫做数据库管理系统（database management system，简称 DBMS）的软件来完成。它是位于用户与操作系统之间的系统软件。数据库管理系统的主要功能包括以下 5 个方面。

（1）数据定义功能

DBMS 提供数据定义语言（DDL）来定义数据库，用户通过它可以方便地对数据库中的相关内容进行定义。例如，对数据库、表、索引进行定义。

（2）数据存取功能

DBMS 提供数据操作语言（DML），支持用户对数据库中的数据进行查询、更新（包括增、删、改）等操作。

（3）数据库运行控制功能

DBMS 提供数据控制功能，即从数据的安全性、完整性和并发控制等方面对数据库进行有效地控制和管理，以确保数据库数据的正确和数据库系统的有效运行。该功能是

DBMS 的核心部分，所有数据库的操作都要在这些控制程序的统一管理下进行。

（4）数据库的建立和维护功能

数据库的建立和维护功能包括数据库初始数据的输入、转换功能，数据库的转储、恢复功能，数据库的重新组织功能和性能监视、分析功能等。

（5）数据通信功能

DBMS 提供处理数据的传输，实现用户程序与 DBMS 之间的通信功能。通常与操作系统协调完成。

3．数据库系统

数据库系统是指在计算机系统中引入数据库后的系统，一般由数据库、数据库管理系统及其开发工具、应用系统、数据库管理员和用户构成。数据库系统具有数据的结构化、共享性、独立性、可控冗余度以及数据的安全性、完整性和并发控制等特点。

1.1.3　数据管理发展的 3 个阶段

1．人工管理阶段

20 世纪 50 年代以前，计算机主要用于数值计算。此时的计算机除了硬件以外，没有操作系统及管理数据的软件；并且数据量小，数据无结构，由用户直接管理，且数据间缺乏逻辑组织，数据依赖于特定的应用程序，缺乏独立性。

2．文件系统阶段

在 20 世纪 50 年代后期到 60 年代中期，计算机在硬件方面已有了磁盘、磁鼓等直接存取存储设备；在软件方面，操作系统中已经有了专门的数据管理软件，这种软件一般称为文件系统。此时，计算机不仅用于科学计算，也广泛用于数据处理，其特点主要有以下几点。

① 数据可以以文件的形式长期保存。
② 文档形式多样化。
③ 数据的物理结构与逻辑结构有了区别。
④ 程序与数据之间有一定的独立性。

3．数据库系统阶段

从 20 世纪 60 年代后期开始，随着计算机技术的发展，计算机性能得到很大提高，出现了大容量磁盘。在此基础上，出现了数据库这样的数据管理技术。数据库的特点是数据不再只针对某一特定应用，而是面向全组织，具有整体的结构性，如图 1-1 所示。该阶段程序的共享性高，因此冗余度小，具有一定的程序与数据间的独立性，并且实现了对数据进行统一的控制。

数据库系统管理方式主要具有如下特点。

① 数据结构化。数据库系统不再像文件系统那样从属于特定的应用，而是面向整个系统来组织数据。

②　实现数据共享。这是数据库系统区别于文件系统的最大特点之一，也是数据库系统技术先进性的重要体现。

③　数据独立性。数据独立于应用程序而存在，数据与程序相互独立，互不依赖，不因一方的改变而改变另一方。

④　可控数据冗余度。数据结构化、数据共享和数据独立性的优点使数据的存储不必重复，这样不仅可以节省存储空间，而且从根本上保证了数据的一致性。

⑤　数据控制的统一性。主要包括数据安全性控制、完整性控制、并发控制和数据恢复。

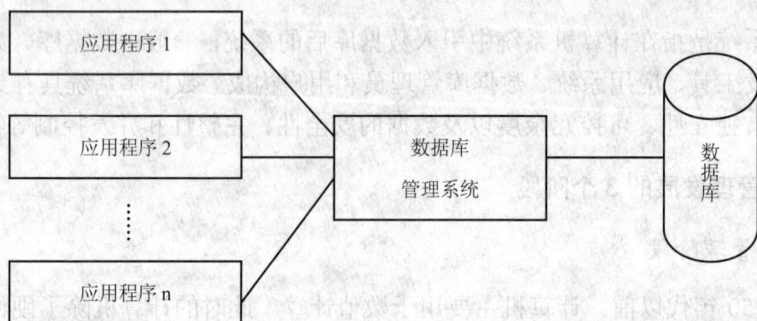

图 1-1　数据库系统管理阶段

1.2　数 据 模 型

数据模型是对现实世界数据特征的抽象，是用来描述数据的一组概念和定义。数据模型按照不同的应用层次可划分为概念数据模型和逻辑数据模型两类。概念数据模型又称为概念模型，是一种面向客观世界、面向用户的模型，主要用于数据库的设计，是数据库设计人员和用户之间进行交流的语言。E-R 模型、扩充的 E-R 模型等都是常用的概念模型。逻辑数据模型又称为数据模型，是一种面向数据库系统的模型，即依赖于某种具体的数据库管理系统，主要用于数据库管理系统的实现，常见的数据模型包括层次模型、网状模型和关系模型。

1.　数据模型的基本要素

数据模型通常由数据结构、数据操作和完整性约束 3 个要素组成。

（1）数据结构

数据结构是指对实体类型和实体之间联系的表达和实现。主要用于描述系统的静态特征，如域、属性等。

（2）数据操作

数据操作是指对数据库的检索和更新（插入、删除、修改）两大类操作。主要用于描述系统的动态特征。

（3）完整性约束

完整性约束给出了数据及其联系所具有的制约和依赖规则。这些规则用于限定数据库的状态及状态的变化，以保证数据库中数据的正确、有效和相容性。如对性别、年龄的约束。

2. 概念模型

（1）实体（entity）

客观存在并可以相互区别的事物称为实体，它是信息世界的基本单位。实体可以是具体的对象，如某班的一个同学、一间教室，也可以是抽象的事物，如借书、订货；既可以是对象本身，也可以是对象与对象之间的联系。

同类实体的集合称为实体集（entity set）。例如，一个公司的所有员工是一个实体集，而其中的每位员工都是实体集的成员。

（2）属性（attribute）

实体所具有的某一特性称为属性。一个实体可以由多个属性来描述，如一辆汽车的商标、颜色、价格、厂商等属性。属性的类型可以是数值、字符串等。每一个属性有一个取值范围，称为值域。

（3）实体型（entity model）

用实体名及其属性名的集合来抽象和描述同类实体称为实体型。如"汽车（商标、颜色、价格、厂商）"就是一个实体型。

（4）码（key）

唯一标识实体的属性或属性集称为码。如在学生实体中，学号就是学生实体的码。

（5）关系（relation）

关系就是不同实体之间的联系。

① 一对一关系（1:1）。如果对于实体集 A 中的每个实体，实体集 B 中最多有一个实体（也可以没有）与之联系，反之亦然，则称实体集 A 与实体集 B 具有一对一的关系。例如，一个学校只有一个校长，一个校长只能在一个学校任职，则学校和校长之间具有一对一关系。

② 一对多关系（1:n）。如果对于实体集 A 中的每个实体，实体集 B 中有多个实体与之联系，反之，对于实体集 B 中的每个实体，实体集 A 中最多有一个实体与之联系，则称实体集 A 与实体集 B 具有一对多的关系。例如，一个系部可以聘请若干个教师，而每个教师只能受聘于一个系部，则系部与教师之间具有一对多关系。

③ 多对多关系（m:n）。如果对于实体集 A 中的每个实体，实体集 B 中有多个实体与之联系，反之，对于实体集 B 中的每个实体，实体集 A 中也有多个实体与之联系，则称实体集 A 与实体集 B 具有多对多的关系。例如，一个学生可以在同一个学期学习多门课程，而一门课程同时可以有多个学生学习，则学生与课程之间具有多对多的关系。

3. 数据模型

（1）层次模型

层次模型是数据库系统最早使用的一种模型。它是用树状结构来表示实体集以及实体间的联系的，只能表示一对多的关系。在这种模型中，数据被组织成由"根"开始逐级伸展的一棵"树"，每个实体放在不同的层次上。企业部门编制、行政机构等都可以用层次模型表示，如图 1-2 所示。

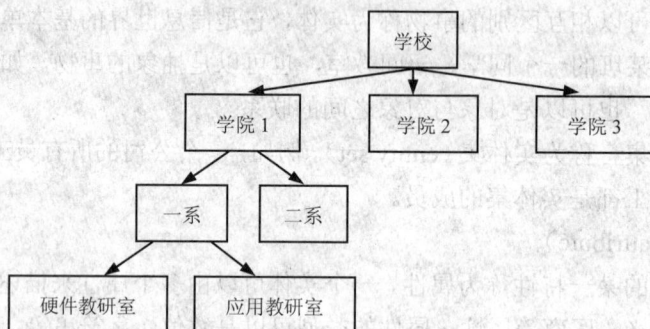

图 1-2   层次模型

层次模型的特点如下。

① 有且仅有一个结点，无双亲结点，这个结点即为树的根结点。

② 其他结点有且仅有一个双亲结点。

（2）网状模型

网状模型（如图 1-3 所示）是以网状结构表示实体间的多种复杂联系和实体类型之间的多对多的联系。网状模型的特点如下。

① 可以有一个以上的结点，无双亲结点。

② 至少有一个子结点，有一个以上的双亲结点。

③ 在两个结点之间存在两个或两个以上的联系。

网状模型的结构比层次模型更具有普遍性，它突破了层次模型的两个限制，允许多个结点没有双亲结点，允许一个结点具有多个双亲结点。因此网状模型可以更直接地描述现实世界。

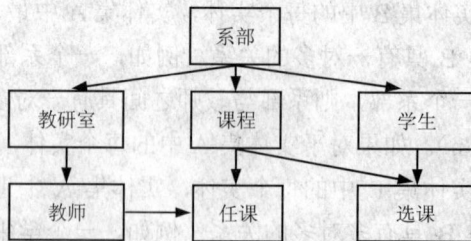

图 1-3   网状模型

（3）关系模型

通常用二维表格形式来表示实体集及其之间的关系。每个二维表称为一个"关系"（对应一个实体集），表的每一行称为一个元组（对应一个实体），表的每一列称为一个属性。与前两种模型相比，关系模型数据描述一致、模型概念单一。

如表 1-1 所示为一张学生关系的结构模型表。

表 1-1 学生关系结构表

学 号	姓 名	性 别	专 业	成 绩	贷 款 否
08031101	浩然	男	计算机应用	681	F
08031102	张一	男	软件工程	677	T
08031103	文丽	女	计算机应用	700	T
08031104	秦月	女	动漫设计	632	F
08031105	罗文	女	动漫设计	645	F

关系模型的主要特点是关系规范化、集合性操作和数据描述的统一性。

1.3 关系型数据库的基础知识

1. 关系术语

（1）关系

一个关系就是一张二维表，每个关系都有一个名称，即关系名。在 Visual FoxPro 中，一个关系存储为一个文件，称为表，文件扩展名为.dbf。在 Visual FoxPro 中使用表来存放同类实体，即实体集，如"学生"表存放学生实体集。

（2）元组

表中的行称为元组。元组对应于 Visual FoxPro 表文件中的一个记录。每条记录代表一个具体的实体。

（3）字段

表中的列相当于记录的属性，称为字段或数据项。字段的命名通常和属性名相同，如学生表中有学号、姓名、性别、成绩等字段。

（4）值域

值域即属性的取值范围，例如"姓名"只能是字符类型。

（5）码（关键字）

码能唯一标识表文件中每个记录的字段或字段的组合。若一张表中有多个码，从中选取一个作为主码。在 Visual FoxPro 中称码为关键字（简称为键），主码称为主关键字（简称为主键），如学生表中的"学号"就是主键。

（6）关系模式

对关系的描述称为关系模式。关系模式与记录类型相对应。关系模式一般表示为

关系名（属性 1，属性 2，属性 3，……，属性 n）

如"学生"表的关系模式可表示为

学生（学号，姓名，性别，专业，成绩，贷款否）

> 操作技巧　在关系数据库理论中，能唯一标识每个元组的属性或属性组合，称为关系的候选码（即关系模型中的码）。若有多个候选码，选定其中一个作为主码。一个关系只有一个主码。包含在候选码中的属性称为主属性，不在候选码中的属性称为非主属性。

（7）联系

在关系模型中，实体以及实体间的联系都是用关系来表示的。实体以及实体之间的联系在 Visual FoxPro 中称为表和表间关系。

在关系模型中描述对象间的联系只能用关系来表示。例如，在学生、课程、成绩 3 个关系模型中，用同名属性表示了学生、课程、成绩 3 个事物之间的联系。

学生（学号，姓名，性别，专业，成绩，贷款否）
课程（课程号，课程名，学时，学分）
成绩（学号，课程号，成绩）

其中，"学生"关系中的"学号"和"成绩"关系中的"学号"是一对多联系；"课程"关系中的"课程号"和"成绩"关系中的"课程号"是一对多联系；"学生"和"课程"之间是多对多联系。

（8）关系规范化

所谓关系规范化是指关系数据库中的每个关系都必须满足一定的要求。根据满足的条件不同，可以划分为 6 个等级：第一范式（1NF）、第二范式（2NF）、第三范式（3NF）、修正的第三范式（BCNF）、第四范式（4NF）和第五范式（5NF）。对于通常的问题，只要求把数据规范到第三范式即可。

在 Visual FoxPro 中，关系数据库的规范化是为了解决关系数据库中插入、删除和数据冗余问题而引入的。一张二维表构成的关系应满足以下条件。

① 表中不允许有重复的字段名。

② 表中每一列中数据的类型必须相同。

③ 表中不允许有完全相同的记录。

④ 表中行的次序以及列的次序可以任意排列，且行或列的次序不影响表中的关系。

2. 关系运算

在使用关系数据库时，需要从数据库中找出有价值的数据，这就要对关系进行一定的关系运算，关系运算是在关系上对记录或字段进行的运算、操作。关系的基本运算有两类：一类是传统的集合运算（并、差、交等）；另一类是专门的关系运算（选择、投影、联接等）。

（1）集合运算

传统的集合运算的两个关系必须具有相同的结构。

① 并运算：两个相同结构关系的并是由属于这两个关系的元组组成的集合。

例如，有两个结构相同的关系 R1 和 R2，分别存放两个班的学生，把第二个班的学生追加到第一个班学生的记录后就是这两个关系的并集。

② 差运算：关系 R 和关系 S 的差是由属于 R 但不属于 S 的所有元组组成的关系。

例如，获得奖学金的学生构成关系 R，被评为优秀学生干部的学生构成关系 S，R 与 S 的差是获得奖学金而没有被评为优秀学生干部的学生集合。

③ 交运算：关系 R 和关系 S 的交是由既属于 R 又属于 S 的所有元组组成的关系。

例如，获得奖学金的学生构成关系 R，被评为优秀学生干部的学生构成关系 S，R 与 S 的交是既获得奖学金而又被评为优秀学生干部的学生集合。

小提示　　Visual FoxPro 中没有提供传统的集合运算，但可以通过其他操作或编程实现。

（2）关系运算

① 选择运算。从关系中找出满足给定条件的元组称为选择。选择是一种横向操作，其条件是逻辑表达式，逻辑表达式值为真（.T.）的元组被选取。例如，从学生名单表中查询所有女生的信息。

② 投影运算。从关系中选取若干属性组成新的关系称为投影。投影是从列的角度进行运算，相当于对关系进行垂直分解。例如，从学生名单表中显示所有学生的学号、姓名、性别和成绩。

③ 联接运算。联接是将两个或两个以上的关系通过共同的属性名联接成一个新的关系。新的关系可以包含满足一定联接条件的元组，因此，联接是一种横向、纵向同时进行的操作。

3. 关系数据库

使用关系模型设计的数据库称为关系数据库。在关系数据库中，一个关系就是一张二维表，也称为数据表。所以，一个关系数据库是由若干张数据表组成的，每张数据表由若干个记录组成，而每一个记录由若干个以字段加以分类的数据项组成。一个关系数据库中的关系应满足以下要求。

① 每一列都是不可再分的基本属性。

② 同一关系中不允许出现相同的属性名。

③ 同一关系中不允许有完全相同的元组。

④ 表中行和列的次序可以任意。

1.4　Visual FoxPro 的系统概述

1.4.1　Visual FoxPro 的发展简史

Visual FoxPro 起源于 XBase 微机数据库系列产品。

1981 年，美国 Ashon-Tate 公司推出了微机上能够使用的关系型数据库管理系统 dBaseII。

1984 年，美国 Fox Software 公司发布了 FoxBase，它与 dBase 完全兼容且性能比以前更为先进。

1989 年，美国 Fox Software 公司又推出了 FoxPro 1.0，此后通过不断升级，逐步引入了 Rushmore 查询优化技术、结构化查询语言（SQL）、自动生成报表技术、第四代语言（4GL）等非常先进的技术，使 FoxPro 的功能发生了质的飞跃。

1992 年，Microsoft 公司收购了 Fox Software 公司。

1993 年，Microsoft 公司推出了图形用户界面的 FoxPro for Windows 2.5。

1995 年，Microsoft 公司将可视化程序设计思想引入 FoxPro，推出了面向对象的数据库 Visual FoxPro 3.0。

1998 年，Microsoft 公司推出了可视化语言集成包 Visual Studio 6.0，Visual FoxPro 6.0 便是其中的一个产品，除了 Visual FoxPro，Visual Studio 6.0 中还有 Visual Basic、Visual C++。

2004 年底，Microsoft 公司推出了 Visual FoxPro 9.0，它是目前的最高版本。但是由于 Visual FoxPro 6.0 中文版已经广泛流传，所以本书仍以 Visual FoxPro 6.0 中文版作为教学版本，系统地介绍数据库的操作方法。

1.4.2   Visual FoxPro 的特点

① 操作接口友好，用户可以像操作 Windows 系统一样操作 Visual FoxPro 界面。

② 更简便、快速、灵活的应用程序开发。Visual FoxPro 添加了新的"应用程序向导"，并添加了一些功能来增强开发环境，以便更容易地向应用程序中添加有效的功能。同时 Visual FoxPro 提供了更多更好的生成器、工具栏和设计器等，使用这些辅助设计器可以快速开发应用程序。

③ 具有功能强大的面向对象的编程功能。

④ 增强的项目及数据库管理。

⑤ 与早期的 FoxPro 生成的应用程序兼容。

⑥ 无需编程创建界面。

⑦ 多语言编程。由于 Visual FoxPro 支持英语、冰岛语、日语、朝鲜语、繁体汉语以及简体汉语等多种语言的字符集，因此能在多个领域提供对国际化应用程序开发的支持。

此外 Visual FoxPro 还具有强大的网络功能，用户足不出户，即可完成网络编程、获取帮助信息等。

1.4.3   文件类型与文件组成

1. 文件类型

Visual FoxPro 系统具有多种文件类型，以满足不同的需要。文件的类型以扩展名来区分，如创建的项目文件扩展名为.pjx，项目备注文件扩展名为.pjt，在项目中创建的表文件扩展名为.dbf 等。

2. 文件组成

数据文件和程序文件是两类最常用的文件。实际使用时还会产生很多文件，这些文件有许多不同的格式，最常见的有以下几个大类。

① 项目文件：有.pjt 和.pjx 两种文件。通过使用项目文件实现对项目中其他类型文件的组织。

② 数据文件：有.dbf 和.fpt 两种文件。.dbf 文件为表文件，存储表的结构和除备注型、通用型以外的数据；而.fpt 文件为备注文件，存储备注型和通用型的字段数据。数据文件由数据库设计器和表设计器产生。

③ 程序文件：有.prg 和.fpx 两种文件。.prg 文件又称为命令文件，用于存储用 Visual FoxPro 编写的程序；而.fpx 文件用于存储编译好的目标程序的文件。

④ 索引文件：有.idx 和.cdx 两种文件。.idx 文件用以存储只有一个索引标识符的单索引文件；而.cdx 文件用以存储具有若干个索引标识符的复合结构索引文件。

⑤ 查询文件：只有.qpr 一种文件。.qpr 文件用以存储通过窗口设置的查询条件和对查询输出的要求。

⑥ 表单文件：有.scx、.sct、.spr 和.spx 4 种文件。前两种文件用于存储表单格式，其中.scx 为定义文件，.sct 为备注文件；后两种文件用于存储根据表单定义文件自动生成的程序文件，.spr 为源程序，.spx 为目标程序。表单文件由表单设计器产生。

⑦ 菜单文件：有.mnx、.mnt、.mpr 和.mpx 4 种文件。前两种文件用以存储菜单格式，.mnx 为定义文件，.mnt 为定义备注文件；后两种文件用于存储根据菜单定义文件自动产生的程序文件，其中.mpr 为源程序，.mpx 为目标程序。菜单文件由菜单设计器产生。

⑧ 报表文件：有.frx 和.frt 两种文件。.frx 文件用于存储报表定义文件，.frt 用于存储报表定义备注文件。报表文件由报表设计器产生。

⑨ 标签文件：有.lbx 和.lbt 两种文件。.lbx 文件用于存储标签定义文件，.lbt 用于存储标签定义备注文件。标签文件由标签设计器产生。

⑩ 视图文件：只有.vue 一种文件，用于存储程序运行环境的设置，以备需要时恢复所设置的环境。

⑪ 文本文件：只有.txt 一种文件，用于供系统以其他语言交换数据的数据文件。

⑫ 变量文件：只有.mem 一种文件，用以保存已定义的内存变量，以备需要时从内存中恢复它们。

一个 Visual FoxPro 应用程序包含多种文件，如果零散地管理比较麻烦，因此 Visual FoxPro 把这些文件放到项目管理器中，将文件用图示与分类的方式，依照文件的性质放在不同的标签中，并针对不同类型的文件提供不同的操作选项，这样就可实现对应用程序的集中有效管理。这些文件的产生还与一些设计器和生成器有关。

1.4.4　性能指标

Visual FoxPro 系统性能如下列各表所示。

1. 表和索引文件（见表 1-2）

表 1-2　表和索引文件

项　目	内　容
每个表文件最大记录数	10 亿
表文件大小的最大值	2GB
每个记录中字符的最大数目	65 500B
每个记录最多字段数	255
一次同时打开的表的最大数目	20B
字符字段最多字符数	254
日期字段字节数	8B
逻辑字段字节数	1B
关系最大数	不限
关系表达式值最大长度	不限
数据库包含的表中各字段名的字符数最大值	128

2. 内存变量和数组（见表 1-3）

表 1-3　内存变量和数组

项　目	内　容
内存变量默认数	1 024
最大内存变量数	65 000
最大数组数	65 000
每个数组元素最大数	65 000

3. 程序（见表 1-4）

表 1-4　程序

项　目	内　容
源程序文件中最大行数	不限
编译程序模块大小的最大值	64KB
每一个文件最大过程数	不限
嵌套的 DO 命令调用的最大层数	128
READ 命令嵌套最大数	5

4. 报表（见表 1-5）

表 1-5　报表

项　目	内　容
字符报表变量的最大长度	255
报表定义中对象最大数	不限
报表定义最大长度	20
最大分组层数	128

1.5　Visual FoxPro 的安装、启动与退出

1.5.1　Visual FoxPro 的安装

1. 安装的环境要求

（1）软件环境

Visual FoxPro 可以安装在以下操作系统中：

① Windows 95、Windows 98、Windows 2000、Windows XP 等操作系统。

② Windows NT 3.15、Windows NT 4.0、Windows NT 2000 等网络系统环境。

（2）硬件环境

在 Windows 中安装 Visual FoxPro 至少应满足以下推荐的系统要求。

① CPU 为 80486/66MHz 以上的 PC 或兼容机，推荐使用 586 以上的处理器。

② 内存容量至少 16MB 以上，推荐使用 32MB 以上的内存。

③ 使用 VGA 或 VGA 以上的显示卡及高分辨率的显示器。

④ 硬盘空间需求：典型安装需要 100MB 的硬盘空间；完全安装（包括所有联机文件）需要 240MB 的硬盘空间，安装后硬盘至少有 15MB 的自由空间。

（3）网络环境

如果运行向导在服务器上创建数据库，则需要满足下列要求。

① 服务器应用以下产品之一：Microsoft SQL Server 6.x for Windows NT、Microsoft SQL Server 4.x for Windows NT、Microsoft SQL Server 6.x for OS/2、Oracle Server 7.0 或更新的产品。

② 客户机必须安装包括 ODBC 在内的 Visual FoxPro。

③ 网络、客户机和服务器必须用以下产品之一：Microsoft Windows 95、Microsoft Windows NT、Microsoft LAN Manager。

④ 其他与 Windows 兼容的网络软件，包括 Novell NetWare。

2. Visual FoxPro 的安装

安装 Visual FoxPro 的操作步骤如下。

（1）启动安装程序

中文版 Visual FoxPro 系统可以通过 CD-ROM 光盘直接安装，此时只需在进入操作系统后，将安装光盘插入光驱即可自动运行安装文件。也可以从网络上下载安装程序，再双击安装文件 setup.exe 进行安装。还可以通过【开始】|【运行】命令，在【运行】对话框中输入安装程序名，运行安装程序。使用以上操作都将打开如图 1-4 所示的安装向导窗口。

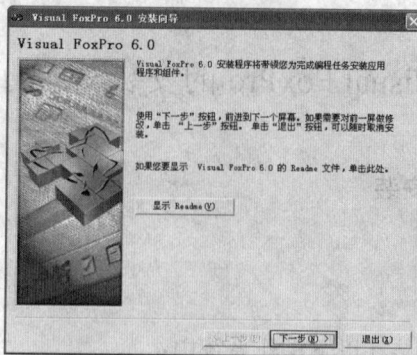

图 1-4　Visual FoxPro 6.0 安装向导

（2）输入产品号和用户 ID

阅读并接受产品协议后，在如图 1-5 所示的对话框中输入产品 ID、用户名和公司名称，然后选择安装文件夹，打开安装程序界面，如图 1-6 所示。

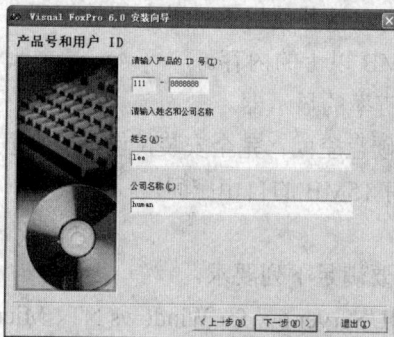

图 1-5　输入产品号和用户 ID

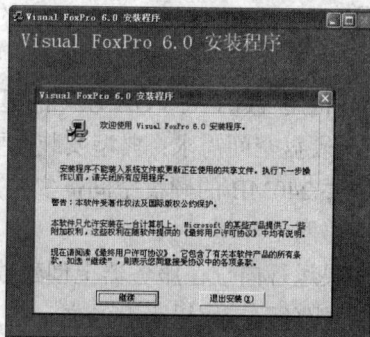

图 1-6　安装程序界面

（3）选择安装方式

单击【继续】按钮，打开如图 1-7 所示的对话框。Visual FoxPro 提供了两种安装方式：典型安装和自定义安装。典型安装将自动安装所有的辅助组件，适用于初级用户；自定义安装则需要用户自行选择需要的组件，然后才会进行安装。单击【更改文件夹】按钮，可以设置安装文件保存路径。

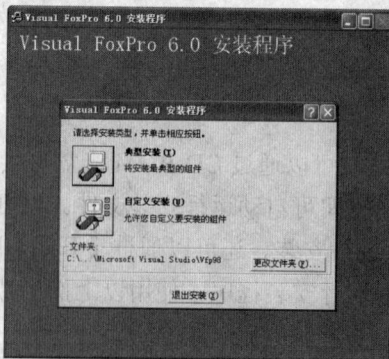

图 1-7　选择安装类型

（4）进行安装

选择一种安装方式后，安装程序将自动进行安装，直至打开安装完成对话框。

小提示　若在 Windows 95/98 环境下安装 Visual FoxPro 系统，安装结束后必须重新启动计算机才可以使用，在 Windows 2000 及以上版本中则无须重启。

1.5.2　Visual FoxPro 的启动与退出

1. 启动 Visual FoxPro

把 Visual FoxPro 系统安装到计算机中，就可以使用了。与其他应用软件一样，启动 Visual FoxPro 通常有以下 4 种方法。

（1）使用【开始】菜单

单击【开始】|【所有程序】|【Microsoft Visual FoxPro 6.0】|【Microsoft Visual FoxPro 6.0】命令，即可启动 Visual FoxPro 6.0。

（2）快捷方式

可以将程序组中 Visual FoxPro 的启动程序图标复制到桌面或任务栏的快速启动区域，便可以使用快捷方式启动。

（3）打开 Visual FoxPro 文件

双击 Visual FoxPro 所特有的文件，例如数据库文件.dbc、菜单文件.mnx 等，也会自动启动 Visual FoxPro。注意，若本机安装了其他的 DBMS 软件或具有类似功能的软件，如 Excel，则双击.dbf 等文件类型时，就可能打开 Excel。这与文件的启动程序设置有关，因此一般不建议使用此方法启动。

（4）使用【运行】对话框

单击【开始】|【运行】命令，在打开的【运行】对话框中输入可执行文件的路径，然后单击【确定】按钮，即可启动 Visual FoxPro。

启动 Visual FoxPro 后将出现欢迎界面，如图 1-8 所示。在此界面中可以快速进行一些常用操作，如直接创建或打开项目文件等。单击【以后不再显示此屏】复选框，下次启动后就不再显示此界面。单击【关闭此屏】复选框，即可关闭此界面，系统将进入如图 1-9 所示的主窗口。

图 1-8　Visual FoxPro 启动界面　　　　　图 1-9　系统主窗口

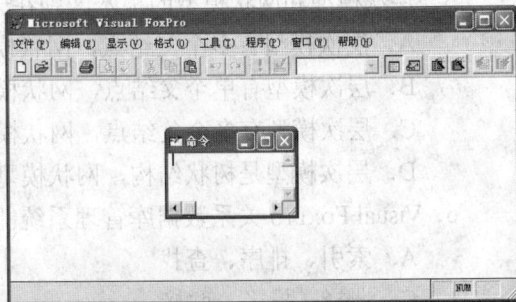

2. 退出 Visual FoxPro

可采用以下 4 种方法退出 Visual FoxPro。

① 在 Visual FoxPro 主窗口中，单击【文件】|【退出】命令。

② 单击标题栏右侧的【关闭】按钮。

③ 使用 Alt+F4 快捷键。

④ 在【命令】窗口中输入"quit"命令并按 Enter 键。

无论何时退出 Visual FoxPro，系统都将自动保存对数据的更改。但是，如果上一次保存之后，更改了数据库结构的设计，Visual FoxPro 将在退出之前询问是否保存这些更改。如果意外退出很可能会损坏数据库，因此，尽可能按照上述方法正常退出。

1.6　习　　题

一、单选题

1. 使用数据库技术进行学生档案数据管理是计算机的_____。

  A．科学计算   B．过程控制   C．数据处理   D．辅助工程

2. 数据库技术的主要特点不包括_____。

  A．数据的结构化   B．程序的标准化

  C．数据的冗余度小   D．较高的数据独立性

3. 人事档案管理系统属于_____。

  A．数据库   B．数据库管理系统

  C．数据库应用系统   D．数据库系统

4. Visual FoxPro 是一种关系数据库管理系统，所谓关系是指_____。

  A．表中的各条记录彼此有一定的联系

  B．表中的各个字段彼此有一定的联系

  C．一个表与另一个表之间有一定的联系

  D．数据库模型符合满足一定条件的二维表格式

5. 层次模型和网状模型的根本区别在于_____。

  A．层次模型有多个父结点，网状模型有单个父结点

  B．层次模型有单个父结点，网状模型有多个父结点

  C．层次模型有多个父结点，网状模型没有父结点

  D．层次模型是树状结构，网状模型是网状结构

6. Visual FoxPro 关系数据库管理系统能够实现的 3 种基本关系运算是_____。

  A．索引、排序、查找   B．建库、录入、排序

  C．选择、投影、联接   D．显示、统计、复制

7. Visual FoxPro 是一个_____位的数据库管理系统。

    A. 8   B. 16   C. 32   D. 64

8. 关系数据库管理系统所管理的关系是_____。

    A. 一个 dbf 文件   B. 若干个二维表

    C. 一个 dbc 文件   D. 若干个 dbc 文件

9. 在下列 4 个选项中，不属于基本关系运算的是_____。

    A. 联接   B. 投影   C. 选择   D. 排序

10. 存储在计算机内有结构的相关数据的集合称为_____。

    A. 数据结构   B. 数据库

    C. 数据库管理系统   D. 数据库应用系统

11. 以下关于关系的说法正确的是_____。

    A. 列的次序非常重要   B. 当需要索引时列的次序非常重要

    C. 列的次序无关紧要   D. 关键字必须指定为第一列

12. 设有关系 R1 和 R2，经过关系运算得到结果是 S，则 S 是_____。

    A. 一个关系   B. 一个表单   C. 一个数据库   D. 一个数组

二、填空题

1. 一张二维表中的列称为关系的_____，行称为关系的_____。

2. 关系数据库管理系统能实现的专门关系运算包括_____、_____和_____。

3. "学生"和"专业"的关系模型如下：

    学生（学号，姓名，性别，班级，专业号）
    专业（专业号，专业名，负责人，简介）

    "学生"关系中的关键字是_____，"专业"关系中的关键字是_____，"学生"与"专业"两个关系通过_____实现联系，联系方式是_____。

4. Visual FoxPro 系统具有多种文件类型，如创建的项目文件扩展名为_____，项目备注文件扩展名为_____，文本文件扩展名为_____。

第 2 章 Visual FoxPro 基础知识

本章要点

✦ 熟悉 Visual FoxPro 的用户界面，了解 Visual FoxPro 的工作方式
✦ 了解 Visual FoxPro 的各种辅助设计工具
✦ 掌握 Visual FoxPro 中项目管理器的使用方法

2.1 Visual FoxPro 的用户界面

Visual FoxPro 是 Windows 下的一个应用程序，其界面也是采用了大量窗口、菜单、工具栏、对话框等图形化元素来完成操作。

启动 Visual FoxPro 后，关闭欢迎界面就进入了 Visual FoxPro 的用户界面，如图 2-1 所示。用户界面由标题栏、菜单栏、工具栏、状态栏、命令窗口和工作区组成。

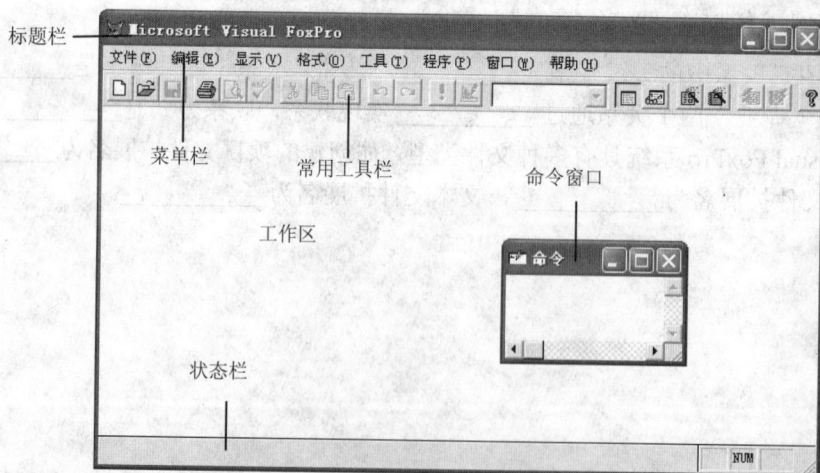

图 2-1 Visual FoxPro 用户界面

Visual FoxPro 使用不同类型的窗口来完成各种不同的任务。在 Visual FoxPro 环境下，除菜单外的所有部件都是窗口，包括工具栏。用户可以同时打开多个窗口。

1. 标题栏

显示 Microsoft Visual FoxPro，窗口图标为狐狸头 🦊。

2. 菜单栏

菜单栏包括了 Visual FoxPro 的绝大部分操作。Visual FoxPro 的菜单不是固定不变的，随着当前操作状态的变化，菜单会随之改变。例如，打开一个表文件并浏览时，将出现【表】菜单，而【格式】菜单则消失。在启动 Visual FoxPro 时，菜单栏上通常有如下项目。

（1）【文件】菜单

【文件】菜单用于实现与文件有关的操作，包括 Visual FoxPro 各种文件的建立、保存、打开、关闭、打印等。

（2）【编辑】菜单

【编辑】菜单实现复制、剪切、粘贴、删除、查找替换、对象的插入或嵌入、修改或断开链接等。

（3）【显示】菜单

【显示】菜单主要用于显示报表、选项卡、表单等设计器和工具栏。【工具栏】命令可以显示一个【工具栏】对话框，从中可以创建、编辑、隐藏以及自定义工具栏。

（4）【格式】菜单

【格式】菜单用于确定活动窗口中文本或其他对象的显示方式，包括字体、字（行）间距、对齐方式、对象位置等选项。

（5）【工具】菜单

【工具】菜单可以打开 Visual FoxPro 提供的各类向导，设置系统选项等。如果正在编辑程序文件，则可以打开调试窗口、跟踪窗口和输出窗口。

（6）【程序】菜单

【程序】菜单包含了用于运行和测试 Visual FoxPro 源代码的命令。可以运行程序、菜单或表单，终止一个被挂起的 Visual FoxPro 文件的运行，重新运行被挂起的程序，编译程序、选项、查询文件等。

（7）【窗口】菜单

【窗口】菜单用于隐藏 Visual FoxPro 中的活动窗口、清除活动窗口中的内容、显示或隐藏命令窗口、打开数据工作区窗口等。例如，选择【命令窗口】命令，可以显示命令窗口；选择【隐藏】命令可以隐藏当前活动窗口。

（8）【帮助】菜单

【帮助】菜单提供使用帮助（需要安装 MSDN），还提供 Web 在线帮助和 Visual FoxPro 的版本信息。

3. 工具栏

工具栏中包括单击后可以执行常见任务的一组按钮。工具栏可以浮动在窗口中，也可以停放在 Visual FoxPro 主窗口的上部、下部或两边。

Visual FoxPro 提供了 11 个工具栏，分别为常用工具栏、数据库设计器工具栏、报表控件工具栏、表单控件工具栏、报表设计器工具栏、打印预览工具栏、布局设计器工具栏、查询设计器工具栏、调色板工具栏、视图设计器工具栏和报表控件工具栏。其中常用工具栏是最基本的工具栏。

在默认情况下，常用工具栏随系统启动一起打开。当使用一个 Visual FoxPro 设计器工具时，将显示该设计器工作时常用的工具栏。

可以在任何需要的时候激活一个工具栏，激活工具栏有如下两种方法。

（1）通过对话框激活

① 单击【显示】|【工具栏】命令，打开【工具栏】对话框，如图 2-2 所示。

② 在【工具栏】对话框中通过单击相应的工具栏，使其前面复选框中的选中标志出现或消失来打开或关闭一个工具栏。

（2）通过快捷菜单激活

① 在主窗口上的任何一个工具栏上右击鼠标，打开如图 2-3 所示的快捷菜单。

② 通过单击快捷菜单中相应的工具栏，打开或关闭一个工具栏。

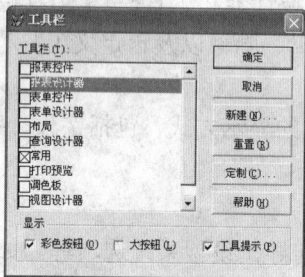

图 2-2　【工具栏】对话框　　　　　　　图 2-3　快捷菜单

4. 状态栏

状态栏用于显示运行和操作中的状态信息。

5. 工作区

工作区是显示输出的区域和各种操作的位置区域。

6.【命令】窗口

【命令】窗口是 Visual FoxPro 的一种系统窗口，可以直接在其中输入命令。Visual FoxPro 中的所有任务都是通过不同的命令完成的。当选择执行某个菜单中的命令或通过系统提供的工具完成任务时，实际上就是调用一些 Visual FoxPro 命令。一些命令还会自动显示在【命令】窗口中，而不用手工输入。【命令】窗口可以通过执行【窗口】|【隐藏】命令隐藏。

在【命令】窗口中执行命令通常有以下 3 种情况。

① 执行新命令：输入相应的命令，然后按 Enter 键。

② 重复执行命令：将光标移到以前命令行的任意位置按 Enter 键。

③ 重复执行多条命令：选择要重新处理的代码块，然后按 Enter 键。

例如，使用 USE 命令将"学生"表打开。在【命令】窗口中键入：

```
USE 学生
    List
```

2.2　Visual FoxPro 的工作方式

Visual FoxPro 系统为用户提供了菜单、命令和程序 3 种工作方式，命令操作方式和菜单操作方式属于交互方式，程序操作方式属于非交互方式。用户可根据情况来选择合适的操作方式。

1. 菜单工作方式

菜单是当前可用命令的集合。菜单工作方式就是用户用这些菜单中的命令来对数据表、数据库等进行操作。在菜单操作方式中，用户不必熟悉命令的细节和相应的语法规则，很多操作是通过调用相关的向导、生成器、设计器，通过对话框来完成的。菜单方式直观、简便，用户无须编程就可完成数据库的操作与管理。

例如，要打开一个表，并进行浏览，用菜单工作方式操作如下：单击【文件】|【打开】命令，在【打开】对话框中选择文件类型为"表"，选择表文件，再单击【显示】|【浏览】命令，即可显示表的内容。需要说明的是，在 Visual FoxPro 中选择菜单项，在命令窗口中将自动出现一条相应的命令。用户可以对照学习命令操作和菜单操作。

2. 命令工作方式

命令工作方式是在命令窗口中逐条输入命令来实现数据表、数据库等的操作，每输入完一条命令按一次 Enter 键。命令工作方式为用户提供了一个直接操作的手段，其优点是能够直接使用系统的各种命令和函数，高效地操作数据表、数据库等，但要求熟练掌握各种命令和函数的格式、功能、用法等细节。

3. 程序工作方式

程序工作方式就是首先建立程序文件，在其中输入命令序列，程序编写完毕后，运行程序文件将执行其中的命令序列。程序工作方式能实现复杂的操作，但程序的编写适合具备一定编程能力的专业人员，普通用户很难编写大型的、综合性较强的应用程序。

小提示　　在 Visual FoxPro 中，有些操作可以用菜单、命令和程序 3 种工作方式实现，有些操作则只能用其中一种工作方式实现。但能用命令工作方式实现的操作，一定能用程序工作方式实现。

2.3　Visual FoxPro 的辅助设计工具

向导、设计器、生成器是 Visual FoxPro 提供给用户的 3 种交互式辅助设计工具，来帮助用户快速完成常用的复杂操作。本节将简要介绍向导、设计器和生成器的功能与使用方法，详细使用方法将在后续章节中介绍。

2.3.1　Visual FoxPro 向导

向导（wizards）是一种交互式、可视化的设计工具。向导通过一组对话框依次与用户对话，待用户响应（通过选择或输入等）完毕，向导就根据相应的内容自动创建文件或执行任务。这样，用户不用编程就能快速地建立良好的应用程序，完成许多数据库管理操作，为非专业用户提供了一种简便的操作使用方式。

1. 向导的功能

Visual FoxPro 系统提供了 21 类向导，向导及其主要功能如表 2-1 所示。

表 2-1　向导的名称和功能

向导名称	功　　能
应用程序向导	创建一个 Visual FoxPro 应用程序
表向导	创建一个表
导入向导	从其他应用程序中将数据导入到 Visual FoxPro 表中
数据库向导	创建包含指定表和视图的数据库
表单向导	用单个表创建一个表单
报表向导	用单个表创建一个带格式的报表
一对多表单向导	用多个表中的数据创建一个表单
一对多报表向导	用多个表创建一个报表
分组/总计报表向导	具有分组/总计功能的向导
标签向导	创建一个符合标准的邮件标签
交叉表向导	创建交叉表
图表向导	创建图表
图形向导	创建显示表数据的图形
文档向导	从项目文件和程序文件的代码中产生格式化的文本文件
数据透视表向导	创建数据透视表
本地视图向导	用本地数据创建视图
远程视图向导	创建利用 ODBC 连接远程数据的视图
查询向导	创建一个查询
应用程序生成器	在 Visual FoxPro 应用程序中添加组件
安装向导	为 Visual FoxPro 应用程序创建安装程序
邮件合并向导	创建 Visual FoxPro 数据源并进行邮件合并

2. 向导的启动

可以通过以下 3 种方法启动向导。

① 单击【工具】|【向导】命令，即可启动大部分向导。

② 单击工具栏中的【向导】图标，可以启动相应的向导。

③ 在项目管理器中或使用【文件】菜单创建文件，在【新建】对话框中单击【向导】按钮。

3. 定位向导屏幕

向导详细地规定了操作的步骤以及每步操作的具体内容，同时为每个步骤的选项都设置了提问的问题。启动向导后，要依次回答每个对话框所提出的问题。在准备好进行下一个对话框操作时，可单击【下一步】按钮。如果操作中出现失误，或者改变了原来的想法，可单击【上一步】按钮来查看前一步的内容，以便进行修改。单击【取消】按钮将退出向导而不会产生任何结果。用向导创建好的对象可以用相应的设计器打开，以便进一步修改。

4. 保存向导结果

根据所选向导的类型，每个向导的最后一步都会要求提供一个标题，并给出保存、浏览、修改、打印结果等选项。

使用【预览】命令，可以在退出向导之前查看向导的结果。如果需要做出不同的选择来改变结果，可以返回重新进行选择。若对向导的结果满意，单击【完成】按钮。

> **小提示**　向导具有"傻瓜式"的特点，在完成一定难度的设计或操作时常常很方便，但有些操作通过向导反而有些烦琐，因此，通常的做法是，先用向导创建一个较简单的框架，再用相应的设计器进一步修改。

2.3.2　Visual FoxPro 设计器

设计器（designers）用于创建和修改 Visual FoxPro 中的各种文件和对象。例如，表设计器用来定义和修改 Visual FoxPro 的表，查询设计器用来建立和修改查询等。向导和设计器的不同之处在于，设计器集成了用于设计某个对象的所有操作，功能更全面、更强大，需要用户自己设计；而向导则按照系统提供的模板提示用户一步步地操作，最终完成某项操作。使用向导类似于应用系统的模板，用户使用设计器将有更大的自由度。

1. 设计器的功能

Visual FoxPro 提供的设计器及其功能如表 2-2 所示。

表 2-2　设计器的名称和功能

设计器名称	功　　能
表设计器	创建并修改数据库表、自由表、字段和索引。可以实现有效性检查和默认值等高级功能
数据库设计器	管理数据库中包括的全部表、视图和关系。该窗口活动时，显示【数据库】菜单和【数据库设计器】工具栏

设计器名称	功　　能
查询设计器	创建和修改在本地表中运行的查询。当该设计器窗口活动时，显示【查询】菜单和【查询设计器】工具栏
视图设计器	在远程数据源上运行查询，创建可更新的查询，即视图。当该设计器窗口活动时，显示【视图设计器】工具栏
表单设计器	创建并修改表单。当该窗口活动时，显示【表单】菜单、表单控件】工具栏、【表单设计器】工具栏和【属性】窗口
菜单设计器	创建菜单栏或弹出式子菜单
数据环境设计器	数据环境定义了表或表单使用的数据源，包括表、视图和关系，可以用数据环境设计器来修改
连接设计器	为远程视图创建并修改命名连接。因为连接是作为数据库的一部分存储的，所以仅在有打开的数据库时，才能使用连接设计器

2．设计器的启动

在打开某个文件时，将自动启动相应的设计器。例如，打开一个数据库文件，就会自动出现"数据库设计器"，如果关闭了某个设计器，则可以通过执行【显示】|【工具栏】命令，将其重新显示。

2.3.3　Visual FoxPro 生成器

生成器（builders）主要用于表单控件的属性设置和表达式设置等。生成器简化创建、修改用户界面程序的设计过程，提高了用 Visual FoxPro 进行软件开发的质量和效率。每个生成器包含若干个选项卡，允许用户访问并设置所选择对象的相关属性。用户可将生成器生成的用户界面直接转换成程序编码，从而使用户从逐条编写程序代码、反复调试程序的复杂劳动中解放出来。

1．生成器的功能

Visual FoxPro 提供的生成器及功能如表 2-3 所示。

表 2-3　生成器的名称和功能

生成器名称	功　　能
表达式生成器	建立和编辑表达式
表单生成器	建立包含控件的表单
表格生成器	设置表格控件的属性
命令生成器	设置命令组控件的属性
组合框生成器	设置组合框控件的属性
选项组生成器	设置选项组控件的属性
文本框生成器	设置文本框控件的属性
编辑框生成器	设置编辑框控件的属性
列表框生成器	设置列表框控件的属性
参照完整性生成器	建立参照完整性规则和规则生效的触发器
自动格式化生成器	设置一组控件的格式

2. 表达式生成器

在 Visual FoxPro 生成器中会经常使用表达式生成器，下面就简要介绍它的使用方法。

表达式生成器是用于创建并编辑表达式的工具，使用它可以方便快捷地生成表达式（有关运算符和表达式的详细介绍，请参见第 3 章）。表达式生成器可以从各种相关的设计器、向导、生成器及其他一些对话框中访问。某些对话框中的【…】按钮激活的就是表达式生成器。

在【命令】窗口中单击鼠标右键，在弹出的快捷菜单中选择【生成表达式】命令，即可弹出【表达式生成器】对话框，如图 2-4 所示。

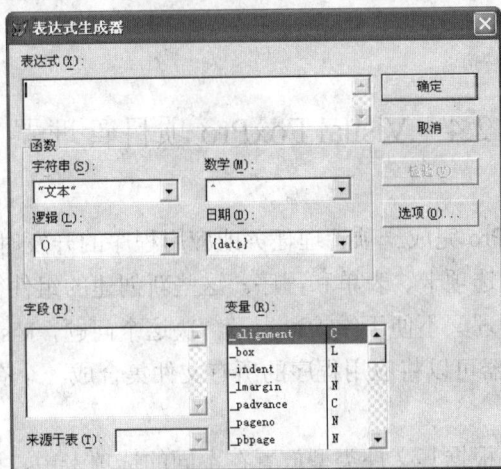

图 2-4　【表达式生成器】对话框

【表达式生成器】对话框按其功能可分为 5 个部分：表达式文本编辑框、函数列表框、变量列表框、表和视图下拉列表框、控制按钮。

（1）表达式文本编辑框

用于编辑表达式。从表达式生成器的各列表框中选择出来的选项将显示在这里，也可以直接在这里输入和编辑表达式。利用表达式生成器可以输入各种操作条件，比如可以输入字段及有效性规则、记录及有效性规则和参照完整性规则等。

（2）函数列表框

函数列表框中可以选择表达式所需的函数，这些函数按其用途分为数学函数、字符函数、逻辑函数和日期函数 4 个列表框。在字符函数列表框中有用于处理字符和字符串的函数及字符运算符；在数字函数列表框中有用于数字运算的函数和运算符；在逻辑函数列表框中有逻辑运算符、逻辑常数和逻辑函数；在日期函数列表框中有用于日期和时间数据的函数。

（3）变量列表框

在变量列表框中，列出了可用的内存变量和系统变量；在字段列表框中，列出了当前表和视图的字段变量。在变量列表框中可以通过双击选择表达式所需要的变量。

（4）表和视图下拉列表框

在该列表框中可以选择当前打开的表和视图。

（5）控制按钮

在表达式生成器中有 4 个命令按钮：【确定】、【取消】、【检验】和【选项】。若单击【确定】按钮，完成表达式生成并退出【表达式生成器】对话框；单击【取消】按钮，放弃对表达式的修改并退出对话框；单击【检验】按钮，可以检验生成的表达式是否有效；单击【选项】按钮，进入【表达式生成器选项】对话框，在该对话框中可以设置表达式生成器的参数。

2.4 Visual FoxPro 项目管理器

当使用 Visual FoxPro 完成一项管理任务或应用程序的开发时，需要创建相应的表、数据库、查询、视图、选项卡、表单和程序。这些新创建的组件彼此独立，保存在不同类型的文件中，难以管理又不便于维护。为了解决这个问题，Visual FoxPro 提供了一个项目管理器。项目管理器可以将应用程序的所有文件集合成一个有机整体，形成一个.pjx 项目文件。

项目管理器将文件根据其文件类型放置在不同的选项卡中，并采用图示和树状结构的方式组织和显示这些文件，针对不同类型的文件提供不同的操作。在项目管理器中可以建立数据库、表、查询、表单、报表等文件，在项目中添加或移去文件、创建新文件或修改已有文件以及定制项目管理器等。

2.4.1 创建项目文件

项目是文件、数据、文档以及对象的集合。Visual FoxPro 提供了两种方式创建项目文件：菜单方式和命令方式。

下面就以菜单方式创建一个名为"奥运会"的项目文件。

① 设置用户工作目录为"D:\奥运会"。

② 单击【文件】|【新建】命令或单击工具栏上的【新建】按钮，打开【新建】对话框，如图 2-5 所示。

③ 在【新建】对话框的【文件类型】选项组中选择"项目"单选项，单击【新建文件】按钮，打开【创建】对话框。

④ 在【创建】对话框中将出现默认工作目录中的内容。在【项目文件】文本框中输入项目文件名称"奥运会"，如图 2-6 所示。

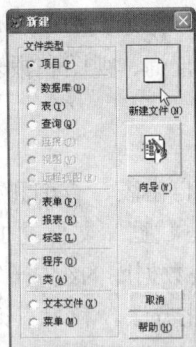

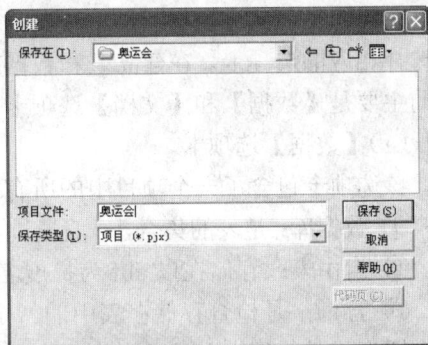

图 2-5　【新建】对话框　　　　　　　　　图 2-6　创建"奥运会"项目

⑤ 单击【保存】按钮。

这样就创建了一个空白的项目文件，并进入如图 2-7 所示的【项目管理器】对话框中。

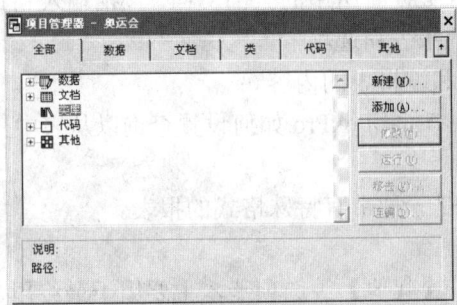

图 2-7　【项目管理器】对话框

小提示　　　　项目文件中所保存的并非它所包含的文件，而仅是对这些文件有用的引用，而且这些文件可同时用于多个项目文件。

也可以使用命令方式创建项目文件。创建格式为

CREATE PROJECT [FileName|?]

参数说明：

① FileName 参数用于指定要创建的项目文件的名称。

② 如果在命令中使用"？"参数，那么执行该命令时，系统将打开【创建】对话框，要求用户输入项目文件名称并选择保存该项目的文件夹。

例如，CREATE PROJECT D:\奥运会.PJX

2.4.2　项目管理器的界面

1．项目管理器的选项卡

【项目管理器】对话框中的选项卡用来分类显示各数据项。项目管理器为数据提供

了一个组织良好的分层树状结构视图。若要处理项目中某一特定类型的文件或对象，可以选择相应的选项卡。在建立表和数据库以及创建表单、查询、视图和报表时，所要处理的主要是【数据】和【文档】选项卡中的内容。

（1）【数据】选项卡

该选项卡包含了一个项目中的所有数据项：数据库、自由表、查询和视图。

① 数据库：是表的集合，一般通过公共字段彼此关联。数据库文件的扩展名为.dbc。

② 自由表：存储在以.dbf 为扩展名的文件中，它不是数据库的组成部分。

③ 查询：是检查存储在表中的特定信息的一种结构化方法。利用查询设计器，可以设置查询的格式，该查询将按照输入的规则从表中提取记录。查询被保存在扩展名为.qpr 的文件中。

④ 视图：是特殊的查询，不仅可以查询记录，也可以更新记录。视图只能存在于数据库中，它不是独立的文件。

（2）【文档】选项卡

该选项卡包含了处理数据时所用的全部文档，包括输入和查看数据所用的表单以及打印表和查询结果所用的报表和选项卡。

① 表单：用于显示和编辑表的内容。

② 报表：用于提示 Visual FoxPro 如何设置查询以从表中提取结果以及如何将它们打印出来。

③ 标签：可以看做是一种带有特殊格式的报表。

（3）其余选项卡

包含【类】、【代码】、【其他】等选项卡，主要用于最终用户创建应用程序。

2. 项目管理器的按钮

【项目管理器】对话框右侧是一排按钮，它们会因所选项目的不同而不同。各个按钮的名称和功能如下。

① 【新建】按钮。用于创建一个新文件或对象。新文件或对象的类型与当前选中的选项的类型相同。新建的文件或对象将自动包含在项目中。

② 【添加】按钮。用于将一个已存在的文件添加到项目中。

③ 【修改】按钮。用于在对应的设计器中打开所选的文件进行修改。

④ 【浏览】按钮。用于在浏览窗口中打开指定的表，当且仅当选定一个表时可用。

⑤ 【打开/关闭】按钮。用于打开/关闭一个数据库。如果被选中的数据库已经关闭，则该按钮的标题为"打开"，如果被选中的数据库已经打开，则该按钮的标题为"关闭"。当且仅当选定一个表时可用。

⑥ 【移去】按钮。用于从项目中移去指定的文件或对象。此时系统会询问是仅从项目中移去文件还是在移去文件的同时从磁盘上删除该文件。

⑦ 【连编】按钮。用于连编一个项目文件或建立应用程序。在 Visual FoxPro 专业版中，还可以建立可执行文件。

⑧ 【预览】按钮。用于在打印预览方式下显示选定的报表或标签。只有选中报表

或标签时才能使用该按钮。

⑨ 【运行】按钮。执行选定的查询、表单或程序。当选定项目管理器中的一个查询、表单或程序时可用。

2.4.3　使用项目管理器

1. 打开/关闭项目管理器

（1）打开项目管理器

① 单击【文件】|【打开】命令，在弹出的【打开】对话中选择需要的项目文件。

② 单击【确定】按钮。

当激活【项目管理器】对话框后，【项目】菜单出现在 Visual FoxPro 的菜单栏中。

（2）关闭项目管理器

单击【项目管理器】对话框右上角的【关闭】按钮 即可。

2. 创建或修改文件

项目管理器简化了创建和修改文件的过程。只需选定要创建或修改的文件类型，然后选择【新建】或【修改】按钮，Visual FoxPro 将显示与所选文件类型相应的设计工具。

（1）创建文件

① 在【项目管理器】对话框中选择要创建的文件类型。

② 单击【项目管理器】对话框中的【新建】按钮或执行【项目】|【新建文件】命令。

在项目管理器中创建的文件自动添加到项目管理器中；而用【新建】命令创建的文件并不添加到项目中，若要使其包含在项目管理器中，必须另外添加进去。

下面以在"奥运会"项目中创建一张自由表为例说明文件的创建。

在"奥运会"项目中创建"详细资料"表，如表 2-4 所示。

表 2-4　奥运会详细资料

届　次	时　间（年）	举办城市	参与国数目（个）
19	1968	墨西哥城	112
20	1972	慕尼黑	121
21	1976	蒙特利尔	92
22	1980	莫斯科	80
23	1984	洛杉矶	140
24	1988	汉城	159
25	1992	巴塞罗那	169
26	1996	亚特兰大	197
27	2000	悉尼	199
28	2004	雅典	201
29	2008	北京	204

① 打开"奥运会"项目。

② 在【项目管理器】对话框中单击【数据】选项卡，然后选择【自由表】，单击【新建】按钮，打开【新建表】对话框，如图2-8所示。

③ 在【新建表】对话框中单击【新建表】按钮，打开【创建】对话框。

④ 在【输入表名】文本框中输入"详细资料"作为表文件名。

⑤ 单击【保存】按钮，打开【表设计器】对话框，如图2-9所示。

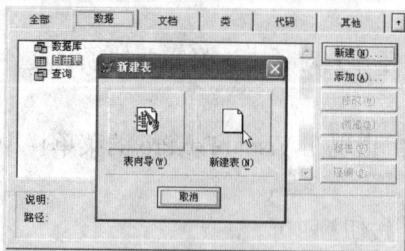

图 2-8　新建表

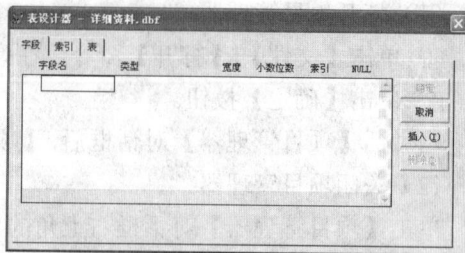

图 2-9　【表设计器】对话框

⑥ 单击【字段】选项卡，将光标放置于"字段名"下方，输入第一个字段名"届次"。

⑦ 单击【类型】下方的下拉列表，打开可选的数据类型列表，在其中选择所需要的数据类型，定义好字段的表如图2-10所示。

⑧ 单击【确定】按钮，出现一个对话框，提示"现在输入数据记录吗？"，单击【是】按钮，打开【详细资料】浏览窗口，在编辑窗口中输入数据，如图2-11所示；单击【否】按钮，则只创建一个空的表结构，等以后再追加记录。

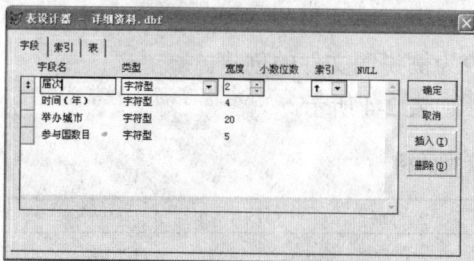

图 2-10　【表设计器】对话框

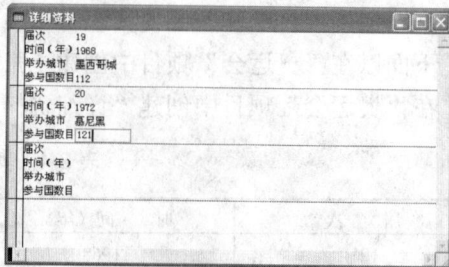

图 2-11　【详细资料】浏览窗口

（2）修改文件

① 在【项目管理器】对话框中选择要修改的文件类型。

② 单击【修改】按钮，打开相应的【表设计器】对话框，此时便可以进行修改了。

3. 添加或移去文件

（1）添加文件

① 在【项目管理器】对话框中选择要添加的文件类型，单击【添加】按钮。

② 在弹出的【打开】对话框中选择要添加的文件，单击【确定】按钮。

此时，所选文件就被添加到项目管理器中。

（2）移去或删除文件

① 在【项目管理器】对话框中选择要移去的文件类型，弹出如图 2-12 所示的对话框。

② 单击【移去】按钮，即可将所选文件移去。

③ 如果要从磁盘中删除文件，则在对话框中单击【删除】按钮即可。

4．为文件添加说明

创建或添加新文件时，可以为文件添加说明。文件被选定时，其说明将显示在【项目管理器】对话框的底部。

① 在【项目管理器】对话框中选定待添加说明的文件。

② 单击【项目】|【编辑说明】命令，打开【说明】对话框，如图 2-13 所示。

③ 在【说明】文本框中键入说明文字，单击【确定】按钮即可。

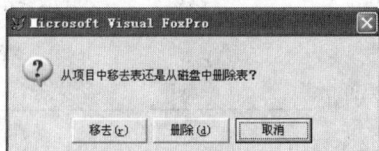

图 2-12　询问对话框　　　　图 2-13　【说明】对话框

5．连编应用程序

项目管理器的【连编】按钮主要有两个功能：一是把项目编译成应用程序文件（*.app）或可执行文件（*.exe），后者需要 Visual FoxPro 专业版编译；二是检查项目的完整性。

6．文件的包含与排除

文件在项目管理器中以两种状态存在：包含和排除。所谓"包含"文件，就是连编项目后，文件不能再被用户修改。项目中所有设置为"包含"的文件都以只读方式被编译进应用程序文件或可执行文件中。所谓"排除"文件，就是连编项目后，其文件仍允许用户修改，并且"排除"文件不会被编译进应用程序中。

2.5　习　　题

一、单选题

1．一个软件在安装之前，不需要了解它的_____。

　　A．硬件环境　　　B．软件环境　　　C．升级环境　　　D．用户

2．以下方法中_____不可以启动 Visual FoxPro。

A. 从程序菜单   B. 从资源管理器

C. 从 Word 系统   D. 从桌面

3. 以下不是 Visual FoxPro 可视化编程工具的是_____。

    A. 向导   B. 生成器   C. 设计器   D. 程序编辑器

4. 设置用户默认文件目录,在【选项】窗口应选择_____。

    A. 文件位置   B. 表单   C. 控件   D. 数据

5. 在项目管理器的【数据】选项卡下,可以完成的工作是_____。

    A. 建立数据库   B. 建立表单

    C. 建立报表   D. 建立标签

6. 项目管理器是对数据库应用系统的_____进行有效组织和管理。

    A. 字段   B. 文件   C. 程序   D. 数据

二、填空题

1. Visual FoxPro 系统为用户提供了_____、_____和_____3 种工作方式。

2. Visual FoxPro 的用户界面由 6 部分组成,分别是_____、_____、_____、_____、_____和_____。

三、思考题

1. Visual FoxPro 有哪些工作方式?

2. Visual FoxPro 通过哪些辅助设计工具来实现简便快速的开发?

3. 项目管理器主要有哪些功能?

第 3 章   Visual FoxPro 语言基础

本章要点

- ✧ 熟悉 Visual FoxPro 的各种数据类型
- ✧ 了解常量和变量的基本概念，掌握常量的数据类型
- ✧ 熟悉内存变量的赋值、显示与存储
- ✧ 掌握表达式、函数的功能和书写格式

在 Visual FoxPro 中，对数据库中的数据信息进行查询、检索等操作时，除了使用表中的数据外，还需要用到其他数据。按照系统处理数据的形式划分，数据有常量、变量、表达式和数组 4 种形式。通过命令集和这些数据，用户可以方便、灵活、有效地操作和管理数据信息。

所有数据都有其所属的数据类型，数据类型决定了数据的存储和运算方式。Visual FoxPro 能够支持多种数据类型，例如字符型、数值型、日期型、货币型等，并且提供了变量、数组等，使用户能存放各种类型的数据。向表中输入数据时，每个字段的数据类型是在表结构中定义的。

数据处理的基本原则是相同类型的数据才能进行操作。

3.1   Visual FoxPro 的数据类型

数据类型是数据的基本属性，不同的数据类型有不同的存储方式和运算规则。如表 3-1 所示为 Visual FoxPro 中主要的数据类型。

表 3-1   Visual FoxPro 中主要的数据类型

数据类型	缩　写	说　明	大　小	范　围	举　例
字符型	C	任意文本信息	每个字符占用 1 个字节，最多可有 254 个字节	任意字符	S="北京"
数值型	N	整数或分数	在内存中占 8 个字节	在表中占 1～20 个字节，0.999 999 999 9E+19～0.999 999 999 9E+20	X=55

续表

数据类型	缩　写	说　明	大　小	范　围	举　例
货币型	Y	货币量	8 个字节	−922 337 203 685 447.580 8～922 337 203 685 447.580 7	Y=$23.03
日期型	D	包含年、月、日的数据	8 个字节	{0001-1-1}公元前 1 年 1 月 1 日～{9999-12-31}公元 9999 年 12 月 31 日	D={10/25/98}
日期时间型	T	包含年、月、日和时间的数据	8 个字节	{0001-1-1}公元前 1 年 1 月 1 日～{9999-12-31}公元 9999 年 12 月 31 日，加上上午 00:00:00 到下午 11：59：59 时	T = {10/25/98 10：12：36AM}
逻辑型	L	"真"或"假"的布尔值	1 个字节	真（.T.）或假（.F.）	
变体型		变体可以包含任意数据类型和 null 值，一旦一个值保存在变体中，变体型的数据类型就是它所包含的数据的数据类型			

另外，Visual FoxPro 中提供的仅用于表中字段的数据类型如表 3-2 所示。

表 3-2　Visual FoxPro 中主要的字段类型

数据类型	缩　写	说　明	大　小	范　围
整型	I	自动增量字段	在表中占 4 个字节	值由自动增量的 next 和 step 值控制
整型	I	整型值	4 个字节	−2 147 483 647～2 147 483 646
双精度型	B	双精度浮点数	8 个字节	+/−4.940 656 458 412 47E−324～+/−8.988 465 674 311 5E307
浮点型	F	与数值型一样	在内存中占 8 个字节；在表中占 1~20 个字节	0.999 999 999 9E+19～0.999 999 999 9E+20
通用型	G	OLE 对象引用	在表中占 4 个字节	只受可用内存空间限制
备注型	M	数据块引用	在表中占 4 个字节	只受可用内存空间限制
备注型（二进制）		任意不经过代码页修改而维护的备注字段数据	在表中占 4 个字节	只受可用内存空间限制
字符型（二进制）		任意不经过代码页修改而维护的字符数据	每个字符用 1 个字节，最多可用 254 个字节	任意字符

3.2　Visual FoxPro 的常量与变量

常量在程序执行过程中不改变其值，而变量在程序执行过程中允许随时改变其值。在 Visual FoxPro 中，对数据进行加工处理时，通常将数据存放于内存变量、数组或字段中。

3.2.1 常量

常量是一个命名的数据项，在整个操作过程中其值保持不变。如 PI 值，即 3.141 592 653 5 是数值型常量。FoxPro 定义的常量有：数值型常量、货币型常量、字符型常量、逻辑型常量、日期型常量和日期时间型常量。

1. 数值型（Numeric）常量

数值型常量用来表示一个数量的大小，由数字 0~9、小数点和正负号构成，例如 56、20、4.9、-3.45 等。数值型数据用来进行数学运算。

2. 货币型（Currency）常量

货币型常量用来表示货币值，是带货币单位的数据。其书写格式与数值型常量类似，但是要加上一个前置的符号（$）。货币数据在存储和计算时，采用 4 位小数。如果一个货币型常量多于 4 位小数，那么系统会自动将多余的小数位四舍五入。例如，$112.233 478 9 将存储为$112.233 5。

3. 字符型（Character）常量

字符型常量也称为字符串，其表示方法是用半角单引号（''）、双引号（""）或方括号（[ ]）把字符串括起来。不包含任何字符的串叫空串。

> **小提示**　空串与包含空格的字符串不同。""表示是空串；而" "是包含有空格的字符串。

下面通过【命令】窗口介绍字符型常量的使用。例如，在【命令】窗口中输入如下命令：

```
? "洪恩教育","123",[公司],['ABC',"abc"]
```

按 Enter 键后，在主窗口中显示如图 3-1 所示的结果。在这条命令中，单个问号（?）命令的功能是在下一行显示若干个表达式的值。

在【命令】窗口中接着输入如下命令：

```
??"科学技术",'是',' ',[第一生产力]
```

按 Enter 键后，在主窗口中显示如图 3-2 所示的结果。

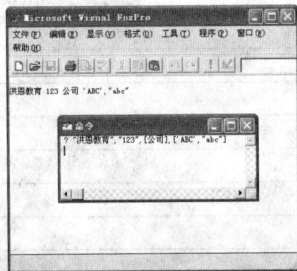

图 3-1　字符常量示例（1）

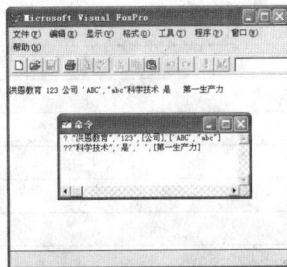

图 3-2　字符常量示例（2）

4. 日期型（Date）常量

日期型常量的定界符是一对大括号（{}），大括号内包括年、月、日 3 部分内容，各部分之间用分隔符分隔。系统默认的分隔符为（/），此外还有连字号（-），下圆点（.）和空格。

日期型常量的格式有两种：传统的日期格式和严格的日期格式。

（1）传统的日期格式

在 FoxPro 中，系统默认的日期型数据格式为"mm/dd/yy"（月/日/年）。传统日期格式中的月、日各为 2 位数字，而年份的范围就稍微大些，它可以是 2 位数字，也可以是 4 位数字，例如：{04/07/06} 和 {04/07/2006}，它们的表示内容是一样的。

（2）严格的日期格式

严格的日期格式为：{^yyyy-mm-dd}，例如：{^2006-05-25}。用这种格式书写的日期常量能表达一个确定的日期。这种书写格式不受 SET DATE 语句的影响。严格日期格式可以在任何情况下使用。而传统格式只能在 SET STRICTDATE TO 0 状态下使用。

在使用严格的日期格式书写时应注意以下几点：

① 大括号内第一个字符必须是"^"。

② 年份必须用 4 位（如 1999、2004 等）。

③ 年月日的次序不能颠倒，也不能缺省。

（3）日期格式的设置命令

1）SET MARK TO [日期分隔符]

功能：用于指定日期分隔符，如"-"、"."等。如果执行 SET MARK TO 命令时没有指定任何分隔符，则使用系统默认的分隔符（/）。

2）SET DATE [TO] AMERICAN | ANSI | BRITISH | FRENCH | GERMAN | ITALIAN | JAPAN | USA | MDY | DMY | YMD

功能：设置日期显示的格式。命令中各个短语所定义的日期格式如表 3-3 所示。

表 3-3　各种日期格式

参　　数	格　　式
AMERICAN	mm/dd/yy
ANSI	yy.mm.dd
BRITISH/FRENCH	dd/mm/yy
GERMAN	dd.mm.yy
ITALIAN	dd-mm-yy
JAPAN	yy/mm/dd
USA	mm-dd-yy
MDY	mm/dd/yy
DMY	dd/mm/yy
YMD	yy/mm/dd

【例 3-1】 使用 SET DATE 命令设置日期格式。

```
SET DATE MDY          &&将日期设置为mm/dd/yy
SET DATE YMD          &&将日期设置为yy/mm/dd
SET DATE DMY          &&将日期设置为dd/mm/yy
```

3）SET CENTURY ON/OFF

功能：用于设置年份的位数。其中，ON 表示年份用 4 位数字表示；OFF 表示年份用 2 位数字表示。

【例 3-2】 在【命令】窗口输入如下命令，按 Enter 键分别执行：

```
SET CENTURY ON        &&设置4位数字年份
SET MARK TO           &&恢复系统默认的日期分隔符
SET DATE TO YMD       &&设置年月日格式为：yy/mm/dd
?{^2006-05-20}        &&显示当前年月日
```

此时，Visual FoxPro 主窗口显示如图 3-3 所示。

【例 3-3】 在【命令】窗口中输入如下命令，按 Enter 键分别执行：

```
SET CENTURY OFF       &&设置2位数字年份
SET MARK TO "."       &&设置日期分隔符为西文句号
SET DATE TO MDY       &&设置年月日格式为：mm/dd/yy
?{^2006-05-20}        &&显示当前年月日
```

此时，Visual FoxPro 主窗口显示如图 3-4 所示。

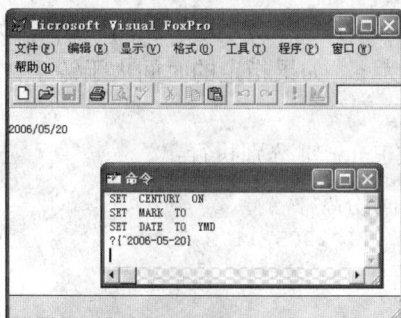

图 3-3 显示设置后的年月日格式（1）   图 3-4 显示设置后的年月日格式（2）

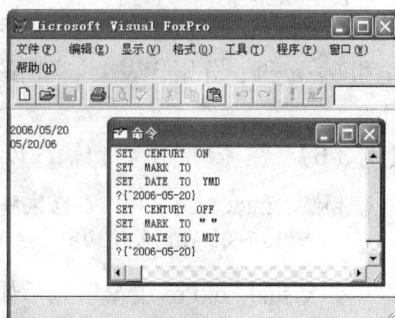

4）SET STRICTDATE TO [0 | 1 | 2]

功能：用于设置是否对日期格式进行检查。其中，0 表示不进行严格的日期格式检查，目的是与早期的 FoxPro 兼容；1 表示进行严格的日期格式检查，它是系统默认的设置；2 表示进行严格的日期格式检查，并且对 CTOD（）和 CTOT（）函数的格式也有效。

【例 3-4】 在【命令】窗口输入以下命令，按 Enter 键分别执行：

```
SET STRICTDATE TO 0         &&不进行严格的日期格式检查
?{^2006-05-28} , {11.22.06}
```

此时，Visual FoxPro 主窗口显示如图 3-5 所示。

【例 3-5】 在【命令】窗口键入以下命令，按 Enter 键分别执行：

```
SET  MARK  TO  ";"          &&设置日期分隔符为分号
?{^2006-06-28},{11.22.06}
```

此时，Visual FoxPro 主窗口显示如图 3-6 所示。

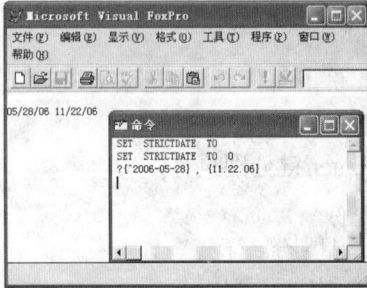

图 3-5　不进行严格的日期格式检查的显示效果

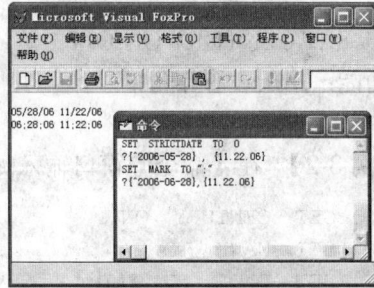

图 3-6　按指定的时间格式显示

5．日期时间型（DateTime）常量

日期时间型常量包括日期和时间两部分内容，它的显示格式如下

{<日期>,<时间>}

其中，<日期>部分与日期型常量相似，也有传统和严格两种格式。<时间>部分的格式如下

[hh [:mm [:ss]] [a:| p]]

其中，hh、mm 和 ss 分别代表时、分和秒，在 Visual FoxPro 默认情况下，其值分别为 12、0 和 0。a 和 p 分别代表上午和下午，默认值为 a。如果指定的时间大于等于 12 则表示下午。

【例 3-6】 在【命令】窗口输入以下命令，按 Enter 键分别执行：

```
SET  MARK  TO          &&恢复系统默认的日期分隔符
?{^2006-05-11,11:30a},{^2009-03-03,},{^2005-11-2,3}
```

此时，Visual FoxPro 主窗口显示如图 3-7 所示。

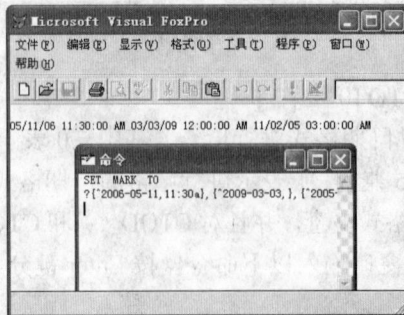

图 3-7　按指定格式显示日期时间型常量

6. 逻辑型（Logic）常量

逻辑型常量数据只有两个值：逻辑真和逻辑假。逻辑真的常量表示形式有.T.，.t.，.Y.和.y.。逻辑假的常量表示形式有.F.，.f.，.N.和.n.。

前后两个句点作为逻辑型常量的定界符是必不可少的，否则会被误认为变量名。逻辑型数据只占有一个字节的空间。

3.2.2 变量

Visual FoxPro 定义了 3 种类型的变量：字段变量、内存变量和系统变量。前两种变量的名称是用户根据需要定义的，系统变量名称由系统规定。

变量的命名必须遵循以下规则。

① 必须以字母或汉字开头。

② 变量名只能含有数字、汉字、字母和下划线。

③ 变量名不能是 Visual FoxPro 的保留字，如对象名、系统预定义的函数名等。

1. 字段变量

字段变量是指数据库文件中预定义好的任意数据项（数据列），通过字段名作为变量名来标识字段变量。如果一个数据库表中有 10 条记录，每一个字段名就有 10 个可取值。在数据库表中有一个记录指针，它指向的记录定义为当前记录，字段变量的值就是当前记录中对应字段的值。记录指针可以移动，因此,字段的取值随着指针的移动而改变，所以字段是变量。

2. 内存变量

内存变量是内存中的一块存储区域，变量值就是存放在存储区域中的数值，变量的类型取决于变量值的类型。在 Visual FoxPro 中，变量的类型可以改变，对内存变量赋值可以改变其内容和类型。例如，当把一个日期常量赋给一个变量时，这个常量就被存放在变量中，它将取代变量的原值而成为变量的新值，此时变量的数据类型为日期型。

内存变量是独立于数据库文件而存在的变量，用来存储数据处理过程中所需要的常量、中间结果和最终结果。还可以作为控制变量，用来控制应用程序的运行。

字段变量和内存变量的区别如表 3-4 所示。

表 3-4 字段变量和内存变量的区别

字段变量	内存变量
有 C、N、D、L、M、G 等数据类型	有 C、N、D、L、Y、T 等数据类型
多值变量	单值变量
数据库表文件的组成部分	独立于数据库文件而存在
随表文件的定义而建立	需要时随时定义
关机后保存在数据库表文件中	关机后不保存，但可存入内存变量文件

小提示　如果在表中存在一个与内存变量同名的字段变量，则字段变量优先。如果要访问内存变量，则需在变量名前加 M.或 M->，否则系统将访问同名的字段变量。

（1）内存变量赋值命令

格式 1：STORE ＜表达式＞ TO ＜内存变量表＞｜＜数组名＞

功能：计算＜表达式＞的值，并将＜表达式＞的值赋给内存变量表中的每一个变量或数组。＜内存变量表＞中可以是一个变量，也可以是多个变量，若是多个变量，各变量间用逗号分隔。

格式 2：＜内存变量＞｜＜数组名＞ = ＜表达式＞

功能：计算＜表达式＞的值，并将＜表达式＞的值赋给内存变量或数组。

小提示　两种格式的区别在于：格式 1 命令可以给多个变量赋予相同的值，格式 2 命令一次只能给一个内存变量或数组赋值。

例如，在【命令】窗口中输入以下命令，将对相应的变量赋值。

```
P=12
STORE 10 TO X,Y
S="Welcome to BeiJing"
STORE "北京" TO Z
```

（2）表达式值的显示命令

格式：?｜??[＜表达式表＞]

功能：依次计算＜表达式表＞中的值，并将表达式表的值在屏幕上输出。

?与??的区别在于：?命令表示从光标当前行的下一行开始显示，即换行输出；??命令表示在当前光标位置开始显示，即同行输出。当?命令后没有任何表达式时，输出一个空行。

【例 3-7】 在【命令】窗口输入以下命令，按 Enter 键分别执行：

```
STORE 10 TO X,Y          &&将数值10赋值给变量X，Y
?X,Y                     &&显示内存变量X和Y的值
?"X+Y=",X+Y              &&显示字符串"X+Y="和表达式X+Y的值
```

此时，Visual FoxPro 主窗口显示如图 3-8 所示。

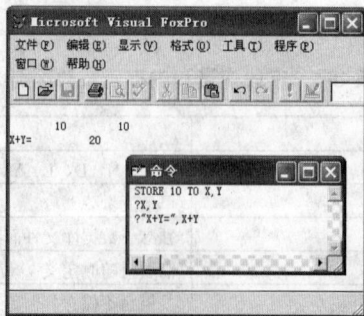

图 3-8　显示表达式的值

在命令窗口输入的命令其显示格式可由系统菜单的【格式】设置，而要改变屏幕显示的字体大小，需用系统变量赋值。例如：

```
_Screen.Fontsize=30
```

（3）内存变量显示命令

格式：LIST | DISPLAY MEMORY [LIKE<通配符>] [TO PRINTER | TO FILE<文件名>]

功能：显示当前已定义的内存变量名、作用范围、类型和值。

说明：

① LIKE<通配符>子句表示只显示与通配符相匹配的变量。

② TO PRINTER 子句或 TO FILE 子句表示将屏幕显示内容输送到打印机或指定文件名的文本文件中。

小提示　　LIST 和 DISPLAY 的区别在于：LIST 一次显示所有变量，如果一屏显示不下，则自动滚动；DISPLAY 则分屏显示内存变量，如果内存变量较多，显示一屏之后暂停，按任意键后继续显示下一屏。

【例 3-8】 在【命令】窗口输入以下命令，按 Enter 键分别执行：

```
S="beijing"
STORE "China" TO S1,S2,S3,SN,P
LIST MEMORY LIKE S*          &&显示以S开头的所有内存变量
```

此时，Visual FoxPro 主窗口显示如图 3-9 所示。

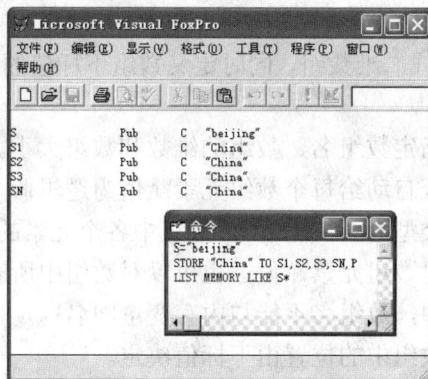

图 3-9　显示内存变量值

（4）内存变量的清除

格式：CLEAR MEMORY　或者　RELEASE[<内存变量名表>] | ALL[LIKE | EXCEPT<通配符>]

功能：清除指定的内存变量。

例如，在【命令】窗口中输入以下命令，按 Enter 键分别执行：

```
CLEAR MEMORY                 &&清除所有内存变量
```

```
RELEASE ALL                  &&清除所有内存变量
RELEASE ALL EXCEPT S*         &&清除所有首字符不为S的内存变量
```

（5）内存变量的保存

格式：SAVE TO <内存变量文件名> [ALL LIKE <通配符> | ALL EXCEPT <通配符>]

功能：将指定的内存信息保存到指定的变量文件 MEM 中。

说明：

① ALL LIKE <通配符>子句只保存符合通配符条件的所有变量。

② ALL EXCEPT <通配符>子句只保存不符合通配符条件的所有变量。

3. 系统变量

系统变量是 Visual FoxPro 自动生成和维护的变量，用于控制输出和显示信息的格式。为了和一般内存变量相区别，在系统变量名前加一条下划线"_"。例如，_CLIPTEXT，_PAGENO 等。

3.2.3　数组

数组是一批数据的有序集合，数组中的每一个数据称为一个数组元素。在 Visual FoxPro 中，每一个数组元素相当于一个内存变量。数组必须先定义后使用，每个数组可以通过数组名和下标来访问。

1. 数组的定义

格式：DECLARE | DIMENSION <数组名> (<下标 1> [,<下标 2>]) [,<数组名> (<下标 1>) [,<下标 2>])]

功能：定义一个一维或二维数组，同时定义数组下标值的上、下限，下限规定为1。

说明：

① 定义数组时必须指定数组名、数组的维数和数组大小。

② 数组定义后，系统自动给每个数组元素赋值为逻辑假（.F.）。

③ 整个数组的数据类型为 A（array），数组中各个元素的数据类型可以不同。

④ 用赋值命令可以对数组元素赋值，也可以对数组中所有元素赋同一个值。

⑤ 在同一运行环境中，数组名不能与内存变量同名。

⑥ 数组中各元素在数组中的位置由下标值决定。

例如，定义数组

```
DIMENSION A(5),Y(3,2)
```

该命令定义了一维数组 A(5)和二维数组 Y(3,2)。

一维数组 A 的下标下限为 1，上限为 5，故数组中有 5 个元素：A(1)、A(2)、A(3)、A(4)和 A(5)。

二维数组 Y 的下标下限为(1,1)，上限为(3,2)，故数组 Y 有 3 行 2 列共 6 个元素：Y(1,1)、Y(1,2)、Y(2,1)、Y(2,2)、Y(3,1)和 Y(3,2)。

小提示　　　　二维数组在内存中是按行存储的。

2. 数组的使用

（1）数组元素赋初值

格式：STORE <表达式> TO <数组名>

　　　<数组名>=<表达式>

功能：给数组中每个数组元素赋以相同的值。

说明：

① 系统将根据<表达式>值的类型确定或改变数组元素的类型。

② 使用 LIST/DISPLAY MEMORY 命令可以显示数组元素的类型和值。

③ 使用 CLEAR/RELEASE MEMORY 命令可以删除整个数组。

【例 3-9】　在【命令】窗口输入以下命令，按 Enter 键分别执行：

```
DECLARE A(3)                    &&定义数组A
STORE 0 TO A                    &&数组中每个元素赋值为0
A(1)="程序设计语言"              &&数组元素A(1)赋值字符串
A(2)=DATETIME()                 &&数组元素A(2)赋值当前系统日期时间
A(3)=.F.                        &&数组元素A(3)赋值逻辑假值
?A(1),A(2),A(3)
```

此时，Visual FoxPro 主窗口显示如图 3-10 所示。

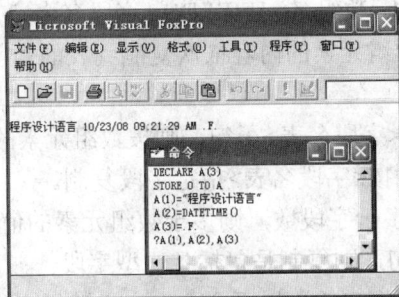

图 3-10　为数组元素赋初值

（2）用字段变量给数组赋值

格式：SCATTER [FIELDS <字段名表>] TO <数组名> [BLANK]

功能：将当前表文件的当前记录各字段赋给数组各元素。

说明：

① 如果没有 FIELDS<字段名表>子句，则按记录中字段的先后顺序传送所有字段，否则按<字段名表>指定字段顺序传送。

② 字段的类型决定了数组变量的类型。

③ 如果数组元素个数多于传送字段数，则剩余的数组元素值不变，否则系统将自动增加数组元素个数。

④ 若选用[BLANK]子句，则产生一个空数组，其元素的类型和大小与表中当前记录的对应字段相同。

【例 3-10】 在【命令】窗口输入以下命令，在窗口中显示有关奥运会的记录信息。

```
DECLARE P(4)                    &&定义数组P
USE 详细资料                     &&打开之前创建的"详细资料.dbf"表文件
SCATTER TO P                    &&将字段值赋给数组P
?P(1),P(2),P(3),P(4)
```

此时，Visual FoxPro 主窗口显示如图 3-11 所示。

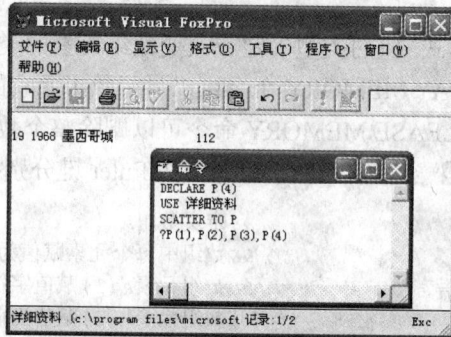

图 3-11　显示记录信息

（3）将数组数据传输到表中当前记录的指定字段中

格式：GATHER FROM <数组名> [FIELDS <字段名表>] [MEMO]

功能：将数组中各个数组元素的内容依次复制到表的当前记录的指定字段中。

说明：

① 如果没有 FIELDS <字段名表>子句，则按数组元素的顺序从左到右复制到当前记录的每一个字段中，否则按<字段名表>指定字段复制。

② 如果数组元素个数多于字段数，则多于数组元素的值被忽略。

③ 若选用[MEMO]子句，则复制是包括备注型字段。

【例 3-11】 在【命令】窗口输入以下命令，定义数组 P，将 P 中的值填入"详细资料"表文件中。

```
USE 详细资料
APPEND BLANK                    &&在表文件的末尾追加一条空记录
DECLARE P(4)
P(1)="30"
P(2)="2012"
P(3)="伦敦"
P(4)="不详"
GATHER FROM P FIELDS 届次,时间（年）,举办城市,参与国数目
DISPLAY
```

此时，Visual FoxPro 主窗口显示如图 3-12 所示。

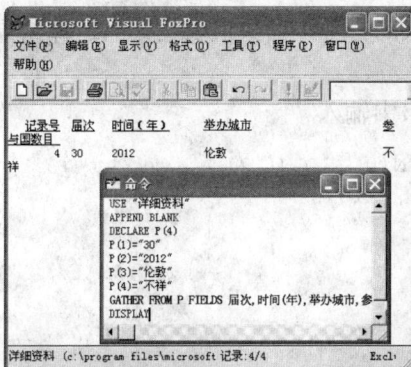

图 3-12　将数组数据填入到表文件中

3.3　Visual FoxPro 的常用函数

函数是用程序来实现的一种数据运算或转换。每个函数都有特定的运算功能或转换功能。灵活地运用函数，不仅可以简化复杂的运算，而且能够加强 Visual FoxPro 系统的许多功能。

Visual FoxPro 提供了丰富的标准函数。按照函数的功能可将其划分为数值运算函数、字符处理函数、时间日期函数、数据类型转换函数、测试函数等。

函数的一般形式是：<函数名>（参数列表）

说明：

① 每个函数必然有一个返回值，返回值有确定的数据类型。函数可以作为表达式的一部分，在组成表达式时，需要注意类型匹配。

② 传送给函数的参数也要有数据类型，必须按要求的数据类型传送参数值。

3.3.1　数值运算函数

1. 取绝对值函数 ABS( )

格式：ABS（<数值表达式>）

功能：返回指定数值表达式的绝对值。

例如，在【命令】窗口中输入

```
?ABS(-12),ABS(12-54)
```

在主窗口中显示：

```
12       42
```

2. 符号函数 SIGN( )

格式：SIGN（<数值表达式>）

功能：返回数值表达式的符号，当数值表达式的运算结果为正、负和零时，返回值分别为 1、-1 和 0。

例如，在【命令】窗口中输入

```
?SIGN(-5.6),SIGN(0),SIGN(22)
```

在主窗口中显示：

```
  -1       0       1
```

3. 取整函数 INT( )

格式：INT（<数值表达式>）

功能：返回<数值表达式>的整数部分。

例如，在【命令】窗口中输入

```
?INT(-5.6),INT(10.3)
```

在主窗口中显示：

```
  -5       10
```

4. 求余函数 MOD( )

格式：MOD（<数值表达式 1>,<数值表达式 2>）

功能：返回<数值表达式1>除以<数值表达式2>的余数，其正负号与<数值表达式2>相同。

例如，在【命令】窗口中输入

```
?MOD(15,2),MOD(-15,2),MOD(15,-2),MOD(-15,-2)
```

在主窗口中显示：

```
   1       1      -1      -1
```

5. 最大值函数 MAX( )

格式：MAX（<数值表达式 1>,<数值表达式 2>）

功能：返回两个<数值表达式>中值较大者，或者返回两个<日期表达式>中的最近日期。

例如，在【命令】窗口中输入

```
?MAX(15,2),MAX({^2000/11/12},{^1985/02/14})
```

在主窗口中显示：

```
   15    11/12/00
```

6. 最小值函数 MIN( )

格式：MIN（<数值表达式 1>,<数值表达式 2>）

功能：返回两个<数值表达式>中值较小者，或者返回两个<日期表达式>中的最远日期。

例如，在【命令】窗口中输入

```
?MIN(15,2),MIN({^2000/11/12},{^1985/02/14})
```

在主窗口中显示：

```
2        02/14/85
```

7. 求平方根函数 SQRT( )

格式：SQRT（<数值表达式>）

功能：返回指定表达式的平方根。自变量表达式的值不能为负。

例如，在【命令】窗口中输入

```
?SQRT(9),SQRT(8-6)
```

在主窗口中显示：

```
3.00        1.41
```

8. 四舍五入函数 ROUND( )

格式：ROUND（<数值表达式 1>,<数值表达式 2>）

功能：对<数值表达式 1>的值进行四舍五入，保留的小数位数由<数值表达式 2>确定。设<数值表达式 2>为 N，当 N>0 时，保留 N 位小数，其 N+1 位小数四舍五入；当 N<0，则<数值表达式 1>的整数部分从小数点向左的第 N 位四舍五入；当 N=0，<数值表达式 1>四舍五入取整。

例如，在【命令】窗口中输入

```
?ROUND(77.3568214,2),ROUND(22.54,0),ROUND(1.36678,-1)
```

在主窗口中显示：

```
77.36        23        0
```

9. 随机函数 RAND( )

格式：RAND（[数值表达式]）

功能：产生一个 0～1 之间的随机数。[数值表达式]提供一个种子值，如果没有给定的种子值，系统默认的初始种子值为 100 001。接着，下一个随机数的种子值就是上一个随机数。

操作技巧　为了得到真正不可预测的随机数，首个随机数的种子值取一个负整数，这样 Visual FoxPro 就将系统时间作为种子值，计算得到随机数。

10. 圆周率函数 PI( )

格式：PI( )

功能：返回圆周率 π 的值（数值型），该函数没有自变量。

11．取整函数 CEILING( ) 和 FLOOR( )

格式：CEILING（<数值表达式>）

FLOOR（<数值表达式>）

功能：CEILING( )返回大于或等于数值表达式的最小整数；FLOOR( ) 返回小于或等于数值表达式的最大整数。

例如，在【命令】窗口中输入

```
?STORE 5.8 TO X
? CEILING(X),CEILING(-X), FLOOR(X), FLOOR(-X)
```

在主窗口中显示：

```
6        -5       5        -6
```

3.3.2 字符处理函数

1．求子串函数 SUBSTR( )

格式：SUBSTR（<字符串表达式>,<起始位置> [,<字符个数>] ）

功能：在<字符串表达式>中从<起始位置>起截取<字符个数>所指定的字符。若<字符个数>省略或<字符个数>的值大于字符串所有字符的个数，则截取从起始位置起到字符串的最后一个字符。

例如，在【命令】窗口中输入

```
?SUBSTR("Welcometobeijing",3,5),SUBSTR("中华人民共和国",4)
```

在主窗口中显示：

```
lcome        民共和国
```

2．左取字符函数 LEFT( )、右取字符函数 RIGHT( )

格式：LEFT（<字符串表达式>,<字符个数>）

RIGHT（<字符串表达式>,<字符个数>）

功能：LEFT()是从字符串的左端取<字符个数>指定长度的字符；RIGHT()是从字符串的右端取<字符个数>指定长度的字符。

例如，在【命令】窗口中输入

```
?LEFT("我爱北京天安门",6),RIGHT("abc",2)
```

在主窗口中显示：

```
我爱北        bc
```

3．求字符串长度函数 LEN( )

格式：LEN（<字符串表达式>）

功能：返回<字符串表达式>值的长度，<字符串表达式>的值为空串时，返回值为 0。
函数返回值为数值型。

例如，在【命令】窗口中输入

```
?LEN("我爱北京天安门"),LEN("abc")
```

在主窗口中显示：

```
14      3
```

4. 删除字符串空格函数

格式：TRIM（<字符串表达式>）
　　　RTRIM（<字符串表达式>）
　　　LTRIM（<字符串表达式>）
　　　ALLTRIM（<字符串表达式>）

功能：前两个函数是删除<字符串表达式>值尾部的空格；第三个函数是删除<字符串表达式>值前面的空格；第四个函数是删除<字符串表达式>值前后的空格（中间的空格不能删除）。

例如，在【命令】窗口中输入

```
?LEN("ANNASUI   "),LEN(TRIM("ANNASUI   "))
?LEN("  ANNA SUI   "),LEN(ALLTRIM("   ANNA SUI   "))
?LEN("  ANNA"),LEN(LTRIM("  ANNA"))
```

在主窗口中显示：

```
10      7
14      8
6       4
```

5. 求子串出现位置函数 AT( )

格式：AT（<字符串表达式 1>,<字符串表达式 2> [,<数值表达式>]）
功能：如果<字符串表达式 1>是<字符串表达式 2>的子串，则返回<字符串表达式 1>的首字符在<字符串表达式 2>中的位置；若不是子串，则返回 0。函数返回值为数值型。

例如，在【命令】窗口中输入

```
?AT("Fox","Visual FoxPro"),AT("BASIC","Visual FoxPro"),AT("人民","
   首都人民")
```

在主窗口中显示：

```
8      0      5
```

6. 字符串匹配函数 LIKE( )

格式：LIKE（<字符串表达式 1>,<字符串表达式 2>）
功能：比较两个字符串对应位置上的字符，如果所有字符都匹配，则返回值为.T.，否则返回值为.F.。

例如，在【命令】窗口中输入

```
?LIKE("ha*","happy"),LIKE("ha?","happy")
```

在主窗口中显示：

```
.T.        .F.
```

7. 大小写转换函数 LOWER( )和 UPPER( )

格式：LOWER（<字符表达式>）
　　　　UPPER（<字符表达式>）
功能：LOWER( )将表达式中的大写字母转换成小写字母，其他字符不变；UPPER( )将表达式中的小写字母转换成大写字母，其他字符不变。

8. 空格字符串生成函数 SPACE( )

格式：SPACE（<数值表达式>）
功能：返回由指定数目的空格组成的字符串。

3.3.3　时间日期函数

1. 时间函数 TIME( )

格式：TIME（）
功能：以时:分:秒（hh:mm:ss）格式返回系统当前时间。
例如，在【命令】窗口中输入

```
?TIME(),TIME(3)
```

在主窗口中显示：

```
16:23:39        16:24:19.48
```

操作技巧　　　　如果为 TIME( )提供任意数值作为自变量，则返回的时间精度为百分之一秒。

2. 日期函数 DATE( )

格式：DATE（）
功能：返回系统当前日期，默认格式为月/日/年（mm/dd/yy）。
例如，在【命令】窗口中输入

```
?DATE()
```

在主窗口中显示：

```
10/23/08
```

3. 日期时间函数 DATETIME( )

格式：DATETIME（）

功能：返回系统当前的时间日期。

例如，在【命令】窗口中输入

```
?DATETIME()
```

在主窗口中显示：

```
10/23/08        04:44:17 PM
```

4. 年月日函数 YEAR( )、MONTH( )、DAY( )

格式：YEAR（<日期型表达式>）
　　　　MONTH（<日期型表达式>）
　　　　DAY（<日期型表达式>）

功能：YEAR( )返回日期型表达式的年；MONTH( )返回日期型表达式的月份；DAY( )
返回日期型表达式的日数。函数返回值均为数值型。

例如，在【命令】窗口中输入

```
STORE {^2008-10-23} TO D
?YEAR(D),MONTH(D),DAY(D)
```

在主窗口中显示：

```
2008              10      23
```

3.3.4 数据类型转换函数

1. 数值型转换成字符型函数 STR( )

格式：STR（<数值型表达式> [,<长度>] [,<小数位数>] ）

功能：将<数值型表达式>的值转换为字符串，由<长度>决定转换后字符串的总长度
（=整数部分+小数位+小数点），由<小数位数>决定转换后小数部分的字符个数。函数返
回值为字符型。

例如，在【命令】窗口中输入

```
?STR(256.76892,9,4),STR(256.76892,9)
?STR(256.76892,2),STR(256.76892)
```

在主窗口中显示：

```
256.7689          257
   **             257
```

小提示　若<长度>小于<数值型表达式>值的整数位数，则函数值为"*"
组成的字符串；若省略<小数位数>，则默认小数位数为 0；若省略
<小数位数>的同时省略<长度>，则整数位数默认为 10。

2. 字符型转换成数值型函数 VAL( )

格式：VAL（<字符串表达式>）

功能：将<字符串表达式>所指定的字符串转换成数值型数据。函数返回值为数值型。
例如，在【命令】窗口中输入

```
?VAL("12.345"),VAL("HELLO123"),VAL("12.34HELLO56")
```

在主窗口中显示：

```
12.35          0.00          12.34
```

> **小提示**　从<字符串表达式>中最左侧的字符开始转换，如果第一个字符为非数字字符，则返回值为 0；如果是数字字符，则一直到非数字字符为止。

3. 日期型转换成字符型函数 DTOC( )

格式：DTOC（<日期型表达式> [,<1>]）
功能：将<日期型表达式>的值转换为字符型。若无选项<1>，则字符串的格式为月/日/年；否则，转换的格式为 yyyymmdd。其中 "1" 可以是任意数值。
例如，在【命令】窗口中输入

```
?"今天的日期是："+DTOC(DATE(),1)
```

在主窗口中显示：

```
今天的日期是：20081024
```

4. 字符型转换成日期型函数 CTOD( )

格式：CTOD（<字符串表达式>）
功能：将<字符串表达式>的值转换成相应的日期。
例如，在【命令】窗口中输入

```
?CTOD("11/01/2008"),{^2008.8.8}
```

在主窗口中显示：

```
11/01/08        08/08/08
```

5. 字符型转换成 ASCII 函数 ASC( )

格式：ASC（<字符串表达式>）
功能：返回<字符串表达式>最左边一个字符的 ASCII 值。
例如，在【命令】窗口中输入

```
?ASC("FIFA")+10
```

在主窗口中显示：

```
80
```

6. ASCII 函数转换成字符型函数 CHR( )

格式：CHR（<数值表达式>）

功能：将<数值表达式>的值作为 ASCII 值转换成相应的字符。

例如，在【命令】窗口中输入

```
?CHR(84+4)
```

在主窗口中显示：

```
X
```

7. 宏代换函数&

格式：&<字符型内存变量> [.<字符型表达式>]

功能：用于替换<字符型内存变量>中的内容。<字符型内存变量>与后面<字符型表达式>之间必须插入一个圆点，称为宏代换终止符。

例如，在【命令】窗口中输入

```
X="abc"
abc="123"
?X,&X
```

在主窗口中显示：

```
abc          123
```

3.3.5 测试函数

在处理数据时，有时需要了解操作对象的状态，如数据的类型、表文件的记录指针的位置、记录指针是否到了文件头或文件尾等。

1. 表文件测试函数 DBF( )

格式：DBF（[表别名|工作区]）
功能：获取将要打开的表的路径。
例如，在【命令】窗口中输入

```
USE 详细资料
?DBF()
```

在主窗口中显示：

```
C:\PROGRAM FILES\MICROSOFT VISUAL STUDIO\VFP98\详细资料.DBF
```

小提示　　如果没有[表别名|工作区]选项，则对当前工作区操作。当指定工作区中没有打开的表文件，则返回空串。

2. 表文件头测试函数 BOF( )

格式：BOF（<数值型表达式>）
功能：测试指定工作区表文件记录是否指向文件头。如果记录指针指向表文件头，则函数返回值为.T.，反之为.F.。

若省略<数值型表达式>，则测试当前工作区的表文件。若测试的工作区未打开表文件，则返回值为.F.。若表文件中没有记录，则返回值为.T.。

3. 表文件尾测试函数 EOF( )

格式：EOF（<数值型表达式>）

功能：测试指定工作区表文件记录是否指向文件尾。如果记录指针指向表文件最后一条记录的后面位置，则函数返回值为.T.，反之为.F.。

若省略<数值型表达式>，则测试当前工作区的表文件。若测试的工作区未打开表文件，则返回值为.F.。若表文件中没有记录，则返回值为.T.。

例如，在【命令】窗口中输入

```
USE 详细资料
?BOF()
SKIP-1
?BOF()
GO BOTTOM
?EOF()
```

在主窗口中显示：

```
.F.
.T.
.F.
```

4. 记录号测试函数 RECNO( )

格式：RECNO（<数值型表达式>）

功能：测试指定工作区中表文件当前的记录号。工作区号由<数值型表达式>的值决定，若省略，则测试当前工作区。若指定的工作区中无表文件打开，则返回值为0。

5. 记录数测试函数 RECCOUNT( )

格式：RECCOUNT（<数值型表达式>）

功能：返回指定工作区中当前表文件的所有记录的个数。工作区号由<数值型表达式>的值决定，若省略，则测试当前工作区。若指定的工作区中无表文件打开，则返回值为0。

例如，在【命令】窗口中输入

```
USE 详细资料
GO 3
?RECNO()
GO TOP
?RECNO()
?RECCOUNT()
```

在主窗口中显示:

```
3
1
4
```

6. 条件测试函数 IIF( )

格式: IIF (<逻辑表达式>,<表达式 1>,<表达式 2>)

功能: 测试<逻辑表达式>的值, 如果为.T., 函数返回<表达式 1>的值; 如果为.F., 函数返回<表达式 2>的值。

例如, 在【命令】窗口中输入

```
D=5
?IIF(D>7,"结果正确","结果错误")
```

在主窗口中显示:

结果错误

7. 空值测试函数 ISNULL( )

格式: ISNULL (<表达式>)

功能: 判断表达式的结果是否为 NULL 值, 若是函数返回值为.T., 否则返回值为.F.。可以对数组和字段在 STORE、GATHER 和 SCATTER 命令中使用 ISNULL 函数。

例如, 在【命令】窗口中输入

```
DECLARE A(2)
STORE NULL TO A
?ISNULL(A(1)),ISNULL(A(2))
```

在主窗口中显示:

.T.   .T.

8. 数据类型测试函数 VARTYPE( ) 和 TYPE( )

格式: VARTYPE (<表达式>)

　　　TYPE (<字符串表达式>)

功能: VARTYPE( )测试表达式的类型, 返回该类型的大写字母, 函数值为字符型。字母的含义如下: C 表示字符型, N 表示数值型, D 表示日期型, T 表示日期时间型, L 表示逻辑型, Y 表示货币型, G 表示通用型, U 未定义。

TYPE( )测试字符串表达式的类型, 返回该类型的大写字母, 函数值为字符型。

3.4　Visual FoxPro 的运算符和表达式

表达式是用运算符将常量、变量、函数等运算对象连接起来的式子。根据表达式所使用的运算符的不同, 表达式可分为: 数值表达式、字符表达式、日期时间表达式、关系表达式和逻辑表达式。

当同一表达式中使用了多种运算符时，按照运算符优先级别从高到低的顺序进行计算：算术型、字符型、关系型、逻辑型。同一级别中的全部运算顺序从左到右，只有在使用了圆括号的情况下才改变运算顺序。

3.4.1　算术运算符和数值表达式

1.　算术运算符

算术运算符如表 3-5 所示。

表 3-5　算术运算符

运 算 符	说　　明	运 算 符	说　　明
( )	形成子表达式，优先运算符	+、 −	加法、减法运算
*、/、%	乘法、除法、求余运算	**、^	乘方运算

运算符的优先级从高到低依次是：( )（括号），−（取负），**或^（乘方），*、/、%（乘、除、求余），+、−（加减）。

2.　数值表达式

数值表达式是使用算术运算符将数值型变量、常量、函数等连接起来的有意义的式子。
例如，在【命令】窗口中输入

```
?(15+3-2^2)/3,(-6^2)+24
```

在主窗口中显示：

```
4.67          60.00
```

3.4.2　字符运算符和字符表达式

1.　字符运算符

字符运算符如表 3-6 所示。

表 3-6　字符运算符

运 算 符	说　　明
+	将两个字符串首尾相连形成一个新串
−	将第一个字符串尾部的空格移到后一个字符串尾部
$	检查第一个字符串是否被包含在第二个字符串中，如果包含，返回值为.T.，否则为.F.

2.　字符表达式

使用字符运算符将字符型项目连接起来的算式，其运算结果也是字符型。
格式：<字符串 1> 字符运算符 <字符串 2>
例如，在【命令】窗口中输入

```
S1="ABC "
```

```
S2="XYZ"
?S1+S2
?LEN(S1+S2)
?S1-S2
?"西安"$"古城西安"
```

在主窗口中显示:

```
ABC XYZ
ABCXYZ
.T.
```

3.4.3 日期时间运算符和日期时间表达式

1. 日期时间运算符

日期时间运算符只有两个:＋和－。日期时间表达式的格式有限制,例如,两个日期不能相加,只能相减,得到两个指定日期相差的天数。

2. 日期时间表达式

日期时间表达式是使用运算符将日期型数据、数值型数据连接起来的算术。日期时间表达式的格式和运算结果如表 3-7 所示。

表 3-7   日期时间表达式格式

格　　式	运算结果
<日期>+<天数>	日期型,指定日期若干天后的日期
<日期>-<天数>	日期型,指定日期若干天前的日期
<日期>-<日期>	数值型,两个日期相差的天数
<日期时间>+<秒数>	日期型,指定日期若干秒后的日期
<日期时间>-<秒数>	日期型,指定日期若干秒前的日期
<日期时间>-<日期时间>	数值型,两个日期时间相差的秒数

例如,在【命令】窗口中输入

```
?{^2008-10-24}+10
?{^2008/11/02}-{^2008/09/25}
```

在主窗口中显示:

```
11/03/08
38
```

3.4.4 关系运算符和关系表达式

1. 关系运算符

关系运算符如表 3-8 所示。

表 3-8　关系运算符

运 算 符	说　　明	运 算 符	说　　明	运 算 符	说　　明
>	大于	<	小于	>=	大于等于
<=	小于等于	=	等于	<>、!=、#	不等于

关系运算符的优先级别相同。

2. 关系表达式

关系表达式通常由关系运算符将两个运算对象连接起来。关系表达式的运算结果是逻辑值。如果关系成立，结果为.T.，否则，结果为.F.。

例如，在【命令】窗口中输入

```
?123>56,$55<$199
?{^2008/11/02}!={^2008/09/25}
?"a"<"A"
?"好好学习"="好好 学习"
```

在主窗口中显示：

```
.T. .T.
.T.
.T.
.F.
```

操作技巧

在默认情况下，字符按照 "PinYin" 方式比较大小，所以"a"<"A"的结果为.T.，如果按照 ASCII 比较大小，则"a"<"A"的结果为.F.，需要将【选项】对话框中的【数据】选项卡中的 "排序序列" 设置为 "Machine"，如图 3-13 所示。

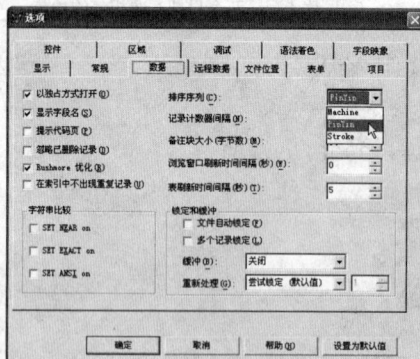

图 3-13　设置排序方式

3.4.5 逻辑运算符和逻辑表达式

1. 逻辑运算符

逻辑运算符如表 3-9 所示。

表 3-9　逻辑运算符

运 算 符	说 明
.AND.（逻辑与）	只用当 AND 两边表达式的值都为真时，结果才为真，否则为假
.OR.（逻辑或）	两边的表达式只要有一个表达式的值为真，其结果为真；只有两个表达式的值都为假时，其结果为假
.NOT.（逻辑非）	若 NOT 后面的表达式的值为真，其结果为假；否则反之

逻辑运算符的优先级从高到低为：NOT、AND、OR。逻辑运算符前后的"."也可省略。

2. 逻辑表达式

逻辑表达式是由逻辑运算符将关系表达式连接起来的式子。

格式：<关系表达式 1> AND/OR <关系表达式 2>

　　　 NOT <关系表达式>

逻辑表达式实际是一种判断条件，条件成立，表达式的值为.T.，否则表达式的值为.F.。因为逻辑型数据只有两个值.T.和.F.，所以逻辑运算的运算规则可用表 3-10 表示。

表 3-10　逻辑运算规则

逻辑值 1	逻辑值 2	NOT<逻辑值 1>	AND	OR
.T.	.T.	.F.	.T.	.T.
.T.	.F.	.F.	.F.	.T.
.F.	.T.	.T.	.F.	.T.
.F.	.F.	.T.	.F.	.F.

例如，在【命令】窗口中输入

```
?123>56 AND $55<$199
S=5
?S<7 OR "A">"b"
```

在主窗口中显示：

```
.T.
.T.
```

3.5　Visual FoxPro 的命令简介

1. 命令格式

Visual FoxPro 的命令都有固定的格式，必须按相应的格式和语法规则书写和使用，否则系统无法识别、执行。Visual FoxPro 命令的基本格式如下：

　　<命令动词> [<范围子句>] [<条件子句>] [<字段名表子句>]

命令格式中语法标识符的意义和用法如下：

① < >：必选项，表示命令中必须选择该项，但内容可以根据需要而定。

② [ ]：可选项，可根据实际需要选用或省略该项内容。

③ | ：任选项，根据实际需要任选且必选其中一项内容。

　　2. 命令中常用子句

各种命令一般都包含数量不等的可选子句，操作时用户根据实际需要可部分或全部选用。子句的作用是扩充、完善命令的功能，很多命令必须通过相应子句的配合，才能有效地、完整地实现命令功能。因此，对于命令的功能与用法是否了解、掌握，更多是体现在对命令中各子句的了解、掌握上，学习时要对此更多关注。

命令中常用的子句主要有范围子句、条件子句和字段名表子句。

（1）范围子句

在很多对表进行操作的命令中，都包含有范围子句，其作用是选择、确定命令操作的记录范围。范围子句的作用相当于关系运算中的选择运算，选择运算是按指定逻辑条件选择表中符合条件的记录，而范围子句是按记录范围选择记录，前者是逻辑选择，后者是物理选择。范围子句有 4 种具体的选择范围。

① RECORD <n>：范围是记录号为 n 的一条记录。

② NEXT <n>：范围是从当前记录开始的连续 n 条记录。

③ REST：范围是从当前记录开始到表尾的所有记录。

④ ALL：范围是表中全体记录。

（2）条件子句

条件子句的作用是以指定逻辑条件为依据，从表中选择符合条件的记录。它对应于关系运算中的选择运算。条件子句有两种。

① FOR <条件>：选择表中符合条件的所有记录。

② WHILE <条件>：选择符合条件的记录，直到第一个不符合条件的记录为止。

（3）字段名表子句

字段名表子句的作用是选取命令操作的字段范围。它对应于关系运算中的投影运算。其格式是：[FIELDS] <字段名表>。其中字段名表由若干个以逗号分隔的字段名构成。有些命令中字段名表子句要求以关键字 FIELDS 引导，有些则可省略，这决定于命令语法格式要求，使用时要注意。

除了以上 3 种常用子句外，很多命令还有其他的子句，这需根据命令的功能、格式要求而定，使用时应根据具体情况了解、熟悉，正确地使用。

　　3. 命令书写规则

Visual FoxPro 的命令都有相应的语法格式，使用时必须按一定的规则书写、输入。命令的书写规则归纳如下：

① 任何命令必须以命令动词开始。

② 命令动词与子句之间、各子句之间都以空格分隔。

③ 一个命令行最多包含 8192 个字符（包括所有的空格）。一行书写不完，行尾用分号";"做续行标志，按 Enter 键后在下一行继续书写、输入。

④ 不区分命令字符的大小写。

⑤ 除命令动词外，命令中其他部分的排列顺序一般不影响命令功能。

3.6　习　　题

一、单选题

1．在 Visual FoxPro 种，日期型字段的宽度是_____，逻辑型字段的宽度是_____。

 A．8，2   B．6，2   C．8，1   D．6，1

2．已知 D1 和 D2 是日期型变量，下列 4 个表达式中_____是非法的。

 A．D1+D2 B．D1-D2 C．D1+12 D．D2-22

3．字符型数据的最大长度是_____。

 A．254   B．256   C．128   D．64

4．在 Visual FoxPro 中，通用型字段 G 和备注型字段 M 在表中的宽度都是_____。

 A．2 个字节 B．4 个字节 C．8 个字节 D．10 个字节

5．关于 Visual FoxPro 的变量，下列说法中正确的是_____。

 A．使用一个简单变量之前先要声明或定义

 B．数组中各数组元素的数据类型可以不同

 C．定义数组以后，系统为数组的每个数组元素赋予数值 0

 D．数组元素的下标下限是 0

6．在 Visual FoxPro 中，要使用数组必须_____。

 A．先定义 B．先赋值 C．赋值前定义 D．不用定义

7．假设 X＝2，执行指令?X=X+1 后，运行结果是_____。

 A．3   B．2   C．.T.   D．.F.

8．下列函数中，函数值为数值的是_____。

 A．AT（"人民","中华人民共和国"） B．CTOD("01/01/96")

 C．BOF( )   D．SUBSTR(DTOC(DATE( )),7)

9．在下列表达式中，运算结果为字符串的是_____。

 A．"1234"－"43"   B．"ABCD"+"XYZ"="ABCDXYZ"

 C．DTOC(DATE( ))>"04/05/97" D．CTOD("04/05/97")

10. STR(109.87,7,3)的值是_____。

    A. 109.87   B. "109.87"   C. 109.870   D. "09.870"

11. 一个表文件有 10 条记录,用函数 EOF( )测试为.T.,此时当前记录号为_____。

    A. 10   B. 11   C. 0   D. 1

12. 假定系统日期是 2008 年 10 月 27 日,执行命令:M=(YEAR(DATE( ))-1900)%100 后 M 的值为_____。

    A. 8   B. 12   C. 5   D. 20

13. 下列 4 组命令中,函数的运算结果相同的是_____。

    A. LEFT("FOXPRO",3)与 SUBSTR("FOXPRO",1,3)

    B. TYPE("3*3-2")与 TYPE(3*3-2)

    C. YEAR(DATE( ))与 SUBSTR(DTOC(DATE( )),7,2)

    D. 假定 A="HELLO ", B="WORLD", A+B 与 A-B

14. 设有内存变量 S1 和 S2,S1="太阳出来喜洋洋",S2="太阳",与表达式 S1$S2 结果相同的是_____。

    A. S1<>S2   B. S1=S2   C. S2<S1   D. AT(S1,S2)=0

15. 在 Visual FoxPro 中,可以在同类数据之间进行 "－" 运算的数据类型是_____。

    A. 数值型,逻辑型,字符型   B. 数值型,日期型,逻辑型

    C. 逻辑型,字符型,日期型   D. 数值型,字符型,日期型

16. 下列表达式的结果为.F.的是_____。

    A. '男'>'女'   B. "20">"123"

    C. 'CHINA'>'CANADA'   D. DATE()+3>DATA()

17. 与 NOT(NL<=60 AND NL>=18)等价的条件是_____。

    A. NL>60 OR NL<18   B. NL>60 AND NL<18

    C. NL<60 OR NL>18   D. NL<60 AND NL>18

18. 若想从字符串 "青青河边草" 中提取字符 "河",应使用函数_____。

    A. SUBSTR("青青河边草",3,3)   B. SUBSTR("青青河边草",1,3)

    C. SUBSTR("青青河边草",5,2)   D. SUBSTR("青青河边草",3)

19. 顺序执行下列语句,屏幕显示结果为_____。

```
P="XYZ"
Q=P+".DBF"
?N
```

    A. XYZ.DBF   B. .T.   C. .F.   D. 出错

20. 将数值型数据 12.85 转换成字符型数据,可用函数_____。

    A. VAL   B. STR   C. CTOD   D. DTOC

21. 函数 TYPE([12]+[34])的值为_____。

    A. N   B. C   C. 1234   D. 出错

22．在下面的表达式中，运算结果为逻辑真的是_____。

A．EMPTY(NULL) 　　　　　　　B．LIKE("edit","edi?")

C．AT("a","123abc") 　　　　　　D．EMPTY(SPACE(10))

二、填空题

1．TIME( )函数的返回值的数据类型是_____。

2．命令?ROUND(12.5689,3)的运行结果是_____。

3．使用命令 DECLARE A(3,2)定义的数组，包含的数组元素的个数为_____。

4．在 Visual FoxPro 中说明数组后，数组的每个元素在未赋值之前的默认值是_____。

5．若 M='XY'，N="XYZ"，则表达式 X$Y 的值为_____。

6．若 X = 3.141 59，则命令 ?STR(X,3,1)-SUBSTR('3.141 59',4,3)的运行结果是_____。

7．命令?IIF(LEN("绿色奥运")>2,1,-1)的执行结果是_____。

8．LEFT（"123456789",LEN（"数据库"））的计算结果是_____。

三、思考题

1．什么是内存变量和字段变量？

2．数组变量如何定义和使用？

3．简述变量的命名规则。

4．什么是函数？函数主要分为哪几类？

第 4 章　数据库和表

本章要点

◇　了解数据库表的基本特性，掌握创建数据库的基本操作
◇　熟悉数据表的基本操作，掌握数据表建立和修改的方法
◇　理解排序和索引的基本概念，掌握排序、索引和查询的建立和使用方法
◇　理解永久关系和临时关系的概念，熟悉多表的操作，掌握建立表间关系的方法
◇　掌握字段属性、记录属性和参照完整性的概念和设置

Visual FoxPro 是一个关系数据库管理系统，管理数据是它的基本功能。在 Visual FoxPro 中，数据库是一个容器，用于管理存放在其中的对象。这些对象包括表、视图、关系、存储过程和连接等。用户管理的数据是存放在"数据表"中，"数据表"以文件的形式单独存在；为了对表的数据进行分类和快速检索，需要建立表的"索引"；通过表的"视图"得到所需数据；多个表之间可建立"关系"；要操作远端数据需要进行"连接"；用户完成特定功能的程序可存放到"存储过程"中。

4.1　数据库的创建

4.1.1　数据库

数据库是按照特定顺序组织起来的相关信息的集合。在数据库中存储信息以后，用户可以很方便地访问所需信息，并且允许用户通过多种方式对数据进行查询。

在数据库应用系统中，创建数据库是一项非常重要的工作，数据库性能的优劣将直接影响到应用系统的性能。创建数据库一般包括以下基本过程。

① 分析数据要求：确定需要数据库保存哪些信息。
② 确定库中需要的表：按不同的主题将数据分配到不同的表中。
③ 确定所需要的字段：确定在每个表中需要保存哪些信息。
④ 确定表间关系：分析数据库中各表之间的关系。
⑤ 完善设计：查找设计中的错误，对设计方案进一步完善。

4.1.2　设置默认目录

为了方便用户对文件进行操作和管理，一般需要将数据库、表放在一个固定的文件夹中，可以通过设置默认目录（或称默认路径）的方式来完成。如将默认目录设置成 E:\VFP，其方法有以下两种。

1. 菜单操作方式

① 启动 Visual FoxPro，选择【工具】|【选项】命令，打开如图 4-1 所示的【选项】对话框。

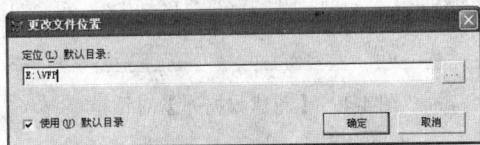

② 选择【文件位置】选项卡，在列表中选择【默认目录】选项，并单击【修改】按钮。

③ 在弹出的【更改文件位置】对话框中，勾选【使用默认目录】复选框，在【定位默认目录】文本框中输入 "E:\VFP"，并单击【确定】按钮即可，如图 4-2 所示。

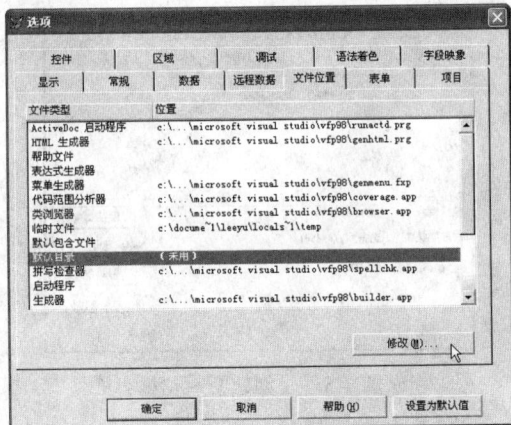

图 4-1　【选项】对话框　　　　　　图 4-2　【更改文件位置】对话框

2. 命令方式

在 Visual FoxPro 的命令窗口中，输入命令：SET DEFAULT TO E:\VFP 即可设置目录，如图 4-3 所示。

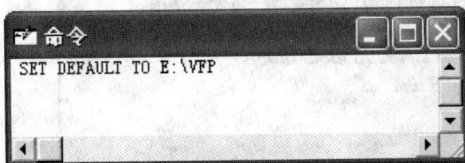

图 4-3　使用命令设置默认目录

4.1.3　创建数据库

在 Visual FoxPro 中创建数据库的方法通常有以下 3 种。

　　① 使用项目管理器创建数据库。

　　② 使用系统菜单创建数据库。

　　③ 在【命令】窗口中输入命令。

小提示　　　在设置默认目录之后，数据库的创建都是在默认目录之下进行的。

1. 使用项目管理器创建数据库

　　① 在【项目管理器】对话框中，单击【数据】选项卡，在列表中选择【数据库】，单击【新建】按钮，打开【新建数据库】对话框，如图 4-4 所示。

　　② 单击【新建数据库】按钮，打开【创建】对话框。在【数据库名】对话框中输入"JXDA"作为数据库文件的名称；在【保存在】组合框中选择保存文件的路径"E:\VFP"；保存类型默认为 "数据库（*.dbc）"，如图 4-5 所示。

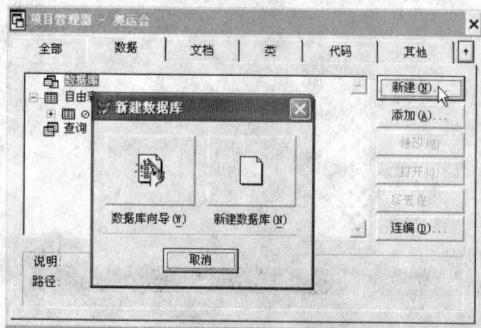

图 4-4　【新建数据库】对话框　　　　　　　图 4-5　【创建】对话框

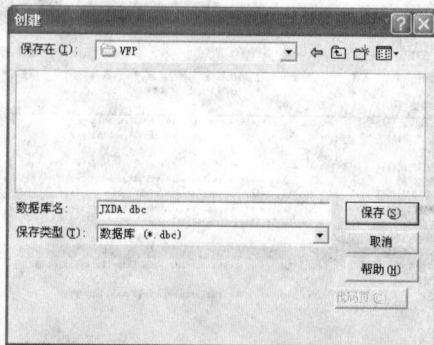

　　③ 单击【保存】按钮，即可打开【数据库设计器】窗口，如图 4-6 所示。窗口中显示【数据库设计器】工具栏，同时系统自动增加【数据库】主菜单。用户可利用这个工具栏或系统菜单进行各种数据库操作。

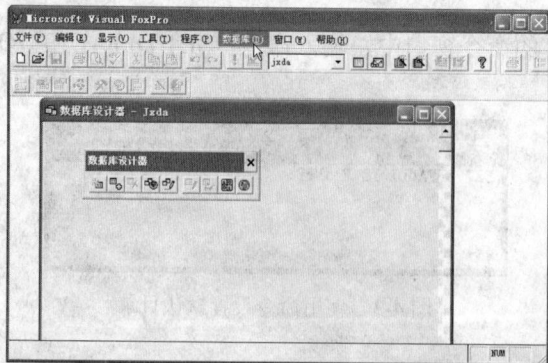

图 4-6　打开【数据库设计器】窗口

单击【数据库设计器】右上角的【关闭】按钮即可关闭数据库设计器，返回【项目管理器】窗口，此时可以看见刚刚建立的数据库已经显示在窗口列表中。

数据库建立后形成 3 个文件，分别是基本文件.dbc、相关的数据库备份文件.dct、相关的索引文件.dcx，打开.dbc 文件即可打开该数据库。

2. 使用菜单命令创建数据库

① 单击【文件】|【新建】命令，打开【新建】对话框，在【文件类型】选项组中选择【数据库】单选项，单击【新建文件】按钮，打开【创建】对话框，如图 4-7 所示。

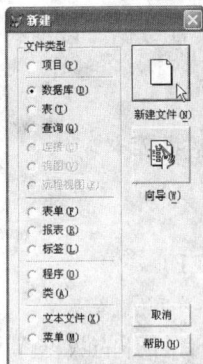

图 4-7 【新建】对话框

② 在【数据库名】文本框内输入要创建的数据库的文件名后单击【保存】按钮即可。

小提示　　　使用这种方法建立的数据库不会自动放入项目中，可以在数据库建立以后再把它移入项目管理器中。

3. 使用命令创建数据库

在【命令】窗口输入相应的命令也可创建数据库。创建命令如下。

格式：CREATE DATABASE [<数据库名>|?]

功能：创建并打开一个数据库。

说明：

① [<数据库名>]指定要创建的数据库的名称。

② 如果在输入 CREATE DATABASE 命令后使用"？"号或不带任何可选参数，将显示【创建】对话框，提示用户指定数据库的名称。

使用这种方法建立的数据库也不会自动放入项目管理器中，而且创建数据库后不会打开【数据库设计器】窗口。

4.1.4 数据库的基本操作

1. 打开数据库

格式：OPEN DATABASE[<数据库名>|?][EXCLUSIVE|SHARED]

功能：打开一个指定的数据库。

说明：

① 如果缺省<数据库名>，将显示【打开】对话框；如果缺省扩展名，系统默认为.dbc。

②"？"表示打开【打开】对话框，用户可以从中选择现有的数据库。

③ EXCLUSIVE 表示以【独占】方式打开数据库，并且它是系统的默认方式。

④ SHARED 表示以【共享】方式打开数据库。

⑤ 如果缺省 EXCLUSIVE 或 SHARED 参数，系统以默认方式打开数据库。使用命令 SET EXCLUSIVE ON|OFF 可以设置数据库以何种方式打开。

2. 修改数据库

格式：MODIFY DATABASE <数据库名>

3. 关闭数据库

格式 1：CLOSE DATABASE[ALL]

功能：关闭数据库和表。

说明：若选 ALL 参数，关闭所有打开的数据库和其中的数据库表。

格式 2：CLOSE ALL

功能：关闭除"命令窗口"、"调试窗口"、"跟踪窗口"和"帮助窗口"以外的所有文件。

4. 删除数据库（文件）

格式：DELETE DATABASE <数据库名> [RECYCLE]

说明：带 RECYCLE 选项，则将删除的数据库文件放入回收站中，可在回收站中进行还原操作。

【例 4-1】 创建教学档案信息数据库，数据库名为 JXDA。

在【命令】窗口中输入并执行以下命令：

```
CREATE DATABASE JXDA
(查看文件JXDA.DBC，JXDA.DCT，JXDA.DCX)
OPEN DATABASE JXDA                        &&重新打开JXDA数据库
MODIFY DATABASE JXDA
(数据库设计器-JXDA)
CLOSE DATABASE
```

4.2　表与表结构

4.2.1　表的基本概念

在日常的工作、生活中，遇到的大量数据都是以表格的形式出现的，如表 4-1 所示为一张某公司员工的基本信息表。

表 4-1　某公司员工的基本信息表

员　工　号	姓　　名	性　　别	籍　贯	职　　务	部　门　号
99001	王小容	女	江西	经理	001
99003	张小雪	女	辽宁	副经理	002
99008	季　节	女	陕西	会计	003
99007	陈　杰	男	四川	出纳	003
99012	李平伟	男	陕西	职员	002
99132	杨　立	男	北京	职员	001

这是一个简单的二维表格，由行和列组成。在 Visual FoxPro 中，将关系型数据库中的一个关系（二维表）存储为一个文件，文件的扩展名为.dbf，称为表。表是数据库操作的基础，表由表结构和记录组成。

在 Visual FoxPro 中，表有严格的定义，具体有以下几点。

① 每一张表都有一个名字，通常称为表名或关系名。表名必须以字母开头，最大长度为 30 个字符。

② 一张表可以由若干列组成，列名唯一，列名也称作属性名或字段名。

③ 同一列的数据必须具有相同的数据类型。

④ 表中的每一个列值必须是不可分割的基本数据项。

⑤ 表中的一行称为一个元组，它相当于一条记录。

⑥ 每条记录可以有若干个字段，且每条记录的字段结果相同，即具有相同的字段名、字段类型和字段顺序。

数据库中可包含若干个表，包含在数据库中的表称为数据库表，不包含在数据库中的表称为自由表。操作数据库表与自由表的命令基本相同，但数据库表增加了许多控制功能，表的属性也进一步增加，使用户操作表不仅方便而且可视化。数据库中的表可以移出变成自由表，自由表也可以加入到数据库中成为数据库表。一个自由表只能添加到一个数据库中。不论是建立数据库表还是自由表，都要先建立表结构。

4.2.2　表的结构

表结构是由多个不同属性的字段组成，定义表结构就是定义各字段的属性。字段的基本属性包括字段名、字段类型、字段宽度以及小数位等。

（1）字段名

字段名由若干个字符（字母、汉字、"_"和数字）组成，但不能以数字开头。对于数据库表字段名最多为 128 个字符，对于自由表字段名最多为 10 个字符。不能使用系统的保留字。

（2）字段类型

字段类型就是该字段将要存放数据的类型。同一列数据字段类型相同。例如，"姓名"字段的数据设置为字符型，"成绩"字段的数据设置为数值型，"出生日期"字段的数据指定为日期，"学号"字段的数据一般设置为字符型。

（3）字段宽度

字段宽度指的是每列存放最大数据宽度。宽度确定后，字段中所有取值不能超过该宽度。有些数据类型的字段宽度由系统自动给出，如逻辑型、通用型、备注型、日期型等，其宽度分别为 1、4、4、8 个字符。

（4）字段小数位

当字段类型为数值时，即数值型、双精度型、浮点型才能设定小数位。

4.2.3　数据库表的创建

例如，在所创建的"JXDA"库中存放的学生名单表、成绩表和选课表分别如表 4-2～表 4-4 所示。先打开数据库 JXDA，然后用多种方法来创建表，下面介绍创建表的方法。

表 4-2　学生名单表（XSMD）

学　号	姓　名	性　别	原　籍	国防生否	出生日期	录取分	照　片	简　历
08001	赵钱孙	男	南昌	.F.	04/26/1990	602	gen	memo
08002	李周	女	大连	.T.	10/14/1989	613	gen	memo
08003	吴郑王	男	西安	.F.	02/28/1990	641	gen	memo
08004	冯陈	女	成都	.F.	11/07/1989	608	gen	memo
08005	褚卫	男	合肥	.T.	05/27/1990	627	gen	memo
08006	蒋沈韩	男	北京	.T.	09/05/1990	536	gen	memo
08007	杨朱秦	女	南京	.F.	12/03/1989	624	gen	memo

表 4-3　成绩表（CJB）

学　号	课程号	成绩	学　号	课程号	成　绩	学　号	课程号	成　绩
08001	B101	87	08001	B102	90	08001	B103	86
08002	B101	91	08002	B102	76	08002	B103	78
08003	B101	79	08003	B102	85	08003	B103	82
08004	B101	81	08004	B102	69	08004	B103	96
08005	B101	92	08005	B102	88	08005	B103	95
08006	B101	84	08006	B102	84	08006	B103	74
08007	B101	86	08007	B102	89	08007	B103	89

表 4-4　选课表（XKB）

课　程　号	课　程　名
B101	英语
B102	高等数学
B103	普通物理

在 Visual FoxPro 中创建表，既可以使用表设计器，也可以使用表向导。表设计器是可以重复进入的，既可以创建新表的结构，也可以修改已有表的结构。而表向导是不可重入的，利用表向导创建的表保存后，如果想修改其结构，必须使用表设计器来完成。

1.　利用表设计器创建表

Visual FoxPro 提供了一个设计表的工具，称为表设计器，用来建立表结构。

（1）表设计器的打开

①　单击【文件】|【新建】命令，打开【新建】对话框，选择【表】文件类型，单击【新建文件】按钮，打开【创建】对话框。输入文件名后单击【保存】按钮即打开【表设计器】窗口。

②　单击工具栏中的【新建】按钮。

③　在【项目管理器】中单击【数据】选项卡，选择【数据库】结构中的"表"，单击【新建】按钮，选择【新建表】选项，确定表名和保存类型后即可打开【表设计器】窗口。

④　在【数据库设计器】窗口中，单击【数据库】|【新建表】命令或单击工具栏上的【新建表】命令，即可打开【表设计器】窗口创建该数据库表。

⑤　用命令打开表设计器创建表。命令格式为：CREATE <表名>

> **小提示**　打开表设计器前，如果已经打开数据库，则创建的新表自动成为当前数据库中的数据库表，否则创建的是自由表。

（2）表设计器的使用

表设计器包含【字段】、【索引】和【表】3 个选项卡。其中【字段】选项卡用于建立表结构，其中包含 4 个部分，最上面的空白区用于建立表结构；【显示】、【字段有效性】选项组用于设置字段属性，而【匹配字段类型到类】选项组用于设置字段显示时使用的类库和类；【字段注释】是用户对字段的附加说明，它对字段功能没有任何影响。建立自由表结构时只能建立表结构部分，如果当前建立的是数据库表，才会出现下面【显示】、【字段有效性】、【匹配字段类型到类】和【字段注释】4 个选项组。

在【表设计器】对话框的【字段】选项卡中可以输入字段的名称、选择数据的字段类型、宽度、小数位数以及是否支持空值。在输入时需要注意以下问题。

①　字段名称要符合语法规定。

②　字段的数据类型应与存储其中的数据类型相匹配。

③　字段的宽度要足够容纳要显示的内容。

④　如果字段允许为空，则应选中"NULL"。

⑤　如果字段为数值型或浮点型，则应设置正确的小数位数。

⑥　输入表结构的过程中不要使用 Enter 键，否则会退出表设计器。输入完一栏后按 Tab 键使光标移动到下一栏。

（3）表文件的建立

在【表设计器】中创建好表结构后，单击【确定】按钮即可生成表结构，同时生成 3 个对应的表文件。

① 表文件：存放表结构和表记录数据，文件的默认扩展名为.dbf。

② 表备注文件：存放表中备注型字段的内容，文件的默认扩展名为.fpt。包含备注字段的表文件中仅存放其保存实际内容的 FPT 文件的位置。如果表中没有备注字段，则 FPT 文件不存在。

③ 表索引文件：存放表结构化复合索引的文件，文件的默认扩展名为.cdx。只有在【索引】选项卡建立索引后才会产生这个文件。

例如，创建完 XSMD 表结构后，在当前目录中产生了"XSMD.dbf"和"XSMD.fpt"（因为有 M，G 型字段）文件。如果设置了索引，还会产生"XSMD.cdx"文件。

【例 4-2】 采用菜单操作方式在教学档案信息数据库（数据库名为 JXDA）中创建"学生名单"（XSMD）表结构。"学生名单"表结构及数据见表 4-2。

① 单击【文件】|【新建】命令，打开【新建】对话框。

② 在【新建】对话框中，选择【表】文件类型，然后单击【新建文件】按钮 □，打开如图 4-8 所示的【创建】对话框。

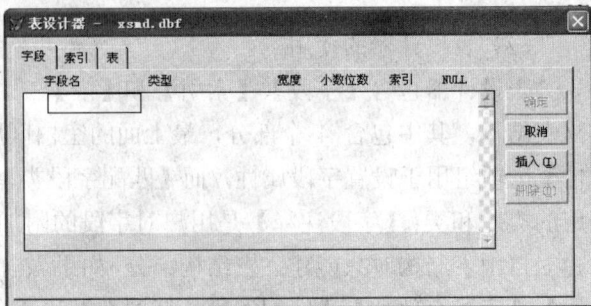

③ 在默认情况下，新建的表名是"表 1"，创建的目录在 Visual FoxPro 的默认目录下。本例中输入新建表名为"XSMD"，保留系统默认的保存类型，单击【保存】按钮。此时弹出【表设计器】对话框，如图 4-9 所示。

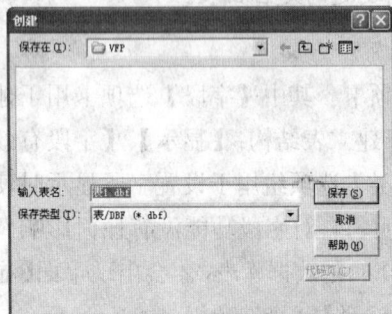

图 4-8 【创建】对话框　　图 4-9 【表设计器】对话框

④ 根据表 4-5 所示的数据内容，在【表设计器】中依次输入字段名、类型和宽度，输入完成后单击【确定】按钮，完成表的建立。输入后的效果如图 4-10 所示。

表 4-5 "XSMD" 结构表

字 段 名	类 型	宽 度	小数位数
学号	字符型	5	
姓名	字符型	6	
性别	字符型	2	
原籍	字符型	6	
国防生否	逻辑型	1	
出生日期	日期型	8	
录取分	数值型	3	0
照片	通用型	4	
简历	备注型	4	

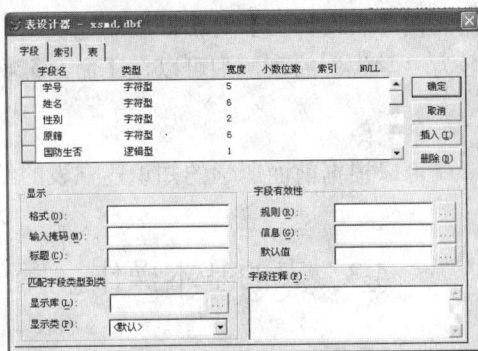

图 4-10　输入表字段

　　值得注意的是，系统默认状态下各个字段是不能接受 NULL 值的，因此如果不特别设置，即表示这些字段不能接受 NULL 值。完成表的建立后，单击【确定】按钮，会出现如图 4-11 所示的提示对话框，提示是否立即输入记录。如果选择【是】，则打开编辑窗口，开始输入表中的数据；如果选择【否】，则暂时不输入记录，只创建一个"XSMD"的空表。本例中单击【是】按钮，进入数据输入方式。

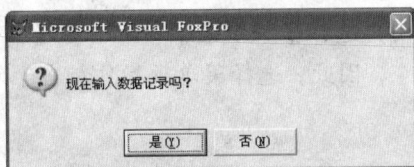

图 4-11　系统提示对话框

　　⑤ 按照对应的字段分别输入两条记录，如图 4-12 所示。每次输完一个字段的内容后，按 Tab 键将光标移入下一行，输入下一个字段的内容。全部记录输入完成后，按 Esc 键可以退出数据输入方式，此时 Visual FoxPro 会自动保存全部记录。

　　⑥ 单击【显示】|【浏览】命令，可以浏览输入到 XSMD 表中的全部记录，如图 4-13 所示。从表中可以看出，字段名就是每一列的标题，记录则是一行一行的数据。

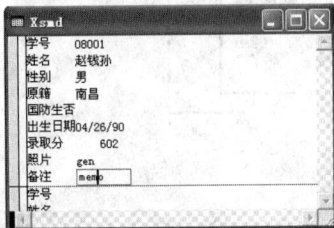

图 4-12　数据编辑窗口

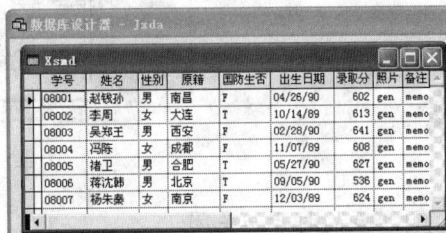

图 4-13　浏览数据表中的记录

2. 使用命令创建表结构

　　格式：CREATE <新表文件名>

功能：启动表设计器，在【表设计器】对话框中创建表结构。

例如：要创建一个名为"学生"的表，则可以在【命令】窗口中输入：

```
CREATE 学生
```

当启动表设计器后，就可以根据前面所学的知识建立表的结构了。

4.3　表的基本操作

4.3.1　使用菜单方式操作表

对表进行操作时，首先要打开表。在数据库容器中选择要操作的表，单击【显示】|【浏览】命令，或者在【项目管理器】的【数据库】选项卡中单击待操作的表对应的【浏览】按钮，系统均会以表格形式显示数据库表的记录内容。

在"浏览"表的状态，系统自动产生一个【表】主菜单，如图 4-14 所示。选择菜单中的菜单项就可对表进行常规操作。下面将分别说明【表】主菜单的菜单项的功能。

小提示　当用户选择了一个菜单项时，在【命令】窗口中会出现一条相应的命令，因此，选择菜单项操作相当于发出 Visual FoxPro 操作表的命令。

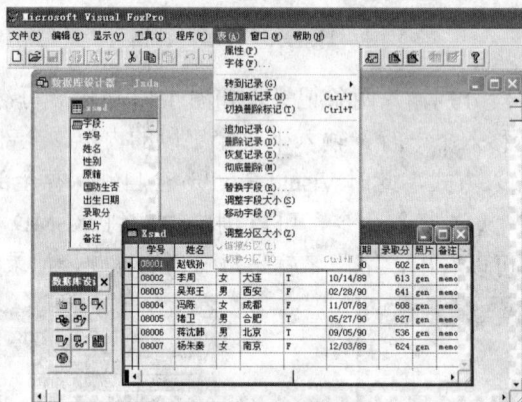

图 4-14　表菜单命令

1. 表的打开与关闭

对表的任何操作，都必须将存储于磁盘上的表调入内存后才可进行，这个过程叫打开表。对已经操作完成的表，则应由内存转到磁盘中保存下来，这个过程则称为表的关闭。

（1）打开表

要打开已经创建好的数据表，可以单击【文件】|【打开】命令，在【打开】对话框

中，从【文件类型】中选择"表（*.dbf)"，在【查找范围】中选择数据表所在的位置，选定要打开的表后，单击【确定】按钮即可打开，如图 4-15 所示。

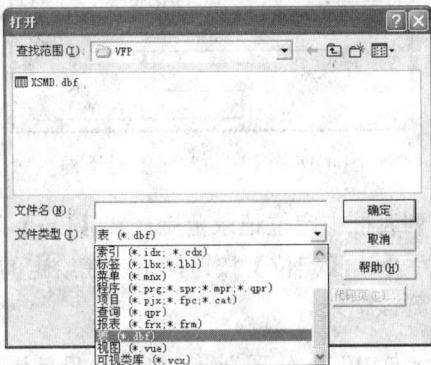

图 4-15　打开表

（2）关闭表

表操作结束后，应及时关闭，以便释放内存空间。单击【文件】|【退出】命令，或单击程序窗口的【关闭】按钮，即可关闭表同时退出 Visual FoxPro 系统。

2. 表记录的定位

在每个表中都会有许多记录，系统给每个记录提供一个顺序编号，称为记录号。对于打开的表，系统会分配一个指针，称为记录指针。记录指针指向当前记录。记录的定位是指移动记录指针使之指向符合条件的记录的过程。

（1）追加新记录

在表的末尾追加一条空记录，并使该记录变成当前记录，此时用户可向该空记录中输入数据。另外，单击【表】|【追加记录】命令，打开【追加来源】对话框，该对话框用于向表中成批追加记录，其内容可以来源于不同的几个表，也可以从 Excel 表、lotus 表、txt 文件等不同类型的文件中追加记录。

（2）转到记录

用于改变当前记录。单击【表】|【转到记录】命令，在打开的子菜单中有以下 6 种选择。

① 第一个：将记录指针指向表中的第一个记录。

② 最后一个：将记录指针指向表中的最后一个记录。

③ 下一个：将记录指针移到表中的下一个记录。

④ 上一个：将记录指针指向表中的上一个记录。

⑤ 记录号：将记录指针移动到指定的记录号上。

⑥ 定位：将指针指向满足条件的记录。

当选择【定位】命令后，系统打开如图 4-16 所示的【定位记录】对话框。

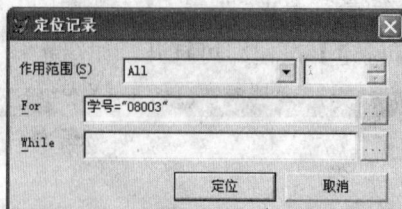

图 4-16   【定位记录】对话框

在【作用范围】下拉列表框中定位记录范围；在【For】和【While】文本框中分别输入记录定位的条件，然后单击【定位】按钮，系统在给定的范围内查找第一条符合条件的记录，并将指针移动到该记录。

操作技巧   For 与 While 的区别是：当在作用范围内遇到一条不符合条件的记录时，While 将不再向下定位，而 For 将继续向下定位。例如，作用范围为 All，执行语句 For 学号="08003"，则只要表中存在这条记录，就一定能定位到该记录。但若执行语句 While 学号="08003"，则一定查不到。因为系统从第一条记录开始查找，而第一条记录的编号肯定不是"08003"，因此系统就不再向下查找。也可以将 For 和 While 配合使用，提高查找速度。例如，作用范围为 All，For 学号="08003"，While 学号="08"，可从不同年级学生的数据信息中很快定位在"08"级。语句 While 学号="08"用于控制查找学号前两位是 08 的学生，For 语句控制查找的具体条件。

3. 删除记录

用于删除表中不需要的记录。打开表的【浏览】窗口，单击待删除记录前的白色小框，使该框变成黑色，表示给该记录添加一个删除标记，但该记录并没有真正从表中删除，再次单击【表】|【彻底删除】命令，即可将有删除标记的记录从表中彻底删除。

如果要同时删除多个记录，可单击【表】|【删除记录】命令，在打开的【删除】对话框中完成，该对话框与【定位记录】对话框相似。

4. 恢复记录

用于恢复作过删除标记的记录。在表的【浏览】窗口，单击该记录上的删除标记，使黑色框变成白色框，即可取消删除标记。如果要同时恢复多条记录，可单击【表】|【恢复记录】命令，在打开的【恢复记录】对话框中完成操作。

5. 替换字段

替换字段就是自动修改记录的内容。单击【表】|【替换字段】命令，打开如图 4-17 所示的【替换字段】对话框，分别输入替换字段和替换条件。下图的功能是将学号为 08001 的学生录取分加 10 分。

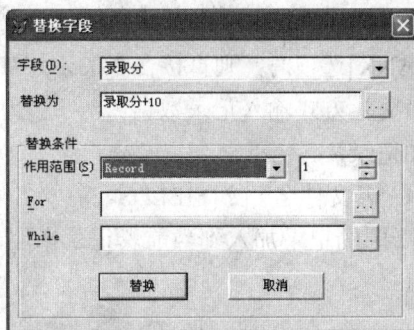

图 4-17 【替换字段】对话框

4.3.2 使用命令方式操作表

使用命令方式操作表就是通过在【命令】窗口中键入命令来完成操作。一般是先打开数据库再打开表，也可直接打开表。

1. 表的打开与关闭

（1）打开表

格式：USE [<数据库名>!]<表名> | ?

功能：打开表或数据库表。

说明：

① "?"表示打开【使用】对话框，可以从对话框中选定要打开的表。

② 打开一个表时，该工作区中原来已经打开的表会自动关闭。

③ 被打开的表文件扩展名默认为.dbf，如命令"USE XSMD.dbf"和命令"USE XSMD"的功能是一样的。

注意：打开的表文件如果不在当前文件夹中，则应指定文件路径，或输入"SET DEFAULT TO 路径"命令设置该文件夹为当前文件夹，然后再打开表文件。

（2）关闭表

格式 1：USE

功能：关闭当前工作区已打开的表。

格式 2：CLOSE ALL

功能：关闭所有打开的表，释放所有内存空间。

格式 3：CLOSE TABLES

功能：关闭当前数据库中所有打开的表。

格式 4：CLOSE TABLES ALL

功能：关闭所有数据库中所有打开的表以及自由表。

2. 追加记录

（1）追加新记录

格式：APPEND [BLANK]

功能：在已打开的当前表的尾部追加一条或多条记录。

说明：当命令带有[BLANK]选项时，则直接在表的末尾加一条空记录。否则，系统会打开编辑窗口，让用户以交互方式输入记录数据。

（2）从其他文件中追加记录

格式：APPEND FROM <表文件名> | ? [FIELDS <字段名列表>]

功能：将其他表（文件）中的记录加入到当前表记录末尾。若不指定源文件的类型，则源文件为表文件。

（3）从数组中追加记录

格式：APPEND FORM ARRAY 数组名 [FOR 条件表达式];[FIELDS 字段名列表]

功能：将数组中的每一行作为一条记录，在当前表的记录末尾添加一条新记录。

说明：如果指定[FIELDS 字段名列表]选项，则将数组行中的各元素所代表的数据填入到对应的字段中。

3．浏览表记录

格式：BROWSE [FIELDS <字段名列表>] [FOR <条件>]

功能：浏览指定范围、字段和条件的记录。

说明：

① [FIELDS<字段名列表>]选项指定浏览窗口中显示的字段名。字段名之间用"，"分隔。

② FOR <条件> 指定浏览窗口中出现的记录所满足的条件。

【例 4-3】　浏览 XSMD 表中的记录。

在【命令】窗口中输入以下命令：

```
USE JXDA!XSMD
BROWSE
USE
```

浏览记录结果如图 4-18 所示。

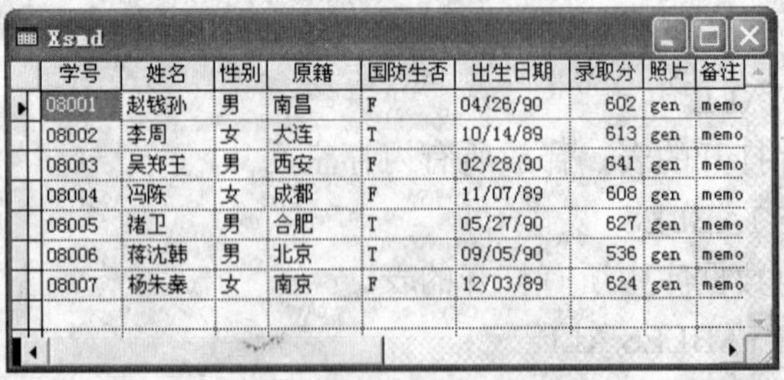

学号	姓名	性别	原籍	国防生否	出生日期	录取分	照片	备注
08001	赵钱孙	男	南昌	F	04/26/90	602	gen	memo
08002	李周	女	大连	T	10/14/89	613	gen	memo
08003	吴郑王	男	西安	T	02/28/90	641	gen	memo
08004	冯陈	女	成都	F	11/07/89	608	gen	memo
08005	褚卫	男	合肥	T	05/27/90	627	gen	memo
08006	蒋沈韩	男	北京	T	09/05/90	536	gen	memo
08007	杨朱秦	女	南京	F	12/03/89	624	gen	memo

图 4-18　浏览记录

说明：在图 4-18 的浏览状态中，可通过使用组合键 Ctrl+Y 或命令方式追加空记录，然后在空记录中输入数据，输入通用字段（照片）可用鼠标双击照片字段区域中的"gen"，打开通用字段的编辑窗口，此时可插入图像、波形声音、MIDI 音乐、视频剪辑等多媒体数据。

　　插入图像数据有如下两种方法。
　　① 先激活通用字段的编辑窗口，选择【编辑】|【插入对象...】命令，打开【插入对象】对话框，选择对象类型为"BMP 图像"的文件，单击【确定】按钮，即可在通用字段编辑窗口中编辑图片。
　　② 先把要插入的图像数据在图像编辑程序中（如 Windows 的画图程序）复制到剪贴板上，然后将图片数据粘贴进来。

4. 显示表记录

格式1：LIST [<范围>] [FIELDS<字段名表>] [FOR |WHILE<条件>] [TO PRINTER | TO FILE 文件名] [OFF]

格式2：DISPLAY [<范围>] [FIELDS<字段名表>][FOR |WHILE<条件>][TO PRINTER | TO FILE 文件名] [OFF]

功能：在表中按指定范围和条件筛选出记录并显示出来，或送至指定的目的地。

说明：

① LIST 命令默认显示所有记录，DISPLAY 命令默认显示当前 1 条记录。DISPLAY ALL 命令表示满一屏时暂停显示，按任意键继续。

② TO PRINTER：显示记录并送至打印机打印。

③ TO FILE 文件名：显示记录并送到指定的文件中保存。

④ OFF：若省略 OFF 选项，则显示记录号；否则，不显示记录号。

5. 修改记录

格式：EDIT|CHANGE[<范围>] [FIELDS<字段名表>][FOR |WHILE<条件>]

功能：以竖直编辑窗口显示、编辑与修改满足条件的记录中指定字段的数据。

【例 4-4】 修改记录示例。

在【命令】窗口中输入以下命令：

```
OPEN DATABASE JXDA
USE XSMD
EDIT RECORD 2      &&如图4-19所示
USE
```

说明：在修改记录时，字段值可直接输入，备注字段数据的输入只要用鼠标双击字段区域中的"memo"，打开备注字段的编辑窗口，在该窗口中可以输入任意长度文字。输完后单击该窗口的【关闭】按钮，或按 Ctrl+W 组合键结束并保存。此时，可以看到备注字段中的"memo"变为"Memo"。第一个字母大写，表示备注字段中已包含内容。

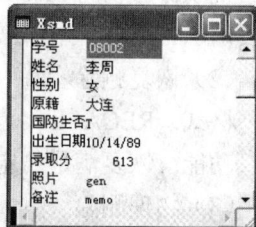

图 4-19　修改第 2 条记录

6. 表数据的替换

格式：REPLACE ［<范围>］<字段名 1>WITH<表达式 1> ［ADDITIVE］［,<字段名 2>WITH<表达式 2> ［ADDITIVE］…］［FOR<条件> | WHILE<条件>］

功能：不进入全屏幕编辑方式，根据命令中指定的条件和范围，用表达式的值去更新指定字段的内容。

说明：

① <字段名 1>WITH<表达式 1>［,<字段名 2>WITH<表达式 2>］表示用<表达式 1>的值来代替<字段名 1>字段中的数据，用<表达式 2>的值来代替<字段名 2>字段中的数据，依此类推。

② 各表达式的类型要与相应字段的类型一致。

③ 若缺省范围和条件，则只对当前记录的有关字段进行替换。

④ ADDITIVE 用于备注字段型字段。若有该选项，则表示将表达式的值追加到备注字段原有内容的后面；若省略该选项，则用表达式的值改写备注字段的原有内容。

【例 4-5】 替换字段示例。

```
USE XSMD                        &&基本情况为数据库JXDA的表
REPLACE 录取分 WITH 录取分+20 FOR 国防生否=.T.
BROWSE FIELDS 学号,姓名,录取分 FOR 国防生否=.T.
USE
```

【例 4-6】 打开 XSMD 表，向其中追加空白记录，用 REPLACE 命令向该记录的学号字段填入"08008"，姓名字段填入"尤许"。

```
CLOSE DATABASE
USE JXDA!XSMD
APPEND BLANK
REPLACE 学号 WITH "08008",姓名 WITH "尤许"
```

7. 删除恢复记录

（1）逻辑删除

格式：DELETE [<范围>][FOR |WHILE<条件>]

功能：对当前表文件中指定范围内满足条件的记录置删除标记。

说明：可以用 SET DELETE ON 命令将作过删除标记的记录暂时"隐藏"起来，以后要消除"隐藏"，只要输入 SET DELETE OFF 即可。

（2）恢复删除

格式：RECALL [<范围>][FOR |WHILE<条件>]

功能：恢复满足一定条件和范围的记录。无任何选项时，只恢复当前记录。

（3）物理删除

格式：PACK

功能：把作过逻辑删除标记的记录从表文件中永久删除，并将记录号重新排列。

小提示   使用 PACK 命令删除的记录为永久删除，不能恢复。

（4）删除表中所有记录

格式：ZAP

功能：将当前表文件中所有的记录删除，仅保留表结构。

小提示   该命令是不可恢复的物理删除，它相当于执行 DELE ALL 和 PACK。

【例 4-7】 删除记录示例。

```
USE XSMD
DELETE FOR 学号="08006"
BROWSE                 &&08006记录最前面的栏中有黑块，这是删除标记
SET DELETE ON
BROWSE                 &&观察不到08006记录行，因为该状态不显示有删除标记
                       &&的记录
RECALL FOR 学编号="08006"
BROWSE                 &&观察到08006记录最前面栏的删除标记没有了
SET DELETE OFF
DELETE FOR 学号="08006"
PACK
BROWSE                 &&观察不到08006记录行，因为该记录已彻底删除
USE
```

8. 记录指针定位

（1）绝对定位

格式：GO TOP | BOTTOM |n

功能：将记录指针直接定位到指定的记录上。

说明：

① TOP：将记录指针定位在表的第一个记录上。

② BOTTOM：将记录指针定位在表的最后一个记录上。

③ n：将记录指针定位在表的第 n 个记录上。n 的值必须大于 0，且不大于当前表文件的记录个数。

（2）相对定位

格式：SKIP [n]

功能：从当前记录开始移动记录指针，n 表示相对移动记录的个数。

说明：相对记录定位是相对于当前记录移动 n 条记录。n>0 为向下移，n<0 为向上移。省略 n，则默认值为 1。

【例 4-8】 记录定位示例。

```
USE XSMD
?RECNO()           &&显示1，"?"为显示命令，RECNO()为得到当前记录号的函数
SKIP
```

```
?RECNO()
GO BOTTOM
?RECNO()
SKIP
?EOF()                    &&显示.T.，EOF()为判断是否超过表的最后一条记录的函数
```

9. 插入记录

格式：INSERT [BEFORE][BLANK]

功能：在当前表中插入一条记录。

说明：

① 无任何选项时，打开【编辑】窗口，在表的当前记录之后添加一条新记录，随后显示该记录，以便用户录入数据。

② 包含[BEFORE]选项时，新记录插入在当前记录的前面。

③ 包含[BLANK]选项时，不进入【编辑】窗口，自动插入一条空白记录。

【例4-9】 打开 XSMD 表，在第 3 条记录之后插入一条空白记录，往该记录的学号字段填入"0800X"，姓名字段填入"何吕"。

```
CLOSE DATABASE
USE JXDA!XSMD
GO 3
INSERT BLANK
REPLACE 学号 WITH "0800X",姓名 WITH "何吕"
```

10. 修改表结构

格式：MODIFY STRUCTURE

功能：打开【表设计器】对话框，并修改当前表的结构。

11. 表和表结构的复制

与插入记录相反的操作，也可将当前数据表的记录复制出去，并转换成指定的文件格式。此外，对已有的文件（表文件、数据库文件、表单文件、程序文件等）进行复制，以得到它的一个副本，这是保护文件安全的措施之一。

（1）复制任何类型的文件

格式：COPY FILE<文件名 1>TO<文件名 2>

功能：从<文件名 1>文件复制得到<文件名 2>文件。

说明：

① 若对表进行复制，该表必须处于关闭状态。

② <文件名 1>和<文件名 2>都可使用通配符"*"和"?"。

【例4-10】 COPY FILE 命令的使用。

```
CLOSE ALL
SET DEFA TO E:\VFP
COPY FILE XSMD.* TO E:\VFP\XSMD1.*
```

（2）从表复制到表或其他类型的文件

格式：COPY TO<文件名> [<范围>] [FOR<条件 1>] [WHILE<条件 2>] [FIELDS<字段名表>| FIELDS LIKE<通配字段名>| FIELDS EXCEPT<通配字段名>] [[TYPE] [SDF| XLS| DELIMITED [WITH<定界符> | WITH BLANK | WITH TAB]]]

功能：将当前表中指定的记录和字段复制到一个新表或其他类型的文件中。

说明：

① 若无任何选项，则复制一个同当前表结构和内容完全相同的新表文件。对于含有备注型字段的表，系统在复制扩展名为.dbf 的文件的同时自动复制扩展名为.fpt 的备注文件。

② <通配字段名>指在表示字段名时可使用通配符"*"和"?"，FIELDS LIKE 表示取<通配字段名>所指定的字段，FIELDS EXCEPT 表示取<通配字段名>外的字段。

③ 新文件的类型除了可以是表文件之外，还可以是系统数据格式、定界格式等文本文件或 Microsoft Excel 文件。文本文件是 ASCII 字符文件，可用字符编辑程序来编辑，它与表不同，即没有结构只有数据，系统默认扩展名为.txt。Excel 文件只能在 Excel 中打开。

④ 若不含 TYPE 子句，默认新文件的类型是表。若要得到 Excel 文件，TYPE 子句中必须取 XLS。若要得到文本文件，则 TYPE 子句中必须取 SDF 或 DELIMITED，具体为：

- SDF 表示数据无定界符，数据间也无分隔符。
- 不带 WITH 的 DELIMITED 表示用逗号作为分隔符，定界符为双引号。
- DELIMITED WITH<定界符>表示用指定的字符作为定界符，分隔符为逗号。
- DELIMITED WITH BLANK 表示用空格作为分隔符，没有定界符。
- DELIMITED WITH TAB 表示用制表符作为分隔符，定界符为双引号。

操作技巧　这里的定界符指字符型字段的定界符，其他类型字段没有定界符；分隔符是指字段之间用来分隔的字符。

【例 4-11】 COPY TO 命令的使用。

```
CLOSE ALL
USE XSMD                    &&打开表XSMD
COPY TO XSMDB               &&对表XSMD原样复制，生成备份文件XSMDB
USE XSMDB                   &&打开表备份XSMDB
LIST                        &&显示表XSMDB的内容
```

【例 4-12】 COPY TO 命令中子句的使用。

```
CLOSE ALL
USE XSMD
COPY TO XSMD2 NEXT 3 SDF    &&以系统数据格式将表XSMD.dbf的前3个记
                           &&录复制到文本文件XSMD2.txt中
COPY TO XSMDE.XLS           &&将表XSMD.dbf的记录复制到电子表格文件中
```

（3）复制表结构

格式：COPY STRUCTURE TO<表文件名> ［FIELDS<字段名表>］

功能：将当前打开的表结构部分或全部复制给<表文件名>所指定的一个表，仅复制当前表的结构，不复制其中的数据。

说明：

① <表文件名>指定生成新表结构的表文件名。

② FIELDS<字段名表>指定在新表中所包含的字段及顺序。若省略该选项，则按字段原来的顺序复制全部字段。

【例 4-13】 COPY STRUCTURE 命令的使用。

```
CLOSE ALL
USE XSMD
COPY STRUCTURE TO XSMDJG FIELDS 姓名,性别,出生日期,国防生否
USE XSMDJG
LIST STRUCTURE
```

运行结果：

	表结构：	E:\VFP\XSMDJG.DBF					
	数据记录数：	0					
	最近更新的时间：	10/26/08					
	代码页：	936					
字段	字段名	类型	宽度	小数位	索引	排序	Nulls
1	姓名	字符型	6				否
2	姓别	字符型	2				否
3	出生日期	日期型	8				否
4	国防生否	逻辑型	1				否
总计			18				

如果使用 BROWSE 命令浏览，则【例 4-13】的结果如图 4-20 所示。

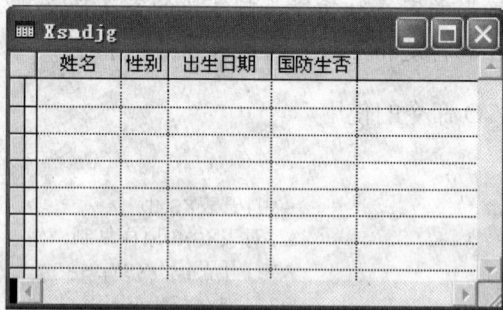

图 4-20　浏览表结构

12. 数据统计

（1）记录统计

格式：COUNT [<范围>] [FOR<条件>] [WHILE<条件>] [TO <内存变量名>]

功能：统计当前表中指定范围内满足条件的记录个数，并存于<内存变量名>中。

说明：统计符合条件的记录数。若无任选项，表示统计当前表的所有记录。

【例 4-14】 统计 CJB.dbf 中的全部记录数。

```
CLOSE ALL
USE JXDA!XSMD
COUNT TO n
?"人数＝", n
```

运行结果：

```
人数= 7
```

【例 4-15】 统计 CJB.dbf 表中的全部男生的记录数，并保存到内存变量 m 中。

```
CLOSE ALL
USE JXDA!XSMD
COUNT TO m FOR 性别="男"
?"人数＝", m
```

运行结果：

```
人数= 4
```

（2）数据累加

格式：SUM [<数值表达式表>] [TO <内存变量名表>][<范围>] [FOR<条件>] [WHILE<条件>]

功能：累加符合条件的表达式表值。

说明：若无<数值表达式表>选项，累加所有数值型字段；若无任选项，累加当前表的所有记录。

【例 4-16】 累加 CJB.dbf 表中学号为"08004"的学生成绩总分。

```
CLOSE ALL
USE JXDA!CJB
SUM 成绩 TO m FOR 学号="08004"
?"总分=",m
```

运行结果：

```
总分=246.00
```

（3）数据求均值

格式：AVERAGE [<数值表达式表>] [TO <内存变量名表>][<范围>][FOR<条件>] [WHILE<条件>]

功能：对符合条件的表达式表值求均值。

说明：若无<数值表达式表>选项，对所有数值型字段求均值；若无任选项，对当前表的所有记录求均值。

【例 4-17】 求 CJB.dbf 表中学号为"08003"的平均成绩。

```
CLOSE ALL
```

```
USE JXDA!CJB
AVERAGE 成绩 TO a FOR 学号="08003"
?"平均分=",a
```

运行结果：

平均分=82.00

4.4 排 序

在通常情况下，数据表中的记录是按录入的先后顺序排列的，但在实际应用中往往要按照指定的顺序输出记录或快速查找记录，所以 Visual FoxPro 提供了物理排序和逻辑排序两种方法。其中物理排序是指另外生成一个与原表类似但记录已按要求重新排序的数据表文件，也就是说，物理排序的结果是在新表中形成新的记录的物理顺序；逻辑排序是在原表的基础上生成一个简单的排序索引表，在其中仅记载了各记录的记录号和应有的排列顺序。

4.4.1 基本概念

所谓排序，是指按某个指定字段的值，将表中的记录从大到小（降序）或从小到大（升序）物理地按顺序进行重新排列，然后将排序的结果存入一个新表中，这个新表称为排序文件。经过物理排序之后，新表中记录号将按重新排列后的顺序依次编号。

4.4.2 排序文件的建立和使用

格式：SORT TO<新文件名>ON<字段名 1>[/A][/C][/D][,<字段名 2>[/A][/C][D]…][<范 围 >][FIELDS< 字 段 名 表 >][FOR< 条 件 >][WHILE< 条 件 >][ASCENDING|DESCENDING]

功能：对当前表文件，按用户指定的字段值重新排序，生成一个以<新文件名>命名的新表文件。

说明：

① 排序结果存入由 TO<新文件名>选项指定的新表文件中。

② 若 ON 后面带多个字段，则表示按多个字段排序，这种排序也称为多重排序。首先按命令中<字段名 1>的值进行排列，若<字段名 1>值相同，则按<字段名 2>的值进行排列，依此类推。

③ /A 表示按升序排列，缺省该选项时为升序；/D 表示按降序排列；/C 表示排序时不区分大小写，缺省该选项时，则区分大小写，它应用于 C 型字段，若/C 和/A 或/D 结合，则可只用一个斜线，如/AC 或/DC。如果均未选/A 和/D，则选项 ASCENDING 表示整个表升序，选项 DESCENDING 表示整个表降序。

④ 缺省<范围>与<条件>子句时，将对当前表中的所有记录进行排序。

⑤ 若有 FIELDS 选项，则生成的新表文件中只含<字段名表>中指定的字段；若缺省 FIELDS<字段名表>，则包含当前表中的所有字段。

⑥ 只要能比较大小的字段均可用做排序字段，具体地说，数值按其大小关系，字母按其 ASCII 值顺序，汉字按其拼音的顺序，日期按其时间的先后顺序。

【例 4-18】 SORT 命令的使用。

```
CLOSE ALL
USE XSMD
SORT TO XSMD3 ON 录取分/D FOR 性别="男"
USE XSMD3
BROWSE
USE XSMD
SORT TO XSMD4 ON 姓名/D,出生日期 FIELD 学号,姓名,原籍,出生日期,国防生否
USE XSMD4
BROWSE
USE
```

运行结果如图 4-21 所示。

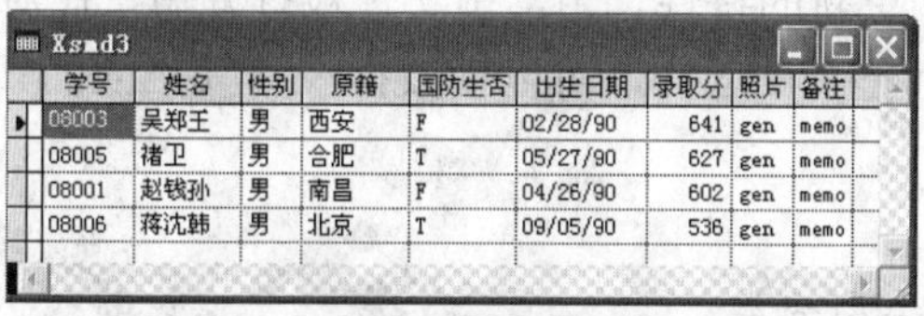
Xsmd3

学号	姓名	性别	原籍	国防生否	出生日期	录取分	照片	备注
08003	吴郑王	男	西安	F	02/28/90	641	gen	memo
08005	褚卫	男	合肥	T	05/27/90	627	gen	memo
08001	赵钱孙	男	南昌	F	04/26/90	602	gen	memo
08006	蒋沈韩	男	北京	T	09/05/90	536	gen	memo

（a）XSMD3 的浏览

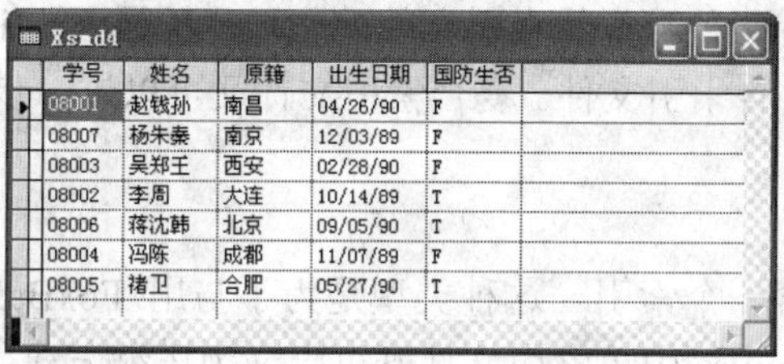
Xsmd4

学号	姓名	原籍	出生日期	国防生否
08001	赵钱孙	南昌	04/26/90	F
08007	杨朱秦	南京	12/03/89	F
08003	吴郑王	西安	02/28/90	F
08002	李周	大连	10/14/89	T
08006	蒋沈韩	北京	09/05/90	T
08004	冯陈	成都	11/07/89	F
08005	褚卫	合肥	05/27/90	T

（b）XSMD4 的浏览

图 4-21　运行结果

对表进行排序时将产生相应的新表，若要对同一个表按照不同的要求进行排序，将会产生若干个新表。每个新表都对应于相应的表文件，有的还具有相应的备注文件，因此会占用较大的存储空间。另外，在对原表中的某些记录进行修改、增加、删除等操作后，保存排序结果的新表无法自动更新，这对于实际的应用来说是非常不方便的。因而，在实际的操作过程中，常用索引来代替排序。

4.5　表 的 索 引

数据库表中的记录在表文件中的存储顺序称为物理顺序，记录号就是物理顺序号。

当在表中查找满足某个条件的记录时，必须从头开始在整个表记录中进行查找。这种查找方法速度慢、效率低。对于经常查找的数据项，如果事先对它们进行排序，并将排序结果和对应物理顺序记录号的对照表保存到相应的文件（称为索引文件）中。那么，在对这个数据项查找时仅需在索引文件中进行，系统通过索引文件中的对照表就可得到该数据项在表文件中的实际位置，这就是索引技术，这个过程称为索引。

4.5.1　基本概念

索引（index）是进行快速显示、快速查询数据的重要手段。所谓索引，是指对表中的有关记录按照指定的索引关键字表达式的值升序或降序排列，并生成一个相应的索引文件。其中索引关键字表达式可以是表中的一个字段名，也可是包含有若干个字段名的任意合法的表达式。

索引文件只包括关键字表达式的值和其记录号，因此，索引文件比被索引的表要小得多。

对于同一个表，可根据不同的处理要求创建多个不同的索引文件，以建立不同的逻辑顺序。索引具有自动更新的特性，当索引文件被打开后，在对表进行修改时，相应的索引文件会自动地进行更新，这样，可以使数据表和其相应的索引文件保持一致。

4.5.2　索引类型

1．按索引文件的类型分类

Visual FoxPro 支持两种类型的索引文件，一种是扩展名为.idx 的单索引文件，另一种是扩展名为.cdx 的复合索引文件。复合索引文件又可以进一步分为结构复合索引文件和非结构复合索引文件。

（1）单索引文件

单索引文件只包含一个索引。这种类型是为了与用 FoxBase+开发的应用程序兼容而保留的。在 Visual FoxPro 中单索引文件既可定义为压缩方式，也可以定义为非压缩方式，若将其定义为压缩方式，将不能被 FoxBase+使用。

（2）复合索引文件

复合索引文件可以包含多个索引，每个索引有一个"索引标识"，每一个索引标识等价于一个单索引文件，代表一种记录逻辑顺序。为节省存储空间，复合索引文件总是以压缩方式进行存储。

根据创建方式的不同，复合索引文件又可分为结构复合索引文件和非结构复合索引文件。这两类复合索引文件的结构是相同的，但是它们在形式上和使用上仍然存在一些差异，它们之间的区别有以下两点。

① 结构复合索引文件的文件名与建立结构复合索引文件的表同名，而非结构复合索引文件的文件名与相关的表文件不同名。

② 结构复合索引文件随着相关表的打开而自动打开，在添加、更改或删除记录时也会自动地进行更新，使用起来比较方便，而非结构复合索引文件不会随着相关表的打

开而自动打开，必须由用户通过相应的命令将其打开，使用起来要麻烦一些，因此，在实际使用的过程中并不常用。

2.　按索引的功能分类

索引除了可以建立记录的逻辑顺序以外，还能控制是否允许相同的索引关键字表达式的值在不同的记录中重复出现，或是否允许在数据库表间建立永久关系及其参照完整性。根据索引功能的不同，可将索引分为主索引、候选索引、普通索引、唯一索引 4 种类型。

（1）主索引（primary index）

主索引仅适合于数据库表，自由表没有主索引，主索引的索引关键字表达式的值不允许出现重复值。例如，XSMD 表中的"学号"字段可作为主索引的索引关键字，而"姓名"字段就不可作为主索引的索引关键字，因为"姓名"字段有重复值。一个数据库表只能建立一个主索引。

（2）候选索引（candidate index）

候选索引与主索引具有相同的特性，即索引关键字表达式的值也不允许出现重复值，这种索引是作为主索引的候选者出现的，一个表可以建立多个候选索引。另外，数据库表和自由表均可建立候选索引。当数据库表中无主索引时，可以指定一个候选索引为主索引。主索引和候选索引能控制表中字段重复值的输入，确保字段输入值的唯一性。

（3）普通索引（regular index）

普通索引是一种常规的索引类型，索引关键字表达式的值允许出现重复，一个表可以建立多个普通索引。数据库表和自由表均可建立普通索引。

（4）唯一索引（unique index）

对于表中的记录，允许出现索引关键字表达式的重复值，但在索引文件中不允许包含有索引关键字表达式的重复值，即索引文件中的记录唯一。一个表可以建立多个唯一索引，数据库表和自由表均可建立唯一索引。例如，对于 XSMD 表，如果把"性别"作为唯一索引关键字，则在索引文件中显示第一个男生的记录和第一个女生的记录。

通常，主索引用于主关键字字段；候选索引用于不作为主关键字但字段值又必须唯一的字段；普通索引一般用于提高查询速度；唯一索引用于一些特殊的程序设计。

索引可通过表设计器和命令方式建立。

4.5.3　使用表设计器建立索引

打开【表设计器】对话框，单击【索引】选项卡，显示如图 4-22 所示的界面。该界面中每一行描述一个索引，一个索引描述包含下列几项。

① 排序：指定索引中的排列顺序。向上箭头为从小到大排，向下箭头为从大到小排。排序时根据表达式（索引关键字）值的类型确定大小。

数值型：按其数值排列顺序。

字符型：西文字符按其 ASCII 值排列；汉字按其内码排列，汉字内码从小到大的顺序一般与国标 GB2312—80 的排列顺序一致。在国标 GB2312—80 中的汉字，常用的一级汉字按汉语拼音从前到后排列，排在一级汉字后面的二级汉字按偏旁部首笔画多少排列。也就是说就汉字内码而言，"陈"小于"王"。汉字与 ASCII 值比较，汉字大于 ASCII 值。

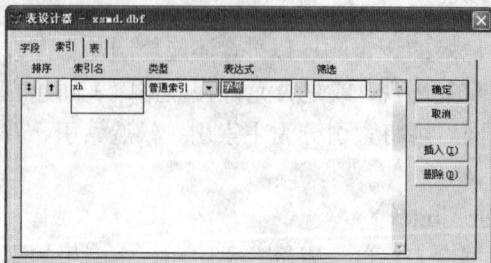

图 4-22　表设计器的【索引】选项卡

日期型：按其日期值排列，在当前的日期之前越早，日期值越小。

逻辑型：假(.F.)小于真(.T.)。

② 索引名：索引标识名，即引用该索引的名字。

③ 类型：可选上述介绍的 4 种索引类型之一。

④ 表达式：索引关键字。多个字段组合时要求描述的表达式要符合 Visual FoxPro 表达式规则。

例如，将"姓名"和"出生日期"组成表达式时，因为两个字段的数据类型不同不能直接连接，而应用 DTOC 函数将出生日期从日期型转换成字符型，然后与字符型的职称字段用字符运算符"+"进行连接即可。注意，备注型、通用型不能作为索引关键字。

⑤ 筛选：索引中包含符合条件记录的条件表达式。筛选条件的描述必须符合 Visual FoxPro 逻辑表达式的规则，不包含筛选，则对所有记录进行索引。

一个表可建多个索引，用多行表示。索引在行中顺序就是后面引用索引的序号，例如 SET ORDER TO 2 就是将当前表的显示顺序设定为第二个索引顺序。

4.5.4　使用命令建立索引文件

格式：INDEX ON <索引表达式> TAG<索引标识名>[OF <CDX 文件名>]|TO <单索引文件名>[FOR ＜条件>] [ASCENDING ｜ DESCENDING][UNIQUE ｜ CANDIDATE] [ADDITIVE]

功能：对当前表中符合指定条件的记录按指定的索引关键字表达式值以及排序方式建立一个索引文件。

说明：

① ON<索引表达式>：用于指定索引关键字表达式，是索引排序的依据。其中，ASCENDING 索引顺序为升序；DESCENDING 索引顺序为降序。

② TO<单索引文件名>：用于指定单索引文件名。

③ TAG<索引标识名>：指定索引标识名。若有 OF<CDX 文件名>选项，表示创建非结构化复合索引，OF 后指定的是存放该索引的文件名。若无 OF<CDX 文件名>选项，表示创建结构化复合索引。

④ FOR<条件>：用于指明只对满足条件的记录进行索引，缺省时表示所有的记录。

⑤ UNIQUE：用于表示建立的文件索引类型为唯一索引，默认的索引类型为普通索引。

⑥ 在建立索引的过程中，ADDITIVE 用于使先前已打开的所有索引文件仍保持为打开状态。若缺省该选项，则自动关闭先前已打开的所有索引文件（结构复合索引文件除外）。

⑦ CANDIDATE：指定候选索引。

【例 4-19】 在 XSMD2 表中，对“录取分”字段建立单索引文件。

```
CLOSE ALL
CLEAR
USE JXDA!XSMD
COPY TO XSMD2
USE XSMD2
LIST
INDEX ON 录取分 TO XSMDLQ
BROWSE
```

运行列表显示及浏览结果如图 4-23 所示，并可看出建立单索引前、后排序的不同。

记录号	学号	姓名	性别	原籍	国防生否	出生日期	录取分	照片	备注
1	08001	赵钱孙	男	南昌	.F.	04/26/90	602	gen	memo
2	08002	李周	女	大连	.T.	10/14/89	613	gen	memo
3	08003	吴郑王	男	西安	.F.	02/28/90	641	gen	memo
4	08004	冯陈	女	成都	.F.	11/07/89	608	gen	memo
5	08005	褚卫	男	合肥	.T.	05/27/90	627	gen	memo
6	08006	蒋沈韩	男	北京	.T.	09/05/90	536	gen	memo
7	08007	杨朱秦	女	南京	.F.	12/03/89	624	gen	memo

Xsmd2

学号	姓名	性别	原籍	国防生否	出生日期	录取分	照片	备注
08006	蒋沈韩	男	北京	T	09/05/90	536	gen	memo
08001	赵钱孙	男	南昌	F	04/26/90	602	gen	memo
08004	冯陈	女	成都	F	11/07/89	608	gen	memo
08002	李周	女	大连	T	10/14/89	613	gen	memo
08007	杨朱秦	女	南京	F	12/03/89	624	gen	memo
08005	褚卫	男	合肥	T	05/27/90	627	gen	memo
08003	吴郑王	男	西安	F	02/28/90	641	gen	memo

图 4-23　建立单索引前、后比较

【例 4-20】 在 XSMD2 表中，对“性别+DTOC(出生日期)”建立复合索引文件。

```
CLOSE ALL
CLEAR
USE JXDA!XSMD2
INDEX ON 性别+DTOC(出生日期) TAG XC CANDIDATE
BROWSE
```

建立复合索引文件后，记录的排序情况如图 4-24 所示。

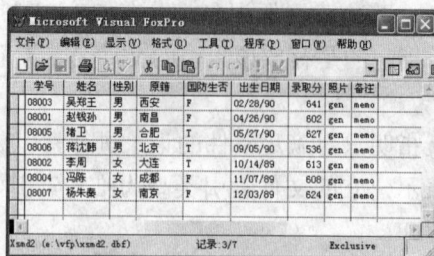

图 4-24   建立复合索引

4.5.5   打开索引

在 Visual FoxPro 中,打开表的同时系统自动打开结构化复合索引。要使索引产生作用,必须指定主控索引。主控索引就是控制当前显示顺序的索引。

要指定主控索引,可使用下列两种方法。

1. 在打开表的同时打开索引文件

格式:USE<表文件名>INDEX<索引文件名表>

功能:在打开表的同时打开与其相关的一个或多个索引文件。

说明:<索引文件名表>用于指定要打开的一个或多个索引文件,多个索引文件之间要用逗号","分隔,其中,第一个索引文件自动成为主控索引文件。

【例 4-21】   打开表的同时打开索引文件。

```
CLOSE ALL
USE XSMD2 INDEX XSMD2,XSMDLQ
LIST
```

系统虽然也打开了复合索引文件,但却没有指定主控索引,显示的顺序仍为物理顺序。

2. 在表已打开的情况下打开索引文件

格式:SET INDEX TO<索引文件名表> [ADDITIVE]

功能:打开当前表的一个或多个索引文件。

说明:

① <索引文件名表>的作用同上。

② 若缺省 ADDITIVE 选项,则在用本命令打开索引文件的同时,除结构复合索引文件之外的所有索引文件均被关闭;若选用此项,则表示不关闭以前打开的索引文件就可以打开另外的索引文件。

4.5.6   确定与取消主控索引

1. 主控索引的确定

格式:SET ORDER TO<数值表达式>|<单索引文件名>| [TAG] <索引标识名> [ASCENDING | DESCENDING]

功能：确定相应的索引为主控索引。

说明：

① <数值表达式>：用于指定相应索引的序号。对于已打开的单索引文件或复合索引文件中的索引标识，Visual FoxPro 将自动为其编号，并在使用的过程中自行调整。编号顺序为：各单索引文件—结构复合索引文件的索引标识—非结构复合索引文件的索引标识。其中，各单索引文件、各非结构复合索引文件按其打开的顺序编号，复合索引文件中的索引标识按其建立的先后次序编号。

② <单索引文件名>：用来指定的单索引文件将成为主控索引文件，所包含的索引则成为主控索引。

③ <索引标识名>：用来指定的相应的索引标识将成为主控索引标识，所对应的索引则成为主控索引。

④ 在［ASCENDING | DESCENDING］中，不管索引是按升序还是按降序建立的，在使用时都可以用 ASCENDING 指定升序或用 DESCENDING 指定降序。

2. 主控索引的取消

格式 1：SET ORDER TO
格式 2：SET ORDER TO 0
功能：取消主控索引，但不关闭任何索引文件。

【例 4-22】　打开表的同时打开索引文件、建立主索引。

```
CLOSE ALL
USE XSMD2 INDEX XSMD2,XSMDLQ
BROWSE                          &&表记录为物理顺序，如图4-25所示
SET INDEX TO XSMDLQ
BROWSE                          &&打开索引文件后浏览，如图4-26所示
SET ORDER TO TAG XC
BROWSE                          &&确定主控索引浏览后，如图4-27所示
SET ORDER TO                    &&取消主控索引
BROWSE                          &&表记录又恢复为物理顺序，参见图4-25
```

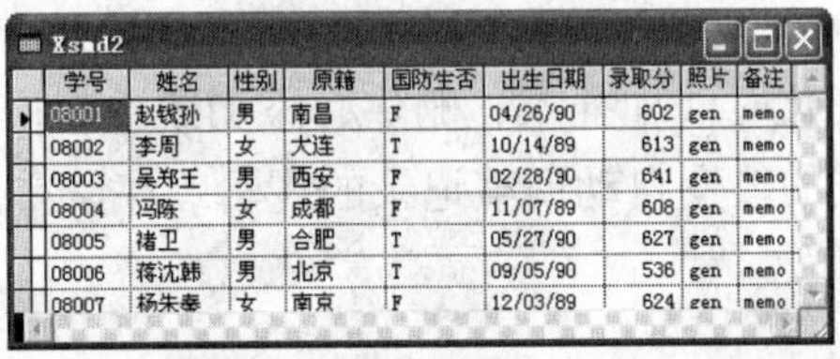

图 4-25　打开多个索引文件

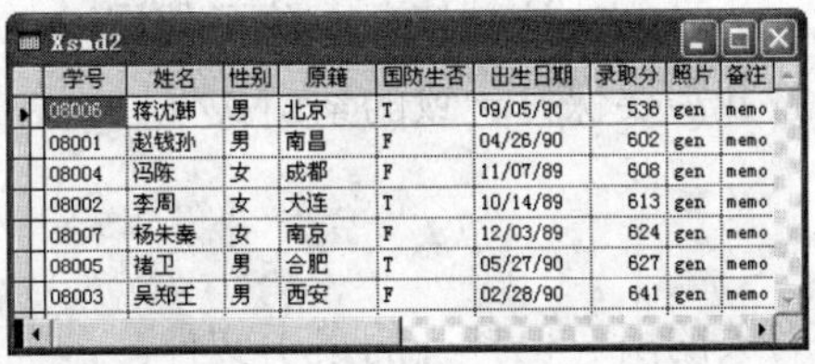

图 4-26　打开索引文件 XSMDLQ

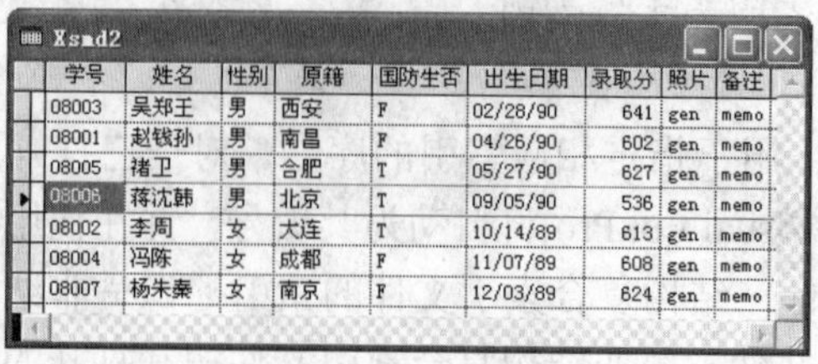

图 4-27   确定主控索引

4.5.7   关闭索引文件

对于已打开的单索引文件或非结构复合索引文件，可使用 SET INDEX TO 命令或 CLOSE INDEXES 命令将其关闭。

格式 1：SET INDEX TO

功能：关闭当前工作区中除结构复合索引文件以外的所有已打开的索引文件，同时取消主控索引，但表文件仍处于打开状态。

格式 2：CLOSE INDEXES|CLOSE ALL

功能：功能同 SET INDEX TO 命令。

格式 3：USE

功能：关闭表文件的同时，也关闭了与其相关的所有已打开的索引文件。

【例 4-23】   SET INDEX TO 命令的使用。

```
CLOSE ALL
USE XSMD INDEX XSMDLQ
LIST                    &&记录按录取分的升序排列
SET INDEX TO
LIST                    &&记录按物理顺序显示
```

4.5.8   更新索引

1. 自动更新

当表中的数据发生变化时（如插入、删除、添加或更新操作之后），所有当前已打开的索引文件都会随数据的改变自动调整记录的逻辑顺序，实现索引文件的自动更新。

2. 重新索引

若表中的数据发生变化时，与其相应的索引文件并没有打开，则会出现索引文件与表记录之间不一致的情况。为了解决这种情况，除了使用 INDEX ON 命令重新建立相应的索引文件外，还可先打开需要保持一致的索引文件，再使用 REINDEX 命令直接对其进行更新。

格式：REINDEX

功能：更新与当前表有关的所有已打开的索引文件。

4.5.9 删除索引

可以删除不再需要的索引文件或索引标识。其中索引文件可采取删除文件的方法直接删除，但在删除之前，应先将其关闭。索引标识可用下列命令删除。

格式：DELETE TAG<索引标识名> | ALL ［OF<CDX 文件名>］

功能：删除已打开的结构或非结构复合索引文件中的有关索引标识。

说明：

① DELETE TAG<索引标识名>：用于删除复合索引文件中的指定索引标识。

② DELETE TAG ALL：用于删除复合索引文件中的所有索引标识，此时，复合索引文件也将自动地被删除。

【例 4-24】 删除索引。

```
CLOSE ALL
DELETE FILE XDMSLQ.IDX        &&单索引文件XSMDLQ.idx被删除
USE XSMD
DELETE TAG XC                 &&索引标识XC被删除
DELETE TAG ALL                &&所有索引标识都被删除了，复合索引文件也自动地
                             &&被删除
```

4.6 数据的查询

查询就是按照给定条件在表中查找所需要的记录。Visual FoxPro 提供了两种查询方法：一种是顺序查询，另一种是索引查询。此外，Visual FoxPro 还提供了 SQL-SELECT 查询命令，这将在后续章节中进行介绍。

4.6.1 顺序查询

顺序查询就是将记录指针指向满足条件的某个记录。顺序查询包括 LOCATE 命令和 CONTINUE 命令。

1. LOCATE 命令

格式：LOCATE ［<范围>］FOR | WHILE<条件>

功能：在当前表的指定范围内，按顺序查找满足条件的第一条记录。若找到，则将记录指针指向该记录；若找不到，则显示"已到定位范围末尾"。

说明：

① 命令中的<条件>选项是必选的。缺省<范围>选项时，默认的查找范围为 ALL。

② 若查找到一条满足条件的记录，则可用函数 RECNO( )返回该记录号，此时函数 FOUND( )的返回值为.T.；若找不到，则函数 FOUND( )的返回值为.F.。

2. CONTINUE 命令

LOCATE 命令在查找到满足条件的第一条记录后，若要继续往下查找满足条件的其他记录，则必须使用 CONTINUE 命令，CONTINUE 可多次使用，若再没有记录满足条件，则显示"已到定位范围末尾"。

格式：CONTINUE

功能：按最近一次 LOCATE 命令的条件在后续记录中继续查找。

【例 4-25】 LOCATE 命令和 CONTINUE 命令的使用。

```
CLOSE ALL
USE XSMD
GO 3
LOCATE REST FOR YEAR(出生日期)=1989
?FOUND()          &&函数FOUND()的返回值为.T.
?RECNO()          &&显示当前记录号
DISP              &&显示查找到的记录
CONTINUE          &&继续查找
?FOUND()          &&函数FOUND()的返回值为.T.
?RECNO()          &&显示当前记录号
DISP              &&显示查找到的记录
CONTINUE          &&继续查找
?FOUND()          &&函数FOUND()的返回值为.F.
?RECNO()          &&显示当前记录号
?EOF()            &&显示是否到文件尾
```

运行结果如图 4-28 所示。

```
.T.
       4
记录号  学号    姓名    性别   原籍     国防生否    出生日期     录取分  照片   备注
   4   08004   冯陈    女     成都      .F.       11/07/89     608   gen   memo
.T.
       7
记录号  学号    姓名    性别   原籍     国防生否    出生日期     录取分  照片   备注
   7   08007   杨朱秦   女     南京      .F.       12/03/89     624   gen   memo
.F.
       8
.T.
```

图 4-28 【例 4-25】运行结果

4.6.2 索引查询

建立索引的目的是为了进行快速查找。某表有 2^{10} 条记录，若要在其中查找一条满足条件的记录，用顺序查询的方法最多需要比较 1024 次，而用索引查询，不超过 10 次比较就能进行完毕，可见索引查询的速度很快，但其算法要求表的记录是有序的，这就需要事先对表进行索引或排序。索引查询命令如下：

格式：SEEK<表达式>

功能：在已确定主控索引的当前表文件中查找索引关键字表达式的值与指定<表达式>的值相等的第一条记录。

说明：

① <表达式>的类型必须和索引关键字表达式的类型一致，且<表达式>可以是常量、变量或表达式（由常量、变量、运算符等构成的合法的表达式）。

② 可以查询除备注型和通用型以外的任何类型数据，但要注意每一种类型的定界符。

③ SEEK 命令没有专门的继续查找命令，需要时可借助 SKIP 命令来完成继续查找。

④ SEEK 命令按表达式的值进行查找。在索引查找前应打开相应的表和索引，查找内容就是与其后指定的索引标识的关键字匹配的内容。若 SEEK 命令无任何选项，则此前必须指定主控索引，SEEK 查找的是与主控索引关键字相匹配的第一个位置。

⑤ 如果 SEEK 能查找到相匹配的内容，则 FOUND( )为.T.，EOF( )为.F.。否则，FOUND( )为.F.，EOF( )为.T.。

⑥ SEEK 命令只能查找相匹配的第一个记录。

⑦ 系统的 SEEK( )函数功能相当于执行 SEEK 命令后再将 FOUND( )值返回。

【例 4-26】 索引查询 SEEK 命令的使用。

```
CLOSE ALL
USE XSMD
INDEX ON 姓名 TAG XM
USE XSMD ORDER XM
SEEK "冯陈"
?FOUND()
?RECNO()
DISP
INDEX ON 出生日期 TAG CSRQ
SET ORDER TO CSRQ
SEEK {^1990/02/28}
?FOUND()
?RECNO()
DISP
USE
```

运行结果如图 4-29 所示。

.T.
　　　4

记录号	学号	姓名	性别	原籍	国防生否	出生日期	录取分	照片	备注
4	08004	冯陈	女	成都	.F.	11/07/89	608	gen	memo

.T.
　　　3

记录号	学号	姓名	性别	原籍	国防生否	出生日期	录取分	照片	备注
3	08003	吴郑王	男	西安	.F.	02/28/90	641	gen	memo

图 4-29　【例 4-26】运行结果

4.7　汇　总　命　令

数据表中的记录在按照指定关键字进行排序的基础上，可以对同一类别所有记录的数值型字段的值进行分类求和。

格式：TOTAL ON<关键字>TO<表文件名>［<范围>］［FIELDS<字段名表>］［FOR<条件>］［WHILE<条件>］

功能：在当前数据表中，分别对<关键字>值相同的记录的数值型字段值求和，并将结果存入一个新表。一组关键字值相同的记录在新表中产生一条记录；对于非数值型字段，只将关键字值相同的第一条记录的字段值存入该记录。

说明：

① 缺省<范围>与<条件>选项时，将对表中的所有记录进行分类汇总。

② FIELDS<字段名表>选项：用于指定要对其进行汇总的数值型字段。缺省该选项时，将对当前表中的所有数值型字段进行汇总。

③ <关键字>指排序关键字或索引关键字，这也是记录分类汇总的依据，因此，被汇总的表文件必须按关键字进行排序或索引。

【例 4-27】 TOTAL 命令的使用。

```
CLOSE ALL
USE XSMD
INDEX ON 性别 TAG XB
TOTAL ON 性别 TO XSMDLQF FIELDS 录取分
USE XSMDLQF
BROWSE
```

运行结果如图 4-30 所示。

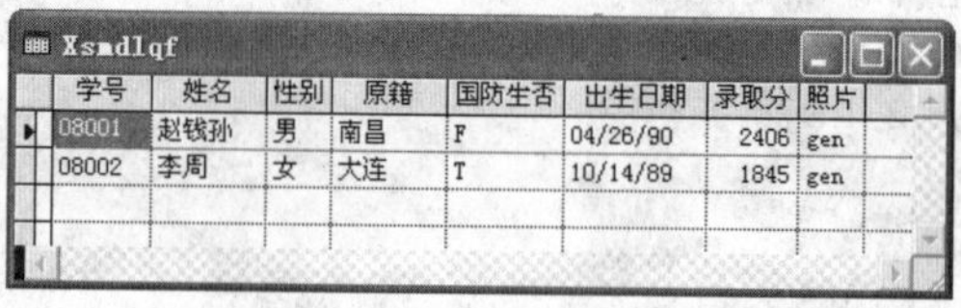
Xsmdlqf

学号	姓名	性别	原籍	国防生否	出生日期	录取分	照片
08001	赵钱孙	男	南昌	F	04/26/90	2406	gen
08002	李周	女	大连	T	10/14/89	1845	gen

图 4-30 【例 4-27】的运行结果

4.8 多工作区的操作

4.8.1 工作区和工作区别名

1. 工作区的概念

工作区就是表可打开的区域。Visual FoxPro 提供了 32 767 个工作区，每个工作区都有一个编号，分别为 1～32 767。一个工作区任何时候只能打开一个表及其索引文件，如果工作区中已经打开了一个表，则在该工作区中打开另一个表时上一次打开的表被自动关闭。若同时要使用多个表，就应在多个工作区打开不同的表。各工作区中打开的表之间互不影响，每个时刻只有一个工作区是当前工作区。只有处在当前工作区中的表才能对其进行各种操作。系统启动后默认 1 号工作区为当前工作区。

2. 工作区别名

各工作区除了可以使用其工作区编号来标识以外，还可以使用别名来标识。工作区号可以是 A~J，11~32 767 数值，即前 10 个工作区的默认别名依次用 A~J 这 10 个字母来表示。在打开表的同时也可指定表的别名，可执行命令 USE [<数据库名>!]<表文件名>ALIAS<别名>来指定。

例如，使用命令"USE XSMD ALIAS MD"即可指定"MD"为"XSMD.DBF"的别名。若未指定别名，则表的名字将被默认为别名。通过编号和别名都可以访问相应的工作区。

4.8.2 工作区的选择及表的打开

格式：SELECT<工作区号> | <工作区别名>

功能：将<工作区号>指定的工作区选择成当前工作区，或将打开的<工作区别名>指定的表所在的工作区选择为当前工作区。

说明：

① 用 SELECT 命令选定的工作区称为当前工作区，在默认情况下，Visual FoxPro 启动后将自动选定 1 号工作区为当前工作区。

② 可用函数 SELECT( )返回当前工作区的区号。

③ 命令 SELECT 0 的功能是选定当前尚未使用的最小编号的工作区为当前工作区。

④ 若要切换到另一个工作区中，可以使用 SELECT<工作区号>或直接使用 SELECT<工作区别名>命令。注意：只有已打开的表才可在 SELECT 命令中使用其别名。

【例 4-28】 工作区选择示例。

```
SET DEFA TO E:\VFP          &&设置默认路径
SELECT A
?SELECT()                    &&显示当前工作区号，运行结果为1
USE XSMD ALIAS MD            &&打开默认目录下的表文件XSMD.dbf，别名为MD
BROWSE                       &&浏览当前工作区中的表
SELECT B                     &&选择2号工作区
?SELECT()                    &&显示当前工作区号，运行结果为2
USE CJB ALIAS CJ             &&开表文件CJB.dbf，别名为JC
BROWSE                       &&浏览当前工作区中的表
USE XKB IN 3                 &&打开表文件XKB.dbf，别名仍为XKB，并选工作区3
SELECT 3
?SELECT()                    &&显示当前工作区号，运行结果为2
BROWSE                       &&浏览当前工作区中的表
SELECT MD                    &&以别名MD来选择1号工作区
BROWSE                       &&浏览当前工作区中的表
CLOSE DATABASES             &&关闭数据库
BROWSE                       &&表尚未关闭，可浏览当前工作区中的表
CLOSE ALL                    &&关闭所有工作区中的表
```

4.9 数据表的合并

有时需要将不同表的内容按某种条件重新组成一个新表，可用连接命令 JOIN 来实现该功能。JOIN 命令实现由两个表，即当前工作表和另一个工作区中的表（也可由别名指定），依据条件和指定的字段建立新表。执行该命令时，先将当前表的记录指针指向首记录，然后在别名表中依据指定条件搜索，凡满足条件的别名表的记录都各自与当前表的首记录组成一个新记录，并记入新文件中。随后将当前表的指针移向下一条记录，重复上面的搜索并组成新记录记入新表中，直到最后完成。

格式：JOIN WITH <表别名>|<工作区> TO <新表名> FOR <条件> [FIELDS <字段名表>]

功能：连接当前工作区中打开的表和<表别名>|<工作区>指定的表，生成<新表名>规定的新表文件。

【例 4-29】 数据表的合并。

```
CLOSE ALL
USE JXDA!XSMD IN 1
USE CJB IN 2
JOIN WITH CJB TO XSCJ FOR XSMD.学号=CJB.学号
FIELDS 学号,姓名,性别,CJB.课程号,CJB.成绩
CLOSE ALL
USE XSCJ
BROWSE
USE
```

运行结果如图 4-31 所示。

学号	姓名	性别	课程号	成绩
08001	赵钱孙	男	B101	87
08001	赵钱孙	男	B102	90
08001	赵钱孙	男	B103	86
08002	李周	女	B101	97
08002	李周	女	B102	76
08002	李周	女	B103	78
08003	吴郑王	男	B101	79
08003	吴郑王	男	B102	85
08003	吴郑王	男	B103	82
08004	冯陈	女	B101	81
08004	冯陈	女	B102	69
08004	冯陈	女	B103	96
08005	褚卫	男	B101	92
08005	褚卫	男	B102	88
08005	褚卫	男	B103	95
08006	蒋沈韩	男	B101	84
08006	蒋沈韩	男	B102	84
08006	蒋沈韩	男	B103	74
08007	杨朱秦	女	B101	86
08007	杨朱秦	女	B102	89
08007	杨朱秦	女	B103	89

图 4-31 【例 4-29】的运行结果

4.10　多表之间的关系

在 Visual FoxPro 中，每张表既相互独立，又存在联系。一般将有联系的表放在同一个数据库中。建立关系的目的是把独立存在的表连接起来，以获得有联系的信息。在建立表之间的关系时，被关联的表为子表，发起关联的表为主表。

表与表之间的关系有下列 3 种类型。

（1）一对一关系

有两张表 A 和 B，A 表中的一条记录在 B 表中有一条记录与之对应。反之，B 表中的一条记录在 A 表中也仅有一条记录与之对应。具有这种关系的两张表存在一对一的关系。主表和子表均应按相同的关键字段建立主索引或候选索引。

（2）一对多关系

有两张表 A 和 B，A 表中的一条记录在 B 表中有多条记录与之对应。反之，B 表中的一条记录在 A 表中仅有一条记录与之对应。具有这种关系的两张表存在一对多的关系。例如，JXDA 数据库中的 XSMD 表和 CJB 表记录之间就是一对多的关系，一名学生对应多门课程的成绩。主表应建立主索引或候选索引，子表可以建立普通索引。

（3）多对多关系

有两张表 A 和 B，A 表中的一条记录在 B 表中有多条记录与之对应。反之，B 表中的一条记录在 A 表中也有多条记录与之对应。但是 A 表和 B 表之间的这种多对多关系必须通过中间表 C 来连接方可实现。例如，JXDA 数据库中的 CJB 表和 XKB 表记录之间就存在多对多关系，这一多对多关系通过中间表 XSMD 作为连接得以实现。

表之间的关系可通过界面和命令两种方式建立。表之间可建立永久关系，也可建立临时关系，但仅有数据库表可建立永久关系。

4.10.1　建立表之间的永久关系

通过链接不同表的索引，数据库设计器可以很方便地建立表之间的关系。因为这种在数据库中建立的关系被作为数据库的一部分而保存起来，所以称为永久关系。每当用户在"查询设计器"或"视图设计器"中使用表，或者在"数据环境设计器"中使用表时，这些永久关系将作为表之间的默认链接。

在 JXDA 数据库中，XSMD 表与 CJB 表具有一对多的关系，即一个学生可以有多门功课的成绩。因此，学生名单表应包含主记录，成绩表包含相关记录，两表通过"学号"建立关联。

索引是建立永久关系的前提。在一对一关系表中，主表和子表均应按相同的关键字建立主索引或候选索引。而对于一对多关系表，主表应建立主索引或候选索引，而子表应建立普通索引。下面以在【数据库设计器】中创建 JXDA 中的永久关系为例加以说明。

建立表之间的关系操作步骤如下。

① 在建立表之间的永久关系之前，需要为表创建索引。为 XSMD 表中的"学号"

建立一个主索引,为 CJB 表中的"学号"建立一个普通索引,如图 4-32 所示。

② 建好索引后,返回【数据库设计器】,在主表(XSMD 表)的"学号"索引标识上按住左键,拖动到子表(CJB 表)的"学号"索引标识上,如图 4-33 所示。在【数据库设计器】中可以看到两个表的索引标识之间有一条黑线相连接,表示这两个表之间的永久关系,如图 4-34 所示。双击此线能够打开【编辑关系】对话框。

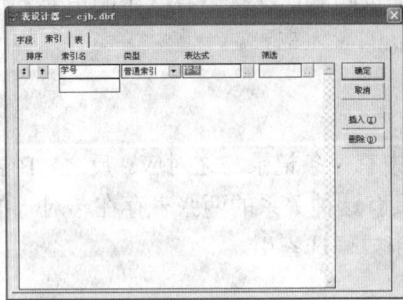
图 4-32 创建索引

图 4-33 拖动索引标识

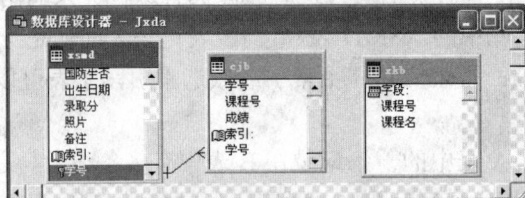
图 4-34 建立两个表之间的永久关系

已经建立的永久关系可对其进行编辑。如果在建立关系时操作有误,可以通过【编辑关系】对话框进行修改。先选择要编辑关系的连线,单击鼠标右键,在弹出的快捷菜单中选择【编辑关系】命令,打开【编辑关系】对话框,如图 4-35 所示,以修改指定关系。

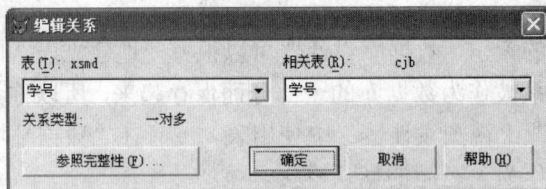
图 4-35 【编辑关系】对话框

对于不需要的永久关系也可以将其删除。方法是:将鼠标箭头指向表的关系连线,单击鼠标使连线变粗,然后单击鼠标右键,在弹出的快捷菜单中选择【删除关系】命令,或直接按 Delete 键,即可取消永久关系。

4.10.2 临时关系

表之间的永久关系建立后,在每次使用表时不需要重新建立,但永久关系不能控制工作区中记录的联动。因此，用户可以建立临时关系来控制表间记录指针。临时关系也称关联，就是在不同工作区记录指针之间建立一种临时的联动关系，当一个表记录指针移动时另一个表的记录指针也能随之移动。

1. 建立临时关系的条件

建立关联的两个表中，用来建立关联的表称为父表，被关联的表称为子表。在执行涉及这两个表数据的命令时，父表记录指针的移动，会使子表记录指针自动移到满足关联条件的记录上。关联条件通常要求比较不同表的两个字段是否相等，所以，除了要在关联命令中指明这两个字段关键字外，还必须为子表的关键字建立索引，并设置为当前索引。

2. 用命令创建临时关系

格式：SET RELATION TO <索引关键字>INTO <表别名>|<工作区>[ADDITIVE]

功能：以当前表为父表，与 INTO 指定的子表中的主控索引建立"多对一"关系。

说明：

① <索引关键字>：为两表都有的字段。在被关联表中，该字段关联字必须建立索引，并设置为当前索引。

② <表别名>：被关联的对象，表示子表或其所在的工作区。

③ ADDITIVE：表示在建立关联时不取消以前建立的关联。

【例 4-30】 建立关联示例。

```
CLOSE ALL
OPEN DATA JXDA
USE CJB IN 1
USE XSMD IN 2 ORDER 学号              &&打开子表，设置当前索引
SET RELATION TO 学号 INTO XSMD        &&按"学号"建立"多对一"关系
LIST FIELDS 学号,XSMD.姓名,课程号,成绩
```

运行结果如图 4-36 所示。

记录号	学号	Xsmd->姓名	课程号	成绩
1	08001	赵钱孙	B101	87
2	08002	李周	B101	97
3	08003	吴郑王	B101	79
4	08004	冯陈	B101	81
5	08005	褚卫	B101	92
6	08006	蒋沈韩	B101	84
7	08007	杨朱秦	B101	86
8	08001	赵钱孙	B102	90
9	08002	李周	B102	76
10	08003	吴郑王	B102	65
11	08004	冯陈	B102	69
12	08005	褚卫	B102	88
13	08006	蒋沈韩	B102	84
14	08007	杨朱秦	B102	89
15	08001	赵钱孙	B103	86
16	08002	李周	B103	78
17	08003	吴郑王	B103	82
18	08004	冯陈	B103	96
19	08005	褚卫	B103	95
20	08006	蒋沈韩	B103	74
21	08007	杨朱秦	B103	89

图 4-36 【例 4-30】运行结果

3. 说明"一对多"关系的命令

格式：SET SKIP TO<表别名>

功能：用在 SET RELATION 命令之后，说明已建立的关联为"一对多"关系。

说明：

① <表别名>：表示"一对多"关系中位于多方的子表或其所在的工区。

② SET SKIP TO：取消"一对多"关系（但 SET RELATION 建立的"多对一"关系仍存在）。

【例 4-31】 "一对多"关系示例。

```
CLOSE ALL
OPEN DATA JXDA
USE XSMD IN 1
USE CJB IN 2 ORDER 学号
SET RELATION TO 学号 INTO CJB
SET SKIP TO CJB
LIST FIELDS 姓名,学号,CJB.课程号,CJB.成绩
```

4. 取消临时关系

当临时关联不再需要时，可以取消。

（1）取消当前表与所有表之间的临时关系

格式：SET RELATION TO

（2）取消当前表与某个子表之间的临时关系

格式：SET RELATION OFF INTO <别名>

说明：该命令在父表所在的工作区使用，<别名>指子表名或所在工作区的别名。

使用此命令前先要进入建立关联时主表所在的工作区。另外，在关闭数据库和关闭表时，表的临时关系也同时解除。

4.11　数据库和表的属性

4.11.1　数据库的属性

数据库是一个容器，在数据库容器中存放数据库对象的信息，这些对象包括数据表、结构化复合索引、永久关系、存储过程等。数据库设计器中可视化地显示有关对象，如图 4-37 所示。

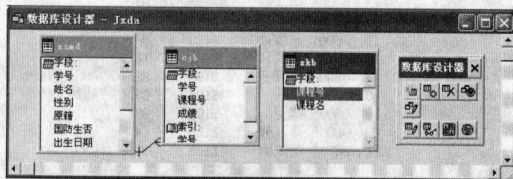

图 4-37　数据库容器

要操作数据库,可选择【数据库】中的菜单项,或在【数据库设计器】的工具栏中进行。要改变当前数据库设计器中显示的对象,只要选数据库的【属性】项,即弹出如图 4-38 所示的对话框。

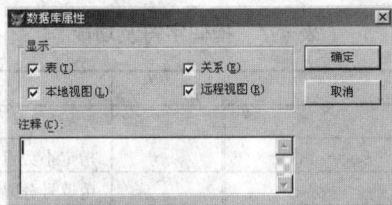

图 4-38 【数据库属性】对话框

4.11.2 数据库表的属性

数据库表的属性分为字段属性和记录属性。

1. 数据库表的字段属性

使用【表设计器】设计表结构时,如果是数据库表则在字段名列表的下方还有若干选项组,用于控制字段的属性。例如,XSMD 表如图 4-39 所示。

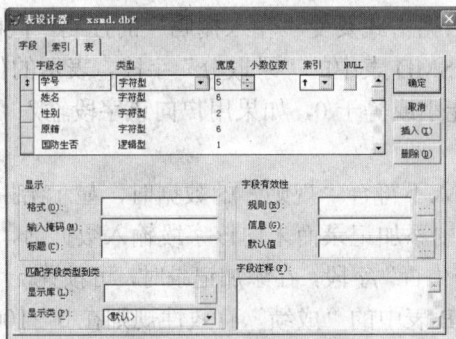

图 4-39 XSMD 表字段属性

字段的属性包含下列几个方面。

(1) 字段的显示属性

① 格式:控制字段在浏览窗口、表单、报表等显示时大小写和样式。格式字符及功能如表 4-6 所示。

表 4-6 字段的显示属性的格式字符

字 符	功 能	字 符	功 能
A	字母字符,不允许空格和标点符号	D	使用当前的 SET DATE 格式
E	英国日期格式	K	光标移至该字段选择所有内容
L	显示数值字段前导 0	M	允许多个预设置选择项。参见文本框 InputMask 属性
R	显示文本框的格式掩码,但不保存到字段中	T	删除前导空格和结尾空格
!	字母字符转换为大写	^	用科学计数法表示数值数据
$	显示货币符号		

例如，某数据库表中的"Yf"（月份）字段，其"格式"设置为 L 表示显示前导 0，可显示月份为 01、02、…。一般情况下，对于数值字段前导 0 是不显示的。

② 输入掩码：控制向字段输入数据的格式。掩码字符及功能如表 4-7 所示。

表 4-7   掩码字符及功能

字 符	功 能	字 符	功 能
x	任意字符	*	左侧显示*
9	数字字符和+-号	.	指定小数点位置
#	数字字符、+-号和空格	,	用逗号分隔整数部分
$	指定位置显示货币符号	$$	货币符合与数字不分开显示

例如，对于一个字符型字段仅允许输入 5 位数字字符，则输入掩码为 99999。

③ 标题：浏览表时字段显示列标题，没有标题则用字段名。一般情况下，经常用代号作为字段名，这样编程操作可少输入汉字。但在使用系统的浏览表和选择字段等操作时显得不太直观。给字段加标题属性可弥补这方面的不足，例如某数据库表中的"Yf"字段，标题用"月份"，就可直观地显示"月份"了。

（2）字段有效性

① 规则：指定字段数据的有效范围。满足该条件，数据才能放入该字段。向该字段中输入数据，输入的数据格式要受"输入掩码"的控制，同时还要满足字段"规则"中指定的条件。例如，XSMD 表中的"录取分"字段，表示的值应大于 0 且高于录取分数线的某个分数，不可能小或等于 0，如果用户向该字段输入"000"或"-632"则是错误的。

② 信息：向字段输入不符合"规则"的数据时，显示给用户的提示内容。

③ 默认值：在向表中添加记录而未向该字段输入数据前，系统向该字段预置的值。例如，XSMD 表中"国防生否"字段，在添加记录时，可预置一个逻辑值为".F."的数据。

【例 4-32】 设置 CJB 表中的"成绩"有效性规则在 0～100 分之间，当输入的成绩不在此范围时给出错误信息，学生的默认成绩是 60 分。

① 在图 4-39 所示的【字段有效性】栏目内，向【规则】文本框中输入表达式：成绩>=0.AND.成绩<=100。

② 向【信息】文本框中输入表达式："成绩输入有误，应该在 0～100 分之间"。

③ 向【默认值】文本框中输入表达式：60。

小提示   "规则"是逻辑表达式；"信息"是字符串表达式；"默认值"的类型则以字段的类型而定。

④ 字段注释：对本字段的说明，可以提醒用户清楚地掌握字段的属性、意义及特殊用途等。

2. 数据库表的记录属性

字段属性用于控制字段的输入和显示，此外系统还可通过数据库表的记录属性对数

据库表的记录数据进行控制。使用【表设计器】设计表结构时，单击【表】选项卡即可设置数据库表的记录属性。例如，JXDA 数据库中的 XSMD 表的"表"选项如图 4-40 所示。

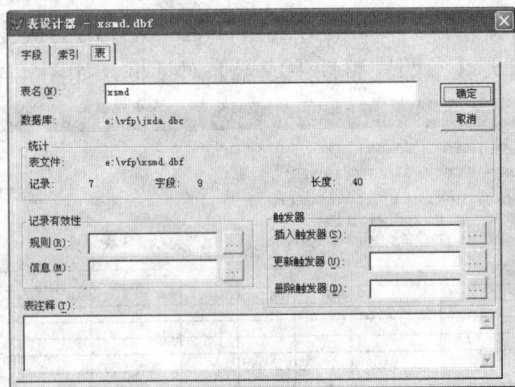

图 4-40 【表】选项卡

在【记录有效性】选项组中，主要包括规则和信息两项内容。

① 规则：指定数据记录的有效条件。满足该条件，数据才能从当前记录移出。满足字段"规则"中指定的条件仅可移出该字段。对于 JXDA 数据库的 XSMD 表，各项字段仅控制本字段数据的合法性，但当需要移出该记录时，还要看总体数据关系是否有错。

② 信息：当不符合记录有效性"规则"时，显示给用户的提示内容。

关于"触发器"、"表名"、"表注释"等选项，请读者查阅相关资料，这里就不逐一介绍。

4.11.3 参照完整性的设置

参照完整性（referential integrity，简称 RI）用于控制数据库中各相关表间数据的一致性或完整性。与前面所介绍的数据库表的字段有效性和记录有效性的验证规则不同，这里讲的参照完整性属于表间规则，对于已经建立了永久关系的相关表，在对其记录进行更新、插入或删除时，很有可能出现数据不一致的情况，从而影响数据的完整性。例如，在数据库"JXDA.dbc"中修改父表中的关键字"学号"的值后，子表的关键字"学号"的值未出现相应改变；删除父表的某记录后，子表的相应记录未删除；向子表插入新记录后，父表中没有关键字值与其对应相等，结果使得一些记录成为孤立记录。因此，为了保证数据的完整性，用户可以自行调整，或通过执行自编程序的方式进行调整。

值得注意的是，Visual FoxPro 提供了参照完整性规则，用户可以利用参照完整性生成器来选择是否要保持参照完整性，这样就可以让其自动控制如何在相关的表中进行记录的更新、插入或删除操作。

在 Visual FoxPro 中建立参照完整性，可按如下步骤进行。

① 首先建立表之间的永久关系，如对数据库"JXDA.dbc"建立如图 4-34 所示的永

久关系。

② 清理数据库，即物理删除数据库的各个表中所有带删除标记的记录。在【数据库设计器】处于打开状态时，单击【数据库】|【清理数据库】命令即可实现。

③ 在任意一个永久关系连线上单击鼠标右键，从弹出的快捷菜单中选择【编辑参照完整性】命令，即打开【参照完整性生成器】对话框，如图 4-41 所示。

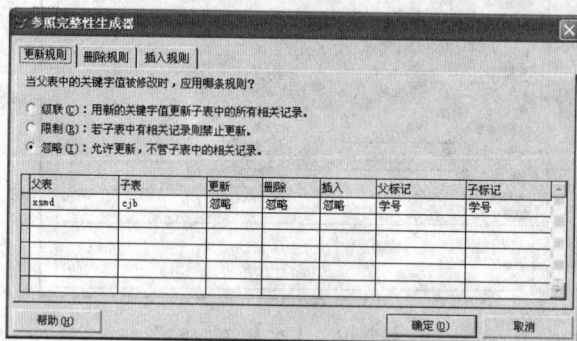

图 4-41 【参照完整性生成器】对话框

参照完整性规则包括更新规则、删除规则和插入规则。

（1）【更新规则】选项卡

用于设置修改父表中的关键字值时所应遵循的规则。在【更新规则】选项卡中包含有【级联】、【限制】和【忽略】3 个单选按钮，各单选按钮的功能如下。

① 如果选择【级联】单选按钮，则在修改父表中的关键字值时，自动更新子表中的有关记录的相关字段值。

② 如果选择【限制】单选按钮，则当子表中存在相关的记录时，将禁止修改父表中相应的关键字值（更改父表中相应的关键字值就会产生"触发器失败"的提示信息）。

③ 如果选择【忽略】单选按钮，则无论子表中是否存在相关记录，均允许修改父表中的关键字值。

（2）【删除规则】选项卡

用于设置删除父表中的记录时所应遵循的规则。在【删除规则】选项卡中包含有【级联】、【限制】和【忽略】3 个单选按钮，各单选按钮的功能如下。

① 如果选择【级联】单选按钮，则在删除父表中的记录时，自动删除子表中的相关记录。

② 如果选择【限制】单选按钮，则当子表中存在相关的记录时，将禁止删除父表中的相应记录。

③ 如果选择【忽略】单选按钮，则不管子表中是否存在相关记录，均允许删除父表中的记录。

（3）【插入规则】选项卡

用于设置在子表中插入新的记录或更新已存在的记录时所应遵循的规则。在【插入规则】选项卡中包含有【限制】和【忽略】2 个单选按钮，各单选按钮的功能如下。

① 如果选择【限制】单选按钮，则当父表中没有相应的关键字值时，将禁止在子表中插入与该关键字值对应的记录，或将原有记录的相关字段值修改为该关键字值。

② 如果选择【忽略】单选按钮，则不管父表中是否存在相关记录，均允许在子表中插入新记录。

4.12 习　题

一、填空题

1. 应用 CREATE（文件名）命令创建数据库时，若输入的字段为字符型，在输入完该字段的宽度后，光标移到_____。

2. 退出全屏幕编辑状态并存盘的命令是_____。

3. 在打开数据库文件的同时打开了索引文件，在主索引文件中指向当前记录的上一条记录的命令是_____。

4. 对当前数据库按性别（C 型）和总分（N 型，5，1）组成的关键字表达式建立索引文件 SY1.idx，则命令为_____。

5. 对当前数据库按出生日期（D 型）和成绩（N 型，3）组成的关键字表达式建立索引文件 SY3.idx，则命令为_____。

6. 改变主索引文件的命令是_____。

7. 数据库已经在当前工作区打开，为了在当前记录之前插入一条空记录，应该使用命令_____。

8. 自由表的字段名长度不超过_____个字符。

9. 对表中记录逻辑删除的命令是_____，恢复表中所有被逻辑删除记录的命令是_____，对所有被逻辑删除的记录进行物理删除的命令是_____。

10. 在浏览窗口中不仅可以显示表的内容，而且可以对记录进行_____、_____和_____操作。

11. 在数据库表的表设计器中可以设置 3 种触发器，分别是_____、_____和_____。

12. 单项索引文件的扩展名为_____，复合索引文件的扩展名为_____。

13. 在 Visual FoxPro 中，数据库文件的扩展名为_____，表文件的扩展名为_____。

14. 在 Visual FoxPro 中，表有两种类型，即_____和_____。

15. 数据库表的索引类型有_____、_____、_____和_____。

16. 表由_____和_____两部分组成。

17. 字段"数学"为数值型，如果整数部分最多 3 位，小数部分最多 2 位，那么该字段的宽度至少应为_____。

18. Visual FoxPro 支持两类索引文件，即_____和_____。

19．数据库表之间的一对多联系通过主表的＿＿＿＿＿索引和子表的＿＿＿＿＿索引实现。

二、思考题

1．表是 Visual FoxPro 数据库管理所有操作的基础，它由什么组成？

2．在 Visual FoxPro 中，表的创建有 3 种方法，分别是什么？

3．在 Visual FoxPro 中，删除表中的记录分为哪两种方法？

4．对于已经建好的表结构，常常因为各种原因，需要对其结构进行修改，这称为定制表，简单叙述定制表的方法和种类。

5．简述索引的概念，Visual FoxPro 中的索引分为哪几种方法？

6．简述数据库的基本概念，建立数据库后，在磁盘上会生成文件名相同但扩展名不同的 3 种文件，它们分别是什么？

7．通过项目管理器删除数据库时，移去和删除分别表示什么意思？

8．在 Visual FoxPro 中，表可以有两种存在方式，请说出它们之间的区别是什么？

第 5 章　结构化查询语言 SQL

本章要点

✧　熟悉 SQL 语句的基本结构，理解查询功能、操纵功能和定义功能的作用
✧　掌握 SQL 查询语句格式
✧　熟练掌握 SQL 简单查询和连接查询
✧　理解嵌套查询的概念，掌握 SQL 嵌套查询的语句格式及使用
✧　理解分组与计算查询的方法
✧　了解表的删除方法和表结构的修改方法

5.1　SQL 概述

SQL（structured query language）是关系数据库的标准化语言。Visual FoxPro 支持 8 种 SQL 语句，其中用于数据查询的 SQL-SELECT 最为常用。

SQL 是一种介于关系代数与关系演算之间的语言，其功能包括查询、操纵、定义和控制 4 个方面，是一个通用的功能极强的关系数据库标准语言。目前，SQL 已被确定为关系数据库系统的国际标准，被绝大多数商品化关系数据库系统采用。

通过使用 SQL 命令，用户可以实现以下功能。

① 建立数据库的表格。
② 改变数据库系统的环境设置。
③ 针对某个数据库或表格，授予用户存取权限。
④ 对数据库表格建立索引值。
⑤ 修改数据库表格结构。
⑥ 对数据库进行数据的新建。
⑦ 对数据库进行数据的删除。
⑧ 对数据库进行数据的修改。
⑨ 对数据库进行数据的查询。

1．SQL 的发展历程

SQL 是 1974 年提出的，最初是 IBM 的圣约瑟研究实验室为其关系数据库管理系统 SYSTEMR 开发的一种查询语言，它的前身是 SQUARE 语言。SQL 结构简洁、功能强大、简单易学，所以自从 IBM 公司 1981 年推出 SQL 以来，它得到了广泛的应用。目前，无论是像 Oracle、Sybase、Informix、SQL Server 这些大型的数据库管理系统，还是像 Visual FoxPro、PowerBuilder 这些 PC 上常用的数据库开发系统，都支持 SQL 作为查询语言。1986 年 10 月，美国国家标准学会（ANSI）的数据库委员会批准了 SQL 作为关系数据库语言的美国标准。1987 年 6 月，国际标准化组织（ISO）将其采纳为国际标准。

2．SQL 的特点

（1）非过程化语言

SQL 是一个非过程化语言，因为它一次处理一个记录，对数据提供自动导航。SQL 允许用户在高层的数据结构上工作，而不对单个记录进行操作。SQL 的集合特性允许一条 SQL 语句的结果作为另一条 SQL 语句的输入。SQL 不要求用户指定对数据的存放方法。这种特性使用户更易集中精力于要得到的结果。

（2）统一的语言

SQL 可用于所有用户的 DB 活动模型，包括系统管理员、数据库管理员、应用程序员、决策支持系统人员及许多其他类型的终端用户。基本的 SQL 命令只需很少时间就能学会，最高级的命令在几天内便可掌握。以前的数据库管理系统为上述各类操作提供单独的语言，而 SQL 将全部任务统一在一种语言中。

（3）所有关系数据库的公共语言

由于所有主要的关系数据库管理系统都支持 SQL，用户可将使用 SQL 的技能从一个 DBMS 转到另一个 DBMS。所有用 SQL 编写的程序都是可以移植的。

5.2　SQL 的数据查询功能

SQL 中最常用的功能是从数据库中获取数据。从数据库中获取数据称为数据查询，它是 SQL 的核心。

5.2.1　SELECT 命令的格式

SQL-SELECT 命令较为完整的语句格式如下：

SELECT［ALL | DISTINCT］［TOP<数值表达式>［PERCENT］］

［别名］<SELECT 表达式>［AS<列名>］

FROM［<数据库名>!］<表名>［<本地名>］

［INNER | LEFT［OUTER］| RIGHT［OUTER］| FULL［OUTER］JOIN

　　[<数据库名>!] <表名> [<本地名>] [ON<连接条件>…]

　　[[INTO<目标>] [TO FILE<文件名> [ADDITIVE] | TO PRINTER [PROMPT]]
TO SCREEN]]

　　[WHERE<连接条件> [AND<连接条件>…]

　　[AND | OR<筛选条件> [AND | OR<连接条件>…]]]

　　[GROUP BY<分组表达式> [,<分组表达式>…]] [HAVING<筛选条件>]

　　[ORDER BY<关键字表达式>[ASC | DESC][,<关键字表达式>[ASC | DESC]…]]

1. SELECT 子句

① ALL 表示查询结果是表中的所有记录；DISTINCT 表示对表中的所有记录进行查询时排除重复的记录，即只输出第一条。

② 在 [<别名>] <SELECT 表达式> [AS<列名>] 中，<SELECT 表达式>可以是字段名，也可以包含用户自定义函数和如表 5-1 所示的系统函数。<别名>是字段所在的表名，用于指定输出时使用的列标题，可以不同于字段名。

表 5-1　<SELECT 表达式>中可用的系统函数

函　　数	功　　能
AVG（<SELECT 表达式>）	求<SELECT 表达式>值的平均值
COUNT（<SELECT 表达式>）	统计记录个数
MIN（<SELECT 表达式>）	求<SELECT 表达式>值中的最小值
MAX（<SELECT 表达式>）	求<SELECT 表达式>值中的最大值
SUM（<SELECT 表达式>）	求<SELECT 表达式>值的和

③ 当<SELECT 表达式>中包含上述函数时，输出行数不一定与表的记录相同。

例如，以下语句的结果只显示一条记录，表示高等数学课程的平均成绩：

```
SELECT 课程号,AVG(成绩) AS 高等数学平均成绩 FROM CJB  WHERE 课程号="B102"
```

④ <SELECT 表达式>可用一个*号表示，此时表示所有的字段。

例如，显示女生的所有字段信息，可使用以下语句代码：

```
SELECT * FROM XSMD WHERE 性别="女"
```

2. FROM 子句及其选项

用于指定查询的表与连接类型。

① 选择工作区与打开<表名>所指的表均由用户指定。对于非当前数据库，用[<数据库名>!]<表名>命令来指定该数据库中的表。<本地名>是表的暂用名，确定本地名后，本命令中该表只可使用这个名字。

② JOIN 关键字用于连接其左右两个<表名>所指的表。

③ ON<连接条件>子句用于指定连接条件，<连接条件>通常为字段。

④ INNER | LEFT [OUTER] | RIGHT [OUTER] | FULL [OUTER] 选项用于

指定两表连接时的 4 种连接类型，默认选项为内部连接，如表 5-2 所示。

表 5-2 连接类型

连接类型	意　义
INNER JOIN（内部连接）	只有满足连接条件的记录包含在结果中
LEFT [OUTER] JOIN（左连接）	左表某记录与右表所有记录比较字段值，若有满足连接条件的，则产生一个真实值记录；若都不满足，则产生一个含.NULL.值的记录，直到右表的所有记录都比较完
RIGHT [OUTER] JOIN（右连接）	右表某记录的字段值与左表所有记录的字段值比较，若有满足连接条件的，则产生一个真实值记录；若都不满足，则产生一个含.NULL.值的记录，直到左表所有记录都比较完
FULL [OUTER] JOIN（完全连接）	先按右连接比较字段值，再按左连接比较字段值，不列入重复记录

⑤ OUTER 选项表示外部连接，指查询结果包括满足连接条件的记录，也包括不满足连接条件的记录，省略 OUTER 选项表示外部连接。

例如，以下两个 SELECT 语句功能相同：

```
SELECT XSMD.学号,姓名,课程号,成绩 FROM XSMD LEFT;
JOIN CJB ON XSMD.学号=CJB.学号              &&左连接
SELECT XSMD.学号,姓名,课程号,成绩 FROM XSMD LEFT;
OUTER JOIN CJB ON XSMD.学号=CJB.学号        &&左连接
```

3. INTO 与 TO 子句

用于指定查询结果的输出去向，默认查询结果在浏览窗口中显示。

① INTO 子句中的<目标>可以有 3 种选项，如表 5-3 所示。

表 5-3 INTO 子句的目标选项

目　标	输出形式
ARRAY<数组名>	将查询结果输出到数组
CURSOR<临时表名>	将查询结果输出到临时表
DBF<表名>	将查询结果输出到表

② TO 子句中的<目标>可以有 3 种选项，如表 5-4 所示。

表 5-4 TO 子句的目标选项

目　标	输出形式
TO FILE<文件名>	输出到指定的文本文件，若文件存在，则覆盖原文件内容。ADDITIVE 表示只添加新数据，不清除原文件的内容
TO PRINTER [PROMPT]	输出到打印机，PROMPT 表示打印前先显示打印确认框
TO SCREEN	输出到屏幕

4. WHERE 子句

表示连接条件或筛选条件。若已用 JOIN ON 子句指定了连接条件，则在 WHERE 子句中只能指定筛选条件，表示在已按连接条件产生的记录中筛选记录。若省略 JOIN ON 子句，则可用 WHERE 子句指定连接条件和筛选条件。

5. GROUP BY<分组表达式>子句

对记录按<分组表达式>值分组，常用于分组统计。

6. HAVING 子句

当含有 GROUP BY 子句时，HAVING 子句用于指定对同组记录的筛选条件；若无 GROUP BY 子句时，HAVING 子句的作用与 WHERE 子句的作用相同。

例如，统计男女学生的平均录取分，可使用以下语句代码实现：

```
SELECT 性别,AVG(录取分) AS 平均录取分 FROM XSMD GROUP BY 性别
```

7. ORDER BY<表达式>子句

指定查询结果中的记录按<表达式>排序，默认为升序。<表达式>只能是字段，或表示查询结果中列位置的数字。选项 ASC 表示升序，DESC 表示降序。

8. TOP 子句

TOP 子句必须与 ORDER BY 子句同时使用。<数值表达式>表示在符合条件的记录中选取的记录数，取值范围为 1～32 767，排序后并列的若干记录只计一个。含 PERCENT 选项时，<数值表达式>表示百分比，记录数为小数时自动取整，取值范围为 0.01～99.99。

5.2.2 SQL-SELECT 命令查询示例

SQL-SELECT 命令既可用于单表查询，也可用于多表查询。SQL-SELECT 命令的完整格式看似很复杂，其实它的基本形式可以被看成由 SELECT…FROM…WHERE 查询块组成，多个查询块可以嵌套执行。使用 SELECT…FROM…WHERE 的结构，再灵活地辅以 GROUP BY、ORDER BY、HAVING、TO 和 INTO 等子句，就能方便地实现用途广泛的各种查询，并将结果输出到不同的目标。下面举例说明其用法。为便于大家对书本前后内容的联系、对照和比较，本章例题全部基于教学档案数据库 JXDA 及其中的表 XSMD、CJB 和 XKB（见表 4-1～表 4-3）。

1. 单表查询

【例 5-1】 从 XSMD 表中查询所有男生的录取分，并显示其学号、性别、原籍、录取分字段。

在【命令】窗口中输入以下命令语句，运行结果如图 5-1 所示。

```
SELECT 学号,性别,原籍,录取分 FROM XSMD
WHERE 性别="男"
```

【例 5-2】 从 CJB 表中查询所有学生的全部成绩。

在【命令】窗口中输入命令：

```
SELECT 学号,成绩 FROM CJB
```

图 5-1 【例 5-1】的运行结果

执行结果如图 5-2（左）所示。

如果添加 DISTINCT 短语，则去掉查询结果中的重复值，即执行命令：

```
SELECT 学号,成绩 DISTINCT FROM CJB
```

执行结果如图 5-2（右）所示。其中，学号为 08006 的学生，有两门课成绩都是 84 分，只显示第一个 84 分的记录；学号为 08007 的学生，有两门课成绩都是 89 分，只显示第一个 89 分的记录。显而易见，这里造成了数据的丢失，是不利的。但在有些情况下，排除重复记录可能是用户所希望的结果，应根据具体情况灵活运用“DISTINCT”选项。

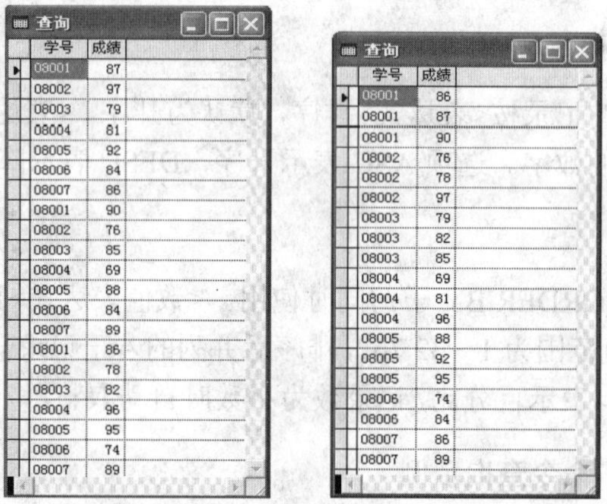

学号	成绩
08001	87
08002	97
08003	79
08004	81
08005	92
08006	84
08007	86
08001	90
08002	76
08003	85
08004	69
08005	88
08006	84
08007	89
08001	86
08002	78
08003	82
08004	96
08005	95
08006	74
08007	89

学号	成绩
08001	86
08001	87
08001	90
08002	76
08002	78
08002	97
08003	79
08003	82
08003	85
08004	69
08004	81
08004	96
08005	88
08005	92
08005	95
08006	74
08006	84
08007	86
08007	89

图 5-2 【例 5-2】的运行结果

【例 5-3】 从 XSMD 表中查询 1989 年 12 月 31 日以前出生的女生的信息。

在【命令】窗口中输入命令：

```
SELECT * FROM XSMD WHERE 出生日期<{^1989-12-31} AND 性别="女"
```

其中“*”是通配符，表示所有字段，结果如图 5-3 所示。本命令等同于：

```
SELECT 学号,姓名,性别,原籍,国防生否,出生日期,录取分,照片,备注;
FROM XSMD WHERE 出生日期<{^1989-12-31} AND 性别="女"
```

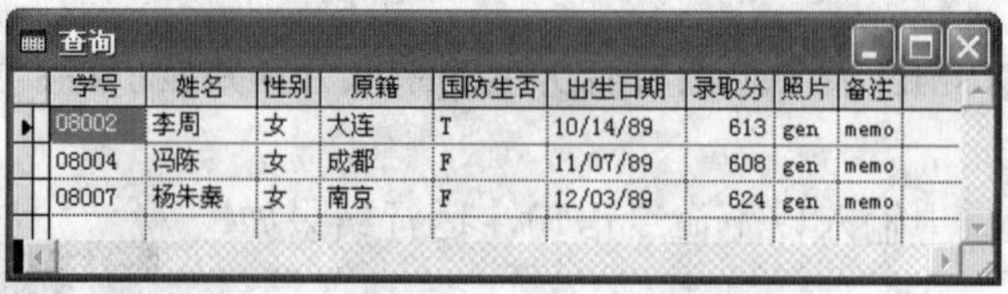

学号	姓名	性别	原籍	国防生否	出生日期	录取分	照片	备注
08002	李周	女	大连	T	10/14/89	613	gen	memo
08004	冯陈	女	成都	F	11/07/89	608	gen	memo
08007	杨朱秦	女	南京	F	12/03/89	624	gen	memo

图 5-3 【例 5-3】的运行结果

另外，【例 5-1】～【例 5-3】的命令中不带 TO，INTO 子句，查询结果默认在浏览窗口显示。

【例 5-4】 查询男、女生入学时录取的平均分。

在【命令】窗口中输入命令：

```
SELECT 性别,AVG(录取分) AS 录取平均分 FROM XSMD GROUP BY 性别
```

本例按照性别分组，性别只有两种值，因此查询结果只有两条记录。本例使用了系统函数 AVG( )对录取分字段求平均值。运行结果如图 5-4 所示。

【例 5-5】 从 XSMD 表中查询所有学生的姓名、年龄，并按年龄降序显示结果。

在【命令】窗口中输入命令：

```
SELECT 姓名,YEAR(DATE())-YEAR(出生日期) AS 年龄;
FROM XSMD ORDER BY 年龄 DESC
```

注意：表中没有“年龄”字段，年龄是利用出生日期计算得到的，并用 AS 子句将计算结果命名为年龄。命令的运行结果如图 5-5 所示。

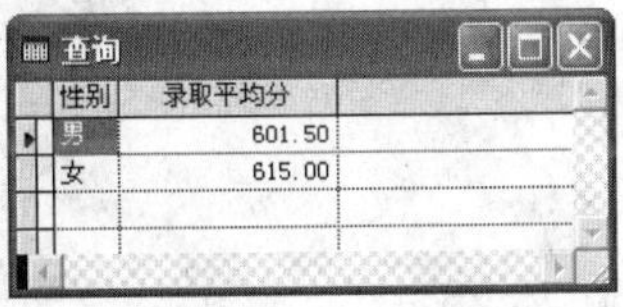

性别	录取平均分
男	601.50
女	615.00

图 5-4　【例 5-4】的运行结果

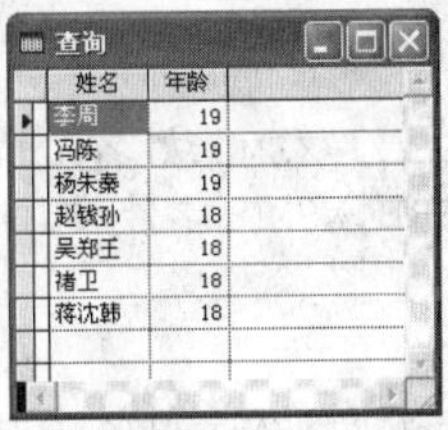

姓名	年龄
李周	19
冯陈	19
杨朱秦	19
赵钱孙	18
吴郑王	18
褚卫	18
蒋沈韩	18

图 5-5　【例 5-5】的运行结果

【例 5-6】 查询 CJB 表，显示前 10 条记录的查询结果，并按成绩升序显示结果。

在【命令】窗口中输入以下命令：

```
SELECT * TOP 10 FROM CJB ORDER BY 成绩 ASC
```

查询结果如图 5-6 所示。

同样查询 CJB 表，但显示前 20%的查询结果，在【命令】窗口中输入以下命令：

```
SELECT * TOP 20 PERCENT FROM CJB ORDER BY 成绩 ASC
```

查询结果如图 5-7 所示。

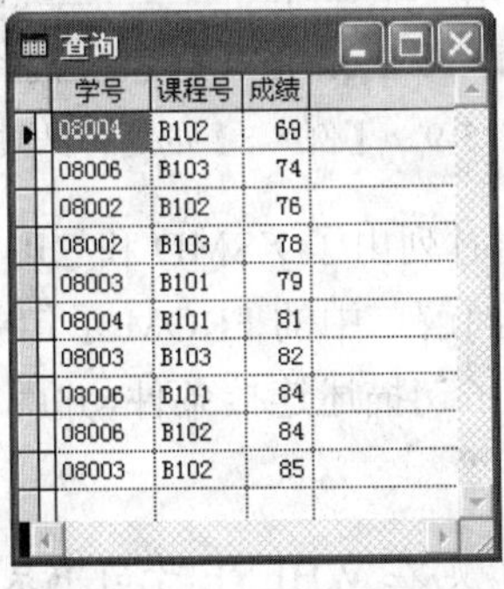

学号	课程号	成绩
08004	B102	69
08006	B103	74
08002	B102	76
08002	B103	78
08003	B101	79
08004	B101	81
08003	B103	82
08006	B101	84
08006	B102	84
08003	B102	85

图 5-6　显示前 10 条记录

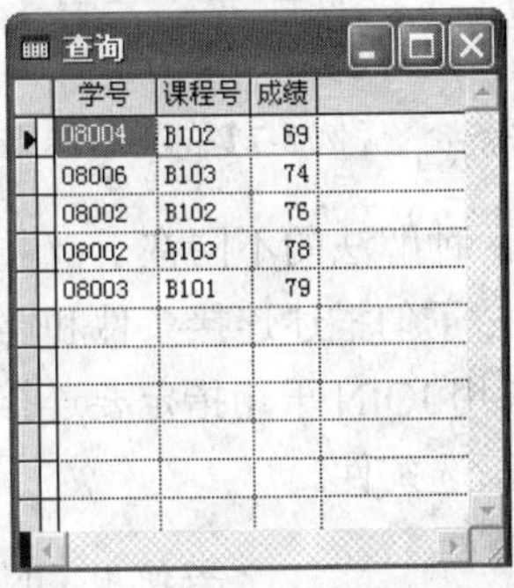

学号	课程号	成绩
08004	B102	69
08006	B103	74
08002	B102	76
08002	B103	78
08003	B101	79

图 5-7　显示前 20%记录

2. 多表查询

SQL-SELECT 命令也支持多表查询，能在一次查询中检索几个工作区中的表数据。在实现多表查询时，通常通过公共字段将若干个表两两“连接”起来，使它们能像一个

表那样被检索，故多表查询也称为连接查询。

【例 5-7】 查询指定姓名学生的课程名、成绩。

在【命令】窗口中输入命令：

```
SELECT 姓名,课程名,成绩 FROM XSMD,CJB,XKB WHERE;
(XSMD.学号=CJB.学号)AND(CJB.课程号=XKB.课程号)AND(姓名="褚卫")
```

命令的运行结果如图 5-8 所示。

【例 5-8】 查询所有男生的姓名和各科成绩。

姓名可以从 XSMD 表中查得，而各科成绩只能从 CJB 表中查得，因此本例涉及 XSMD 和 CJB 两个表，它们的公共字段是“学号”。

解一：

```
SELECT XSMD.姓名,CJB.课程号,CJB.成绩 FROM XSMD,CJB;
WHERE XSMD.学号=CJB.学号 AND XSMD.性别="男"
```

解二：

```
SELECT XSMD.姓名,CJB.课程号,CJB.成绩 FROM XSMD;
INNER JOIN CJB ON XSMD.学号=CJB.学号 WHERE XSMD.性别="男"
```

两条语句的查询结果相同，如图 5-9 所示。

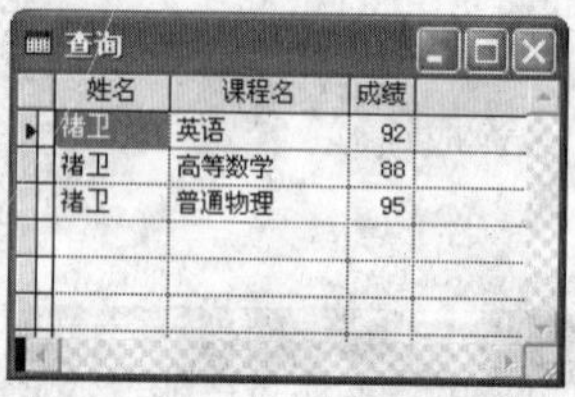

查询

姓名	课程名	成绩
褚卫	英语	92
褚卫	高等数学	88
褚卫	普通物理	95

图 5-8 【例 5-7】的运行结果

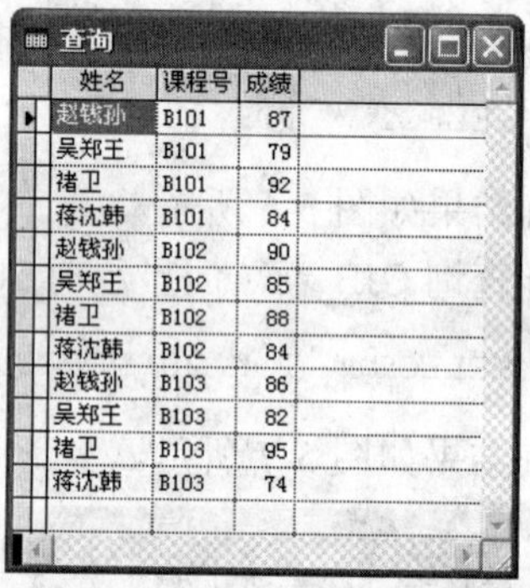

查询

姓名	课程号	成绩
赵钱孙	B101	87
吴郑王	B101	79
褚卫	B101	92
蒋沈韩	B101	84
赵钱孙	B102	90
吴郑王	B102	85
褚卫	B102	88
蒋沈韩	B102	84
赵钱孙	B103	86
吴郑王	B103	82
褚卫	B103	95
蒋沈韩	B103	74

图 5-9 【例 5-8】的运行结果

以上两种解法的不同在于：解一中的 FROM 子句同时列出了 XSMD 和 CJB 两个表，用 WHERE 子句描述连接条件和筛选条件（“男生”）；而解二中的 FROM 子句中只指定 XSMD 表，用 JOIN 子句指定要连接的 CJB 表，再用 ON 子句描述连接条件，并用 WHERE 子句指定筛选条件。

小提示 若使用 ON 子句描述连接条件，则在 WHERE 子句中只能指定筛选条件。

3. 嵌套查询

嵌套查询把一个查询的结果（称为子查询）作为查询的数据源。在嵌套查询中，子查询的结果往往是一个集合，所以谓词 IN 是嵌套查询中最经常使用的谓词。Visual FoxPro 只支持两层查询，即内层查询块和外层查询块，不支持 SQL 的多层嵌套查询。下面分别讨论带有 IN 谓词的子查询。

【例 5-9】　查询录取分在 610 分以上的女生，入学后所修各门课程的成绩。

先分步完成此查询，然后再构造嵌套查询。

单独查询录取分在 610 分以上的女生的学号。在【命令】窗口中输入命令：

```
SELECT 学号 FROM XSMD WHERE (性别="女") AND (录取分>610)
```

查询结果如图 5-10 所示。

单独查询符合"录取分在 610 分以上的女生的学号"所对应的各门课程的成绩。在【命令】窗口中输入命令：

```
SELECT * FROM CJB WHERE 学号="08002" OR 学号="08007"
```

查询结果如图 5-11 所示。

将第一步查询嵌入到第二步查询的条件中，构造嵌套查询，SQL 语句如下：

```
SELECT * FROM CJB WHERE 学号 IN(SELECT;
  学号 FROM XSMD WHERE (性别="女") AND (录取分>610))
```

嵌套查询结果如图 5-11 所示。

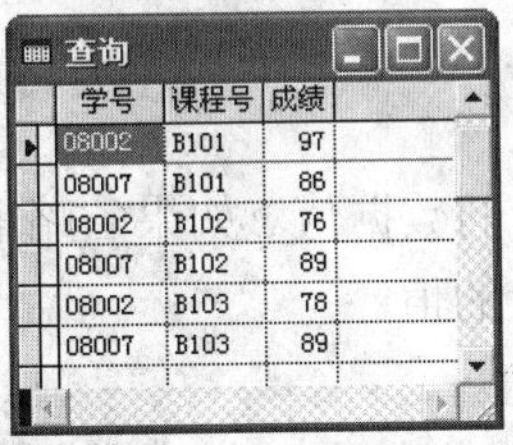

图 5-10　查询学号

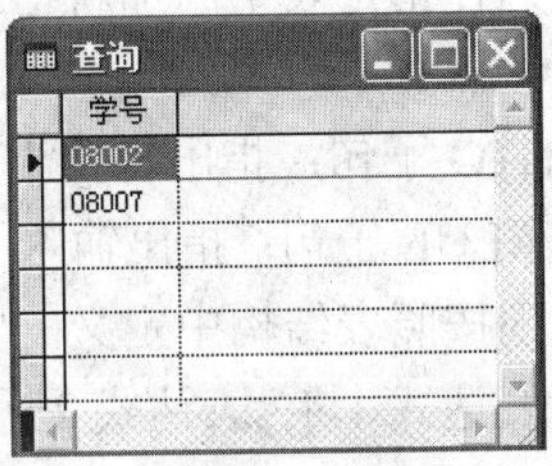

图 5-11　查询成绩

4．联合查询

在 SQL 中可以将两个或多个查询结果进行并操作（UNION）。需要注意的是，两个查询结果进行并操作时，它们必须具有相同的列数，并且对应的列有相同的数据类型和长度（对应的列名可以不同）。UNION 运算自动去掉重复记录。

【例 5-10】　查询 XSMD 表中，女生和非国防生这两类学生的学号、姓名、原籍、性别和是否国防生。

在【命令】窗口中输入命令：

```
SELECT 学号,姓名,原籍,性别,国防生否 FROM XSMD WHERE 性别="女" UNION;
SELECT 学号,姓名,原籍,性别,国防生否 FROM XSMD WHERE 国防生否=.F.
```

联合查询结果如图 5-12 所示。

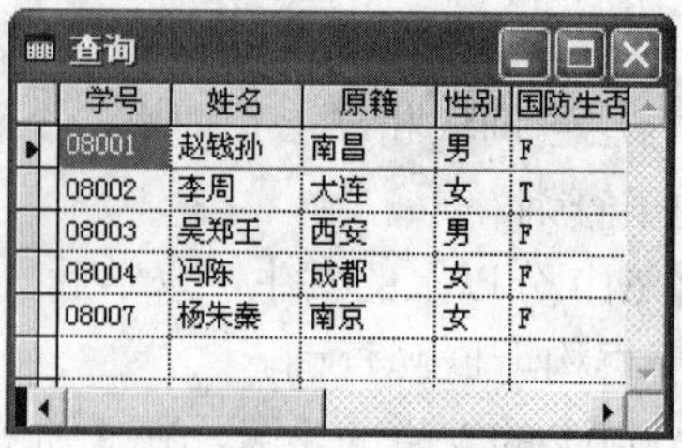

学号	姓名	原籍	性别	国防生否
08001	赵钱孙	南昌	男	F
08002	李周	大连	女	T
08003	吴郑王	西安	男	F
08004	冯陈	成都	女	F
08007	杨朱秦	南京	女	F

图 5-12　联合查询结果

5.3　SQL 的数据操纵功能

实现数据操纵功能的 SQL 命令包括 INSERT、UPDATE 和 DELETE 共 3 种命令。

5.3.1　INSERT 命令

INSERT 命令用于在一个表中添加新记录，然后给新记录的字段赋值。

格式：INSERT INTO <表文件名>[<字段名 1>[,<字段名 2>]…]VALUES（<表达式 1> [,<表达式 2>…]）

功能：在指定表中添加新记录，然后给新记录的字段赋值。

说明：

① INTO 子句：指出将要添加新记录的表名。

② VALUE 子句：指出输入到新记录的指定字段中的数据值。如果省略前面的字段名列表，则按照表结构中定义的顺序依次指定每个字段的值。

③ <表达式 1>[,<表达式 2>…]：给出具体的记录值。

【例 5-11】 用 INSERT 命令向 CJB 表中插入一条学号为“08008”的新记录。

在【命令】窗口中输入命令：

```
INSERT INTO CJB VALUES("08008","B101",88)
BROWSE
```

运行结果如图 5-13 所示。

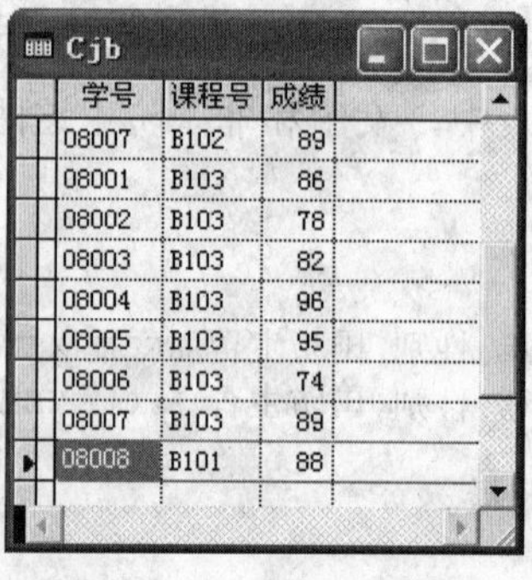

学号	课程号	成绩
08007	B102	89
08001	B103	86
08002	B103	78
08003	B103	82
08004	B103	96
08005	B103	95
08006	B103	74
08007	B103	89
08008	B101	88

图 5-13　向表中插入新记录

5.3.2　UPDATE 命令

UPDATE 命令是用新的值更新表中的记录。

格式：UPDATE[<数据库名！>]<表文件名>SET<列名 1>=<表达式 1> [,<列名 2>=<表达式 2>]…] [WHERE<条件 1>[AND|OR<条件 2>]…]

功能：按指定条件在指定表中更新记录或记录中的字段。

说明：

① UPDATE 子句：指出进行记录更新的表名称。

② SET 子句：指出将被更新的列及它们的新值。

③ WHERE 子句：指出用新值更新记录的条件。如果省略 WHERE 子句，则该列中的每一行均用同一个值进行更新。

【例 5-12】 用 UPDATE 命令修改 XSMD2 表中姓“杨”的学生录取分为 700 分。

在【命令】窗口中输入命令：

```
UPDATE XSMD2 SET 录取分=700 WHERE SUBSTR(姓名,1,2)="杨"
BROWSE
```

运行结果如图 5-14 所示。

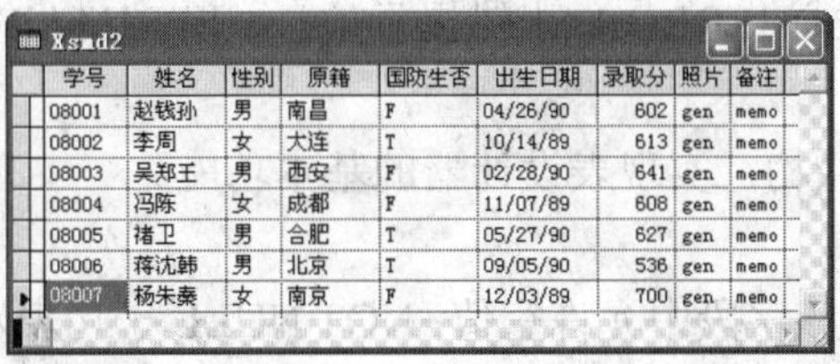

学号	姓名	性别	原籍	国防生否	出生日期	录取分	照片	备注
08001	赵钱孙	男	南昌	F	04/26/90	602	gen	memo
08002	李周	女	大连	T	10/14/89	613	gen	memo
08003	吴郑王	男	西安	F	02/28/90	641	gen	memo
08004	冯陈	女	成都	F	11/07/89	608	gen	memo
08005	褚卫	男	合肥	T	05/27/90	627	gen	memo
08006	蒋沈韩	男	北京	T	09/05/90	536	gen	memo
08007	杨朱秦	女	南京	F	12/03/89	700	gen	memo

图 5-14　更新表记录

5.3.3　DELETE 命令

DELETE 命令用于给记录加删除标志。

格式：DELETE FROM [<数据库名！>]<表文件名>[WHERE<条件 1>[AND|OR<条件 2>]…]

功能：在指定表中给符合条件的记录加删除标志，实现逻辑删除。

说明：

① FROM 子句：用于指定将要给记录加删除标志的表名称。

② WHERE 子句：指出删除记录的条件。

③ <条件 1>[AND|OR<条件 2>]…：是一个过滤条件。即只有满足这个条件的记录才允许加删除标志。可以用 AND 和 OR 运算符连接任意多的条件表达式。

【例 5-13】 用 DELETE 命令，在 XSMD2 中删除学号为“08003”和“08005”学生的记录。

在【命令】窗口中输入命令：

```
DELETE FROM XSMD2 WHERE 学号="08003" OR 学号="08005"
BROWSE
```

运行结果如图 5-15 所示。

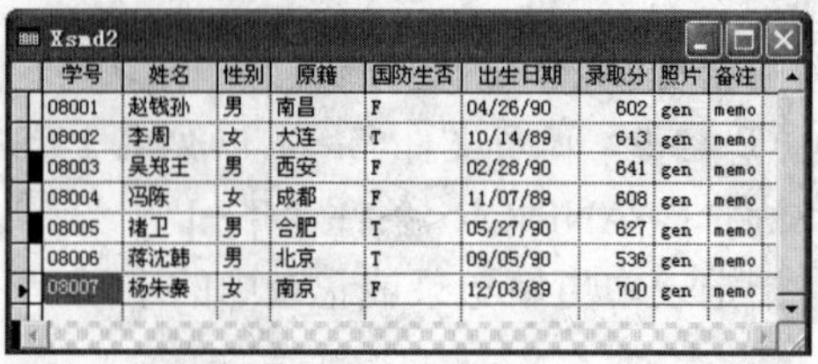

Xsmd2

学号	姓名	性别	原籍	国防生否	出生日期	录取分	照片	备注
08001	赵钱孙	男	南昌	F	04/26/90	602	gen	memo
08002	李周	女	大连	T	10/14/89	613	gen	memo
08003	吴郑王	男	西安	F	02/28/90	641	gen	memo
08004	冯陈	女	成都	F	11/07/89	608	gen	memo
08005	褚卫	男	合肥	T	05/27/90	627	gen	memo
08006	蒋沈韩	男	北京	T	09/05/90	536	gen	memo
08007	杨朱秦	女	南京	F	12/03/89	700	gen	memo

图 5-15　给记录加删除标记

5.4　SQL 的数据定义功能

5.4.1　基本表的定义

简化的建立表结构的 SQL 语句格式如下：

CREATE TABLE | DBF <表名>(<字段名 1> <字段类型>
([<字段宽度>[,<字段精度>]]) [NULL|NOT NULL]
[CHECK<逻辑表达式>[ERROR<出错提示信息>]][PRIMARY KEY|UNIQUE]]
[,<字段名 2>…])

功能：定义数据表结构，实现表设计器的基本功能。

说明：

① NULL 子句表示该字段中允许空值；NOT NULL 子句表示该字段中不允许空值。

② CHECK 子句：指出字段的有效性规则。

③ ERROR 子句：指出字段有效性规则产生一个错误时，显示的出错提示信息。

④ PRIMARY KEY 子句：指出按这个字段建立一个主索引。

⑤ UNIQUE 子句：指出按这个字段建立一个候选索引。

【例 5-14】 用 CREATE TABLE 命令建立一个表名为 JSHMC（教师花名册），并显示其结构。

在【命令】窗口中输入命令：

```
OPEN DATABASE JXDA
CREATE TABLE JSHMC (序号 C (4) PRIMARY KEY,姓名 C (8),出生日期 D,籍贯 C
(8))
USE JSHMC
LIST STRUCTURE
```

命令执行结果如图 5-16 所示。

字段	字段名	类型	宽度	小数位	索引	排序	Nulls
1	序号	字符型	4		升序	PINYIN	否
2	姓名	字符型	8				否
3	出生日期	日期型	8				否
4	籍贯	字符型	8				否

图 5-16　【例 5-14】的运行结果

5.4.2　表结构的修改

简化的修改表结构的 SQL 语句格式如下：

ALTER TABLE <表名>[ADD|ALTER[COLUMN]<字段名 1> <字段类型>

（[<字段宽度>[，<字段精度>]]）[NULL|NOT NULL][DROP[COLUMN]<字段名 2>]

[RENAME COLUMN <字段名 3>TO<字段名 4>]

功能：修改指定表的名称、字段类型、字段宽度、字段精度、默认值以及添加、删除字段和对字段重新命名。

说明：

① <表名>：指出要修改的表的名称。

② ADD [COLUMN]<字段名 1>子句：表示添加新字段。

③ ALTER[COLUMN]<字段名 1>子句：表示修改已存在字段的数据类型。

④ DROP[COLUMN]<字段名 2>子句：表示删除指定的字段。

⑤ RENAME COLUMN<字段名 3>TO<字段名 4>子句：表示对字段进行重新更名。

【例 5-15】　修改 JSHMC（教师花名册）表中"籍贯"字段的数据宽度，由"8"改为"10"，并显示其结构。

在【命令】窗口中输入命令：

```
ALTER TABLE JSHMC ALTER 籍贯 C(10)
LIST STRUCTURE
```

命令执行结果如图 5-17 所示。

字段	字段名	类型	宽度	小数位	索引	排序	Nulls
1	序号	字符型	4		升序	PINYIN	否
2	姓名	字符型	8				否
3	出生日期	日期型	8				否
4	籍贯	字符型	10				否

图 5-17　【例 5-15】的运行结果

【例 5-16】　在 JSHMC 表中添加两个新字段："部门"和"职称"，并显示其结构。

在【命令】窗口中输入命令：

```
ALTER TABLE JSHMC ADD 部门 C(12)
ALTER TABLE JSHMC ADD 职称 C(6)
LIST STRU
```

命令执行结果如图 5-18 所示。

字段	字段名	类型	宽度	小数位	索引	排序	Nulls
1	序号	字符型	4		升序	PINYIN	否
2	姓名	字符型	8				否
3	出生日期	日期型	8				否
4	籍贯	字符型	10				否
5	部门	字符型	12				否
6	职称	字符型	6				否

图 5-18　【例 5-16】的运行结果

【例 5-17】　在 JSHMC 表中删除"部门"字段，并显示其结构。

在【命令】窗口中输入命令：

```
ALTER TABLE JSHMC DROP COLUMN 部门
LIST STRU
```

命令执行结果如图 5-19 所示。

```
字段  字段名    类型        宽度   小数位   索引   排序      Nulls
 1   序号      字符型        4            升序   PINYIN     否
 2   姓名      字符型        8                              否
 3   出生日期   日期型        8                              否
 4   籍贯      字符型       10                              否
 5   职称      字符型        6                              否
```

图 5-19　【例 5-17】的运行结果

5.4.3　表的删除

格式：DROP TABLE <表名>

功能：直接从磁盘上删除表名所对应的 dbf 文件。

说明：<表名>指出要删除的表的名称。

小提示　　执行 DROP TABLE 命令应在当前数据库下，否则将只从磁盘上删除表文件，但该表在数据库文件中的信息并没有删除，以后会出现错误提示。如果要删除数据库中的表，最好先打开该数据库，在当前数据库中进行操作。

5.5　习　　题

一、单选题

1. SQL 的数据操作语句不包括_____。
   A. INSERT　　　　　　　B. UPDATE
   C. DELETE　　　　　　　D. CHANGE

2. SQL 语句中条件短语的关键字是_____。
   A. WHERE　　　　　　　B. FOR
   C. WHILE　　　　　　　D. CONDITION

3. 要在浏览窗口中显示表 js.dbf 中所有"教授"和"副教授"的记录，下列命令中错误的是_____。
   A. USE js BROWSE FOR 职称="教授" AND 职称="副教授"
   B. SELECT * FROM js WHERE "教授"$职称
   C. SELECT * FROM js WHERE 职称 IN（"教授","副教授"）
   D. SELECT * FROM js WHERE 职称="教授" OR 职称="副教授"

4. SQL 语句中修改表结构的命令是_____。

    A．MODIFY TABLE   B．MODIFY STRUCTURE

    C．ALTER TABLE   D．ALTER STRUCTURE

5. SQL 语句中删除表的命令是_____。

    A．DROP TABLE   B．DELETE TABLE

    C．ERASE TABLE   D．DELETE DBF

6. 在 SQL 中，建立视图用_____。

    A．CREATE SCHEMA 命令   B．CREATE TABLE 命令

    C．CREATE VIEW 命令   D．CREATE INDEX 命令

7. 不属于数据定义功能的 SQL 语句是_____。

    A．CREATE TABLE   B．CREATE CURSOR

    C．UPDATE   D．ALTER TABLE

8. 关于 INSERT 语句描述正确的是_____。

    A．可以向表中插入若干条记录   B．在表中任何位置插入一条记录

    C．在表尾插入一条记录   D．在表头插入一条记录

9. UPDATE 语句的功能是_____。

    A．属于数据定义功能   B．属于数据查询功能

    C．可以修改表中某些列的属性   D．可以修改表中某些列的内容

10. 有一个表文件"图书.dbf"，其内容如表 5-5 所示。

表 5-5　表文件"图书.dbf"

记　录　号	总　编　号	书　　　名	出版单位	单价/元
1	2113388	高等数学	清华大学出版社	24.00
2	4345012	数据库导论	科学出版社	27.90
3	2232211	计算机基础	高等教育出版社	23.00
4	4265544	VB 6.0	电子工业出版社	28.60
5	2356788	操作系统原理	电子工业出版社	25.00
6	4556728	操作系统概论	高等教育出版社	21.00
7	7345666	计算机网络	清华大学出版社	37.00
8	8245682	计算机原理	高等教育出版社	25.00

请问运行下列程序时，在屏幕显示的结果是_____。

```
USE 图书
UPDATE 图书 SET 单价=单价+5 WHERE 出版单位="科学出版社"
SELECT 出版单位,AVG（单价） AS 平均价 FROM 图书;
GROUP BY 出版单位 INTO CURSOR lsb
SELECT * FROM lsb WHERE 平均价<30 ORDER BY 平均价;
INOT CURSOR lsb
GO BOTTOM
?LEFT（出版单位,8）
CLOSE DATABASE
```

A. 清华大学出版社　　　　　　　B. 高等教育出版社

C. 电子工业出版社　　　　　　　D. 出错信息

二、填空题

1. 在 Visual FoxPro 中 DELETE 命令是_____删除记录。

2. 在 SQL 语句中空值用_____表示。

3. 在 SELECT 中用于计算检索的函数有 COUNT、_____、SUM、AVG 和 _____。

4. 在 SELECT 语句中，表示条件表达式用 WHERE 子句，分组用_____子句，排序用_____子句。

5. 真正删除当前数据库文件中所有记录的命令是_____。

6. 在使用 DISPLAY 命令显示库文件记录时，若同时省略范围和 FOR…WHILE（条件）时，命令作用是显示_____。

三、思考题

1. SQL 数据库的体系结构具有什么特征？

2. 结构化查询语言由哪几类组成？分别表示什么含义？

第 6 章 查询与视图

本章要点

✧ 掌握查询和视图的概念，比较查询和视图的异同
✧ 掌握用查询设计器和查询向导方式创建查询的步骤
✧ 掌握用视图设计器和视图向导创建本地视图的步骤
✧ 了解用视图更新表的方法

将数据保存在数据库中的目的之一是能够对数据进行快速分析。在 Visual FoxPro 中，数据分析是通过查询实现的。利用 Visual FoxPro 的查询功能，可以从一个或多个表中选择所需的数据，其中，基于多表进行关联查询更有意义。查询只能从表中提取数据，但不能对这些数据进行修改。如果既要查询数据，又要修改数据，可以使用视图。

视图是数据库的一个组成部分，它兼有查询和表的双重特点。像查询一样，可以用来从一个或多个相关联的表中提取有用数据，但视图并不等同于查询，查询不能修改表中的数据，而视图可以修改表中的数据。

在设计表时，一般按主题把数据分解到不同的表中，这样便于管理和提高操作效率。但有时又需要把分散在相关表中的数据通过联接条件收集到一起，构成一个"虚表"（也就是视图）。之所以称为"虚表"，是因为视图中并不保存数据，数据仍存放在导出视图的源数据表中。所以，又把导出视图的源数据表叫做"基表"。

6.1 创 建 查 询

在 Visual FoxPro 中，数据保存在表中。数据库将多个表组织起来，并在表之间建立关系，使这些表在逻辑上成为一个整体。保存数据的目的是为了使用数据和快速查询数据。使用查询功能，可以方便地实现对各种数据的查询。

可使用以下 3 种方法创建查询。

① 使用查询向导：可以按次序交互创建一个查询。通过引导用户回答一系列的问题逐步建立查询。

② 使用查询设计器：可以很方便地交互创建查询和修改已经建立的查询。

③ 直接编写 SQL-SELECT 语句。

不管是用查询向导还是用查询设计器创建查询，其结果都是生成一条 SQL-SELECT 语句，在本质上是 SQL-SELECT 命令的可视化设计方法。

6.1.1　查询设计器

打开查询设计器有下列 3 种方法。

① 打开【项目管理器】，选择【数据】选项卡，单击【查询】命令。

② 单击【文件】|【新建】|【查询】命令，或者单击常用工具栏上的【新建】按钮。

③ 使用 CREATE QUERY 命令。

打开【查询设计器】窗口后，查询设计器界面如图 6-1 所示。

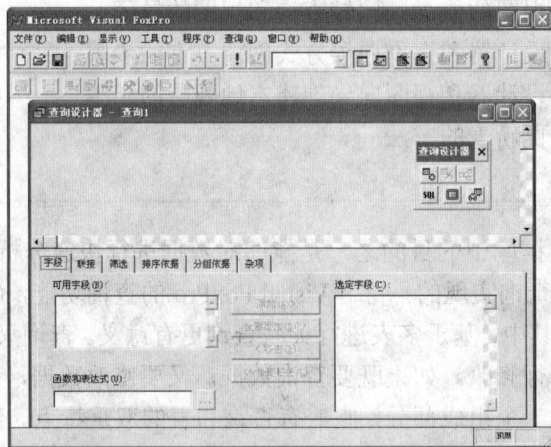

图 6-1　【查询设计器】窗口

在【查询设计器】窗口的右上角同时打开【查询设计器】工具栏。系统还自动增加了一个【查询】主菜单。另外，单击鼠标右键，在弹出的快捷菜单中提供了方便的查询操作命令。

1.　查询设计器介绍

（1）数据环境

【查询设计器】窗口的上半部分为数据环境显示区，用来显示所选择的表或视图，可以用【添加表】按钮🖳或【移去表】按钮🗙向数据环境添加或移去表。如果是多表查询，可在表之间可视化连线建立关系。

（2）字段

在【查询设计器】窗口中，选择【字段】选项卡，在【可用字段】列表框中列出了查询数据环境中选择的数据表的所有字段；在【选定字段】列表框中设置在查询结果中要输出的字段或表达式，其中行的顺序就是查询结果中列的顺序。在【可用字段】和【选定字段】列表之间有 4 个按钮：【添加】、【全部添加】、【移去】和【全部移去】，用于选择或取消选定字段。

【函数和表达式】文本框用来建立查询结果中输出的表达式。可以输入一个表达式，或单击 按钮，打开【表达式生成器】对话框，生成一个表达式，如图 6-2 所示。单击【添加】按钮，表达式就出现在【选定字段】列表框中。还可以给选定的字段或表达式起一个别名，方法是在【函数和表达式】文本框中的字段名或表达式后输入 "AS 别名"，查询结果中就以别名作为该列的标题。

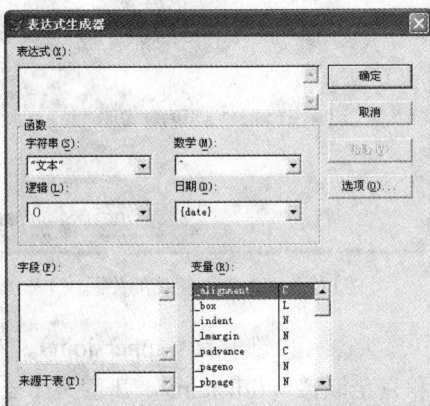

图 6-2 【表达式生成器】对话框

例如，在 XSMD 表中有出生时间字段，为了输出年龄，可以在【函数和表达式】文本框中加入下列表达式：

```
YEAR(DATE())-YEAR(XSMD.出生时间)+1 AS 年龄
```

（3）联接

进行多表查询时，需要把所有有关的表或视图添加到【查询设计器】的数据环境中，并为这些表建立联接。这些表可以是数据表、自由表或视图的任意组合。在打开的【查询设计器】窗口中，添加表 CJB，由于表 XSMD 与 CJB 通过 "学号" 已建立永久关系，当添加表 CJB 之后，上述两表的关系联线便自动生成，如图 6-3 所示。

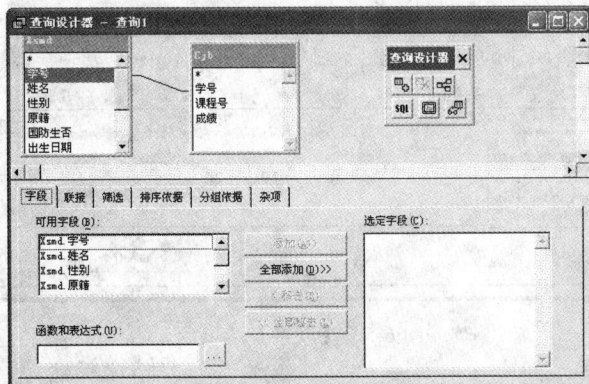

图 6-3 建立表联接

当向查询设计器中添加多个表时，如果新添加的表与已存在的表之间在数据库中已经建立永久性关系，则系统将以该永久性关系作为默认的联接条件。否则，系统会打开【联接条件】对话框，并以两个表的同名字段作为默认的联接条件，如图 6-4 所示。

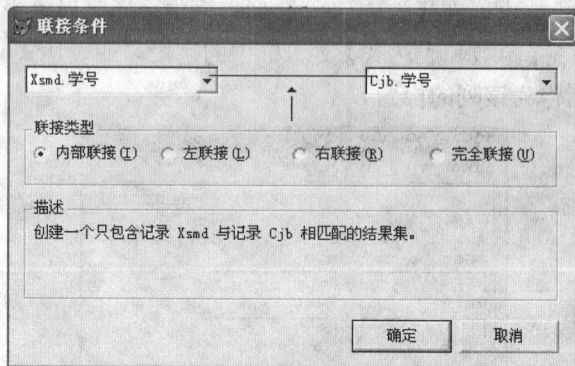

图 6-4　建立多表联接关系

在该对话框中有 4 种联接类型：内部联接（inner join）、左联接（left outer join）、右联接（right outer join）和完全联接（full join），其意义如表 6-1 所示。系统默认的联接类型是"内部联接"，可以在"联接条件"对话框中更改表之间的联接类型。

表 6-1　联接类型

联接类型	说　　明
内部联接	两个表中的字段都满足联接条件，记录才进入查询结果
左联接	联接条件左边的表中的记录都包含在查询结果中，而右边的表中的记录只有满足联接条件时才选入查询结果
右联接	联接条件右边的表中的记录都包含在查询结果中，而左边的表中的记录只有满足联接条件时才选入查询结果
完全联接	两个表中的记录不论是否满足联接条件，都选入查询结果中

两表之间的联接条件也可以通过查询设计器的【联接】选项卡来设置和修改，如图 6-5 所示。

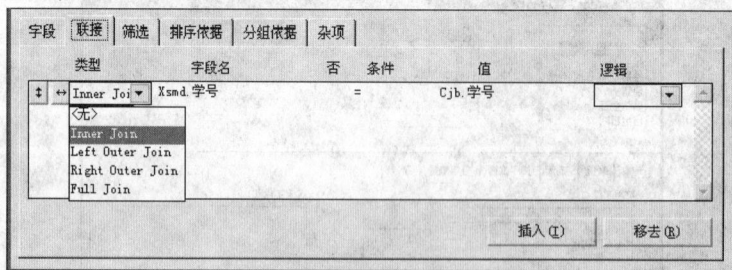

图 6-5　【联接】选项卡

（4）筛选

查询既可以查询所有记录，也可以查询满足某个条件的记录。指定选取记录的条件可以使用查询设计器的【筛选】选项卡，如图 6-6 所示。

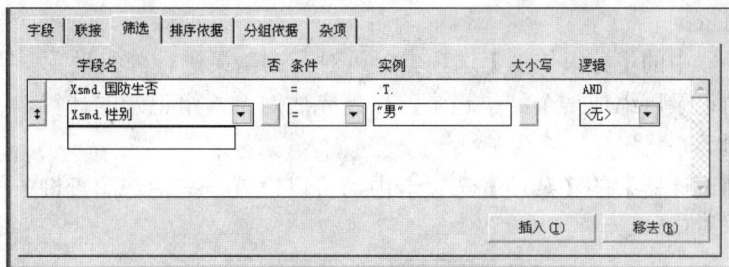

图 6-6 【筛选】选项卡

其中，【字段名】下拉列表框用于选择要比较的字段；【条件】下拉列表框用于设置比较的类型（如表 6-2 所示）；【实例】文本框用于指定比较的值；【大小写】框用于指定比较字符值时，是否区分大小写；【逻辑】下拉列表框用于指定多个条件之间的逻辑运算关系。如果用逻辑与运算符"AND"连接两个条件组成筛选条件，则只有同时满足这两个条件的记录才能出现在查询结果中；如果用逻辑或运算符"OR"连接两个条件组成筛选条件，则满足这两个条件中的任何一个的记录就能出现在查询结果中。【筛选】选项卡中的一行就是一个关系表达式，所有的行构成一个逻辑表达式。

表 6-2 条件类型和意义

条件类型	说　　　明
=	字段值等于实例值
Like	字段值与实例值匹配
==	字段值与实例值严格匹配
>(>=)	字段值大于（大于或等于）实例的值
<(<=)	字段值小于（小于或等于）实例的值
Is NULL	字段值为"空值"
Between	字段值在某个值域内，值域由实例给出，实例中给出两个值，两值之间用逗号分开
In	字段值在某个值表中，值表由实例给出，实例中给出若干值，值与值之间用逗号分开

（5）排序依据

使用查询设计器，可以对查询结果中输出的记录排序。例如，使查询结果按"出生日期"的升序输出，或按"录取分"的降序输出，还可以使输出结果按多个字段排序输出。排序可以是升序，也可以是降序。在如图 6-7 所示中设置的排序条件就是先按"性别"升序排序，同性别者按"录取分"降序排序。

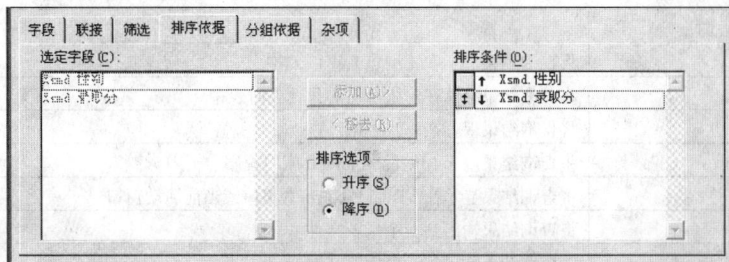

图 6-7 设置排序条件

（6）分组依据

查询设计器中的【分组依据】选项卡，可对查询结果进行分组设置。所谓分组就是将一组类似的记录压缩成一个结果记录，以便完成对这一组记录的计算。

（7）杂项

在【查询设计器】的【杂项】选项卡中，可以设置一些特殊的查询条件，如图 6-8 所示。

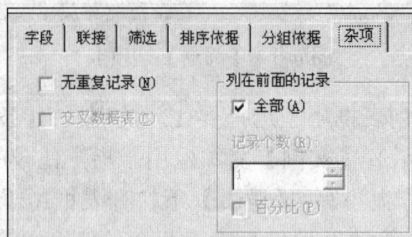

图 6-8　【杂项】选项卡

如果选择【无重复记录】复选框，则查询结果中将排除所有相同的记录；否则，将允许重复记录的存在。

如果选择【交叉数据表】复选框，将把查询结果以交叉表格式传送给 Microsoft Graph、报表或表。只有当"选定字段"刚好为 3 项时，才可以选择【交叉数据表】复选框，选定的 3 项代表 X 轴、Y 轴和图形的单元值。

如果选择【全部】复选框，则满足查询条件的所有记录都包括在查询结果中。这是查询设计器的默认设置。只有取消【全部】复选框的选取，才可以设置【记录个数】和【百分比】。【记录个数】用于指定查询结果中包含多少条记录。当没有选定【百分比】复选框时，【记录个数】微调框中的整数表示只将满足条件的前多少条记录包括到查询结果中；当选定【百分比】复选框时，【记录个数】微调框中的整数表示只将最先满足条件的百分之多少个记录包括到查询结果中。

（8）选择查询结果的输出去向

查询结果可以输出到不同的目的地。在【查询去向】对话框中，根据需要可以把查询结果输出到如表 6-3 所示的不同的目的地。如果没有选定输出目的地，系统默认查询结果显示在浏览窗口中。

表 6-3　输出去向

输出去向	说　　明
浏览	将查询结果显示在【浏览】窗口
临时表	将查询结果存储在一张命名的只读临时表中
表	将查询结果保存在一张表中
图形	将查询结果用于 Microsoft Graph 应用程序
屏幕	将查询结果显示在 Visual FoxPro 主窗口或当前活动窗口
报表	将查询结果输出到一个报表文件
标签	将查询结果输出到一个标签文件

单击【查询】|【查询去向】命令，或在【查询设计器】工具栏中单击【查询去向】
按钮，将打开【查询去向】对话框，如图 6-9 所示，在其中可以选择一个去向。

图 6-9 【查询去向】对话框

2. 生成 SQL 语句

前面曾提到，不管是用【查询向导】还是用【查询设计器】创建查询，其结果都是
生成一条 SQL-SELECT 语句。可以单击【查询】|【查看 SQL】命令或单击【查询设计
器】工具栏上的【SQL】按钮 [SQL]，即可看到所生成的 SQL-SELECT 语句。例如：

```
SELECT XSMD.性别, XSMD.录取分;
 FROM  JXDA!XSMD INNER JOIN JXDA!CJB ;
   ON  XSMD.学号 = CJB.学号;
 WHERE XSMD.国防生否 = .T.;
   AND XSMD.性别 = "男";
ORDER BY XSMD.性别, XSMD.录取分 DESC
```

一般情况下，用查询设计器创建查询的目的是通过交互设置，生成 SQL 命令，然
后复制下来，粘贴到应用程序中或保存到查询文件中。

3. 生成查询文件

查询创建完成以后，单击常用工具栏上的【保存】按钮或【文件】|【保存】命令，
输入文件名，即可生成扩展名为.qpr 的查询文件。

4. 运行查询

运行查询的方法通常有以下 3 种。

① 在【项目管理器】窗口中，选择要运行的查询文件，单击项目管理器上的【运
行】按钮，即可运行查询。

② 在查询文件打开的情况下，单击常用工具栏上的【运行】按钮 [!] 或执行【查询】|
【运行查询】命令即可运行查询。

③ 在【命令】窗口或应用程序中用 DO 命令运行查询，如 DO 录取分查询.qpr。

6.1.2 利用查询向导创建查询

利用查询向导可以建立简单查询、交叉表查询和以图形为结果的查询。建立查询之
前应明确以下几点。

① 确定数据源。

② 确定查询条件。

③ 确定查询去向。

下面以表 CJB 和 XKB 为例，介绍利用查询向导建立查询的过程。

（1）打开查询向导

单击工具栏上的【新建】按钮，在打开的【新建】对话框中选择【查询】文件类型，单击【向导】按钮，打开【向导选取】对话框，如图 6-10 所示。

（2）字段选取

选择【查询向导】类型，单击【确定】按钮，打开【查询向导】对话框。选择 CJB 表中的"学号"、"课程号"和"成绩"字段，选择 XKB 表中的"课程名"字段，添加到【选定字段】列表框中，并调整选定字段的顺序，如图 6-11 所示。

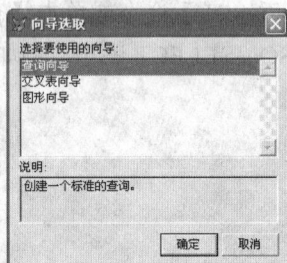

图 6-10　【向导选取】对话框

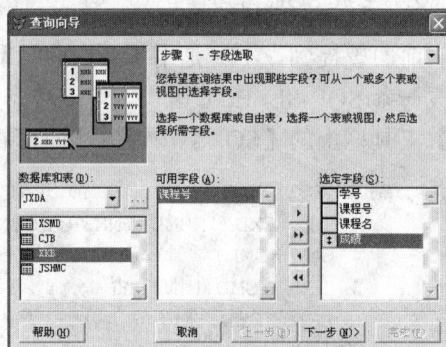

图 6-11　选取字段

（3）为多表建立关系

单击【下一步】按钮，设置表间的关系，多表之间的联接类型通常如表 6-1 所示的 4 种。单击【添加】按钮，加入"CJB.课程号=XKB.课程号"关系，如图 6-12 所示。单击【下一步】按钮，设置记录的匹配方式，通常选取【仅包含匹配的行】单选项，如图 6-13 所示。

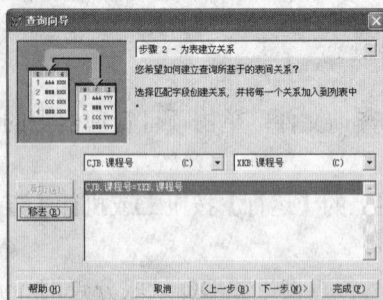

图 6-12　为表建立关系

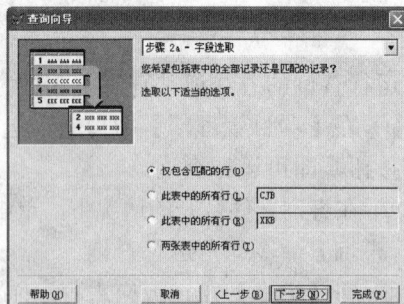

图 6-13　设置记录匹配方式

（4）筛选记录

单击【下一步】按钮，在如图 6-14 所示的对话框中，提供查询所需要的条件。在图中可设置筛选条件：课程号="B102"。这表明在查询中出现的记录都是"课程号=

'B102'"的记录。

筛选条件可以是一个或多个,如果有两个以上的筛选条件,则这些条件之间要根据要求用【与】或【或】运算符连接起来。

(5)设置排序字段

单击【下一步】按钮,设置排序字段。这里选定"成绩"作为排序字段,从【可用字段】中选定"CJB.成绩",单击【添加】按钮,即将"CJB.成绩"添加到【选定字段】框中。

还可以通过选择【升序】或【降序】,确定排序字段值进行"升序"或"降序"排列,这里选【降序】单选项,如图6-15所示。

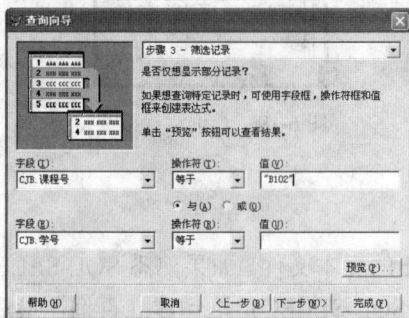

图 6-14 设置筛选条件   图 6-15 设置排序字段

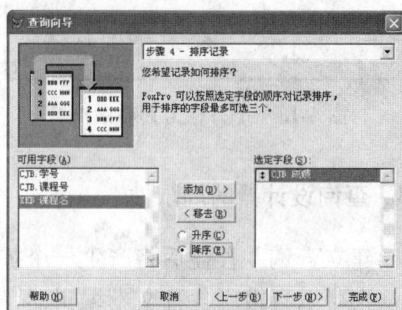

(6)限制记录

单击【下一步】按钮,设置限制记录,即在满足条件的记录中进一步筛选,如图6-16所示。

(7)完成

单击【下一步】按钮,打开【完成】对话框,如图6-17所示。

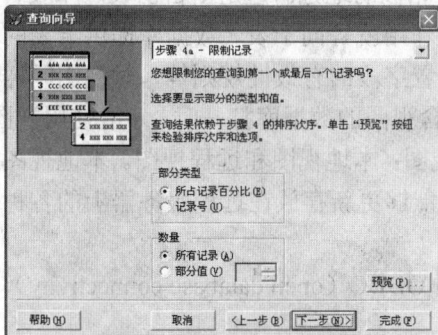

图 6-16 设置限制记录   图 6-17 完成创建

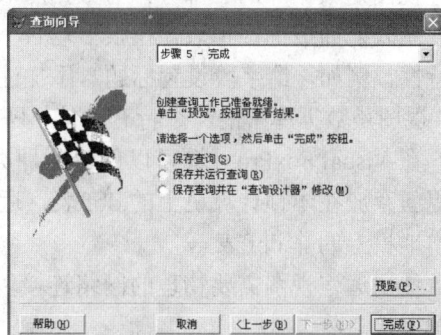

小提示 在向导的系列对话框中,通常都有【完成】按钮。如果在设置完成前单击【完成】按钮,未设置的各个选项都将采用默认设置,完成后可以再打开此查询文件,用【查询设计器】修改查询设置。

（8）保存

单击【完成】按钮，打开【另存为】对话框，指定保存路径、文件名，这里输入文件名为"query.qpr"，如图 6-18 所示。查询创建完成后，运行结果如图 6-19 所示。

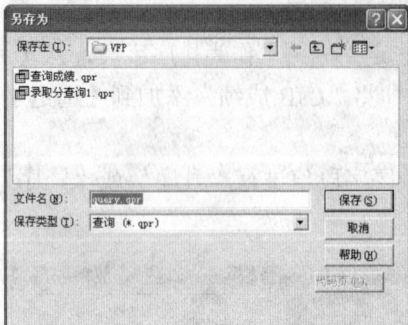

图 6-18　【另存为】对话框

图 6-19　查询运行效果

6.1.3　查询设计器的局限性

当建立查询并存盘后将产生一个扩展名为.qpr 的文本文件。如果熟悉 SQL-SELECT 语句，则可以直接用各种文本编辑器，通过编写 SQL-SELECT 语句建立查询，最后把它保存为扩展名为.qpr 的文件。查询设计器只能建立一些比较规则的查询，而复杂的查询（嵌套查询）就显得比较困难。

6.2　创 建 视 图

视图是数据库的一部分，与数据库表有很多相似的地方。它是由自由表、库表、其他视图映射而成的虚拟表。在很多场合下，它的作用就等同于表。数据库提供给表的一些特性，例如，给字段设置标题、添加注释、设置字段的有效性规则等，对视图同样适用。视图是数据库中的一个特有功能，只有在包含视图的数据库打开时，才能使用视图。

在 Visual FoxPro 中，可以创建两种类型的视图：本地视图和远程视图。本地视图能够更新存放在本地计算机上的.dbf 表，远程视图能够更新存放在远程服务器上的各种表及本地机上的非.dbf 表。

使用远程视图需要物理的网络连接以及使用 ODBC（open database connectivity）数据源连接。

视图向导和视图设计器都可以交互创建视图，也可以用命令方式直接创建视图。

6.2.1　利用视图向导创建本地视图

可以通过以下步骤创建本地视图。

（1）打开数据库

视图是依赖数据库而存在的，所以在建立视图之前一定要打开数据库。

（2）可以用以下 4 种方法打开【本地视图向导】

方法 1：单击【工具】|【向导】命令，弹出向导选择列表，如图 6-20 所示。从中选择"全部"，弹出如图 6-21 所示的【向导选取】对话框，从中选取"本地视图向导"选项。

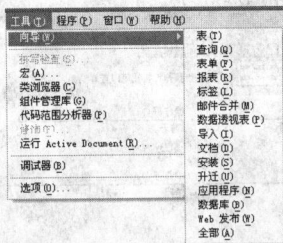

图 6-20　选择【向导】命令

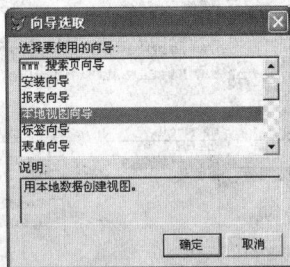

图 6-21　【向导选取】对话框

方法 2：单击【文件】|【新建】命令，或单击常用工具栏上的【新建】按钮，在【新建】对话框中选择【文件类型】为"视图"，单击【向导】按钮，即可进入【本地视图向导】。

方法 3：打开数据库设计器，再打开【数据库】菜单，从数据库菜单中选取【新建本地视图】命令，弹出如图 6-22 所示【新建本地视图】对话框，然后单击【视图向导】按钮，即可打开【本地视图向导】。

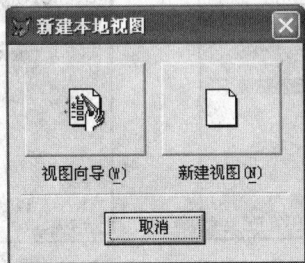

图 6-22　【新建本地视图】对话框

方法 4：在项目管理器的【数据】选项卡中将要建立视图的数据库结构展开，选择【本地视图】，单击项目管理器右侧的【新建】按钮，同样可以打开【新建本地视图】对话框。

（3）利用向导建立视图

根据 JXDA 数据库及其中的表 XSMD 创建视图，使浏览视图时能显示国防生中男生的"学号"、"姓名"、"性别"、"国防生否"和"录取分"字段值，并根据"学号"升序排序。

① 打开数据库 JXDA。

② 单击【数据库】|【新建本地视图】命令，打开如图 6-22 所示【新建本地视图】对话框，单击【视图向导】按钮，即可打开如图 6-23 所示的对话框。

③ 从【可用字段】列表框中选取视图中所需的字段到【选定字段】列表框中。

④ 单击【下一步】按钮,弹出如图 6-24 所示的【筛选记录】对话框。按设定的要求,视图中只显示男国防生的记录,因此筛选条件设置为 "XSMD.国防生否=.T. AND XSMD.性别="男""。

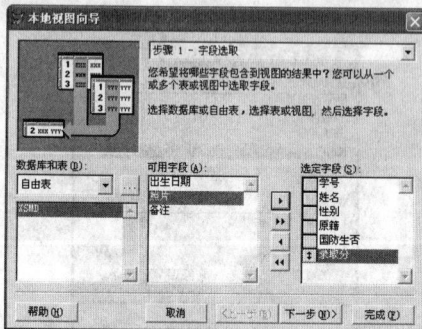

图 6-23 选取字段

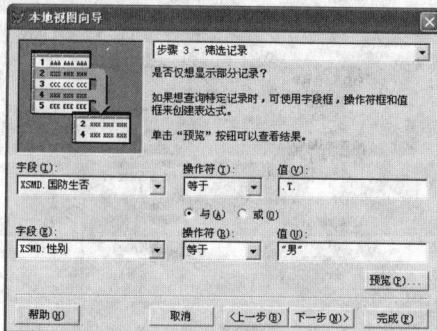

图 6-24 筛选记录

⑤ 单击【下一步】按钮,弹出如图 6-25 所示的【排序记录】对话框。根据设定的要求,选定 "XSMD.学号" 作为排序字段,且设其为 "升序" 排序。

⑥ 单击【下一步】按钮,弹出如图 6-26 所示的【限制记录】对话框,这里取默认值。

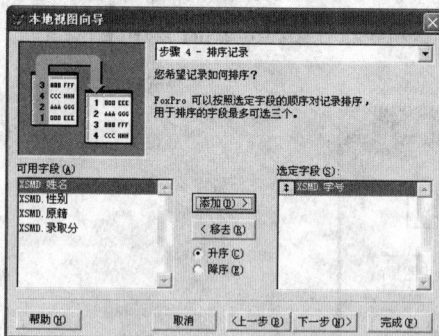

图 6-25 排序记录

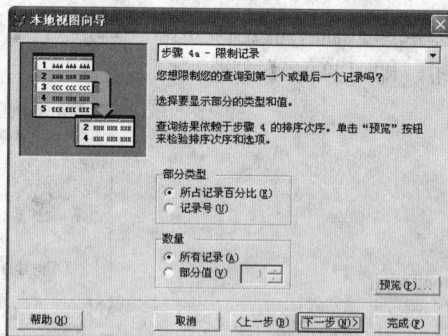

图 6-26 限制记录

⑦ 单击【下一步】按钮,弹出【完成】对话框。选择【保存视图并浏览】选项后,单击【完成】按钮,弹出如图 6-27 所示的窗口。

⑧ 在【视图名】文本框中输入 "男国防生名单",然后单击【确认】按钮,弹出浏览数据窗口,如图 6-28 所示,得到了所要查看的结果。

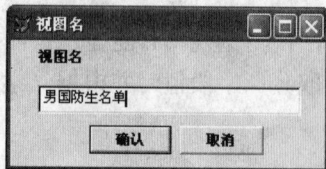

图 6-27 【视图名】对话框

图 6-28 视图预览效果

由于本示例的数据源只有一个表,不存在设置表之间的联接问题,如果是两个以上的源数据表,则要建立多表的关联。

6.2.2 利用视图设计器建立视图

为了使视图更加灵活，可以给视图的筛选条件设置参数，以避免每取一部分记录就创建一个视图的情况，这种带有参数的视图称为"参数化视图"。运行视图时，Visual FoxPro 将提示输入参数值，系统根据输入的正确的参数值，找出符合条件的记录。利用【视图设计器】可创建参数化视图，还可以对用向导建立的本地视图进行修改。

（1）创建方法

① 用 CREATE VIEW 命令打开【视图设计器】窗口来创建视图。

② 利用【文件】|【新建】命令。

③ 在项目管理器的【数据】选项卡中将要建立视图的数据库分支展开，选择【本地视图】项，单击项目管理器右侧的【新建】命令按钮，打开【视图设计器】创建视图。

（2）创建步骤

用【视图设计器】创建视图的主要步骤如下。

① 打开用于保存视图的数据库。

② 选择【文件】|【新建】命令，或单击工具栏上的【新建】按钮，新建视图。

③ 选择数据库中的表或视图作为数据源，设置两表间的联接（数据源来自两个以上的表或视图），并选取所需的字段。

④ 设置视图参数。

⑤ 设置筛选条件。

⑥ 设置排序依据。

⑦ 设置分组依据。

⑧ 设置更新条件。

⑨ 设置杂项（有无重复结果等）。

⑩ 保存视图。

【例 6-1】 利用【视图设计器】对 JXDA 数据库中的表 XSMD 建立参数化视图。要求从【视图参数】对话框中输入"男"、"女"，能分别查询男生或女生的"学号"、"姓名"、"性别"、"原籍"和"出生日期"。

① 打开用于保存视图的数据库 JXDA。

② 单击【文件】|【新建】命令，打开【新建】对话框，单击该对话框中的【视图】选项，再单击【新建文件】按钮，打开如图 6-29 所示的对话框。

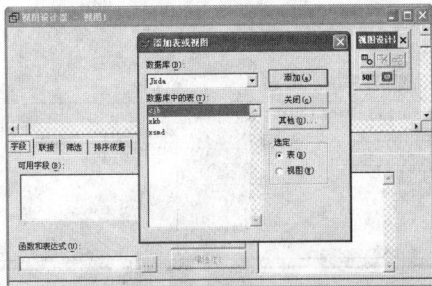

图 6-29 【视图设计器】和【添加表或视图】对话框

③ 单击【添加】按钮，将 XSMD 添加到视图设计器中作为数据源。视图的数据源添加完毕后，单击【关闭】按钮。此时，窗口只显示【视图设计器】，如图 6-30 所示。根据题目要求将"学号"、"姓名"、"性别"、"原籍"和"出生日期"字段添加到【选定字段】列表框中，如图 6-31 所示。

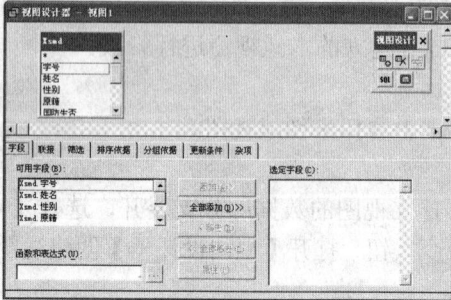

图 6-30 添加数据源

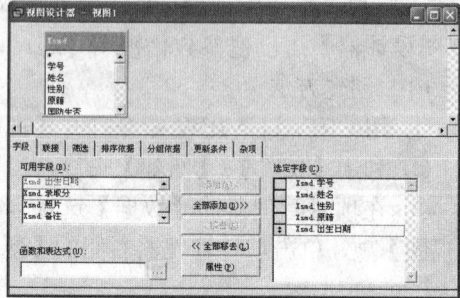

图 6-31 添加选取字段

④ 设置视图参数，因为一个汉字占 2 个字节，这里设置【参数名】为"XY"，【类型】为"字符型"，如图 6-32 所示。

⑤ 设置筛选条件。本例所设置的筛选条件为"XSMD.性别=?XY"。在这个表达式中，视图参数前的"？"是必须的，其设置结果如图 6-33 所示。

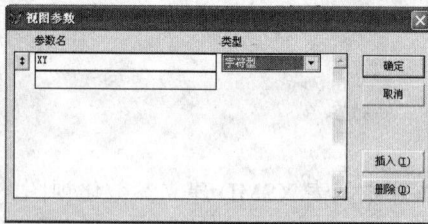

图 6-32 设置视图参数

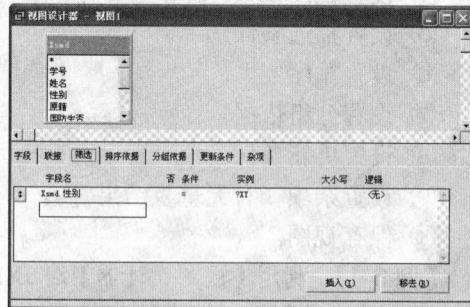

图 6-33 设置筛选条件

⑥ 设置排序依据。本例选择"学号"字段并按"升序"作为排序条件，如图 6-34 所示。

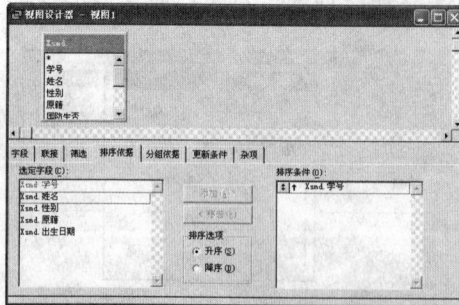

图 6-34 设置排序条件

⑦ 设置更新条件。【更新条件】选项卡用于设置哪些表、哪些字段可以被更新，还可以设置适合服务器的 SQL 更新方法，如图 6-35 所示。

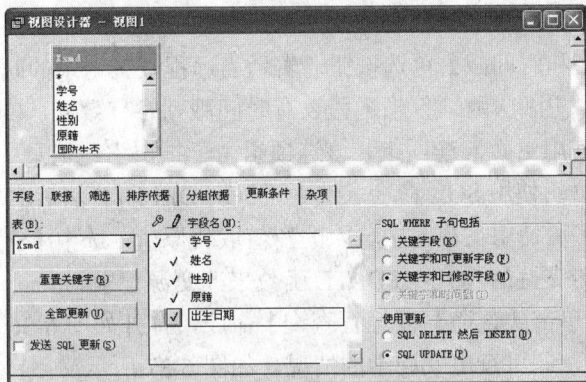

图 6-35 设置更新条件

设置更新条件的步骤如下。

首先，选择要更新的表。在【表】下拉列表框中，选择视图所用的表中可以被更新的表。若选择"全部表"表示视图所用的表都要被更新。

其次，选择更新所依据的关键字字段。要设置视图对源数据的更新，应至少设置一个字段为关键字段。设置关键字段的方法为：在【字段名】列表框中，单击要更新的字段名旁边的【关键列】，即字段名左侧用"钥匙"标识的列。

如果单击【重置关键字】按钮，则会取消已经设置的关键字和可更新字段。

第三，选择要更新的字段。可以指定任意选定表中仅有某些字段允许更新。如果字段未标注为可更新的，用户可以在表单中或浏览窗口中修改这些字段，但修改的值不会返回到源表中。

设置更新字段的方法为：在【字段名】列表框中，单击要更新的字段名旁边的【可更新列】，即字段名左侧用"铅笔"标识的列。如果单击【全部更新】按钮，将设置在同一个表中的所有字段（关键字除外）都可被更新。

第四，选择【发送 SQL 更新】复选框。如果需要将视图记录的修改传送到原始表，则一定要勾选此项。

第五，设置【SQL WHERE 子句包括】选项组。如果在一个多用户环境中工作，服务器上的数据可以被多个用户访问，因此可能存在多个用户同时试图更新远程服务器上的记录，使用【SQL WHERE 子句包括】选项组可以帮助管理遇到多用户访问同一数据时应如何更新记录。在允许更新之前，Visual FoxPro 先检查远程数据源表中的指定字段，查看它们在记录被提取到视图后有没有改变，如果数据源中的这些记录被修改，那么就不允许更新操作。

在【SQL WHERE 子句包括】选项组中各选项的含义如下。

● 选中【关键字段】单选按钮，表示当源表中的关键字段被改变时，更新失败。

● 选中【关键字和可更新字段】单选按钮，表示当远程表中任何标记为可更新的字段被改变时，更新失败。

- 选中【关键字和已修改字段】单选按钮，表示当在本地改变的任意字段在源表中已被改变时，更新失败。
- 选中【关键字和时间戳】单选按钮，表示当远程表上记录的时间戳在首次检索之后被改变时，更新失败（仅当远程表有时间戳列时有效）。

第六，设置【使用更新】选项组。该选项组用于指定本地记录中的关键字更新时，发送到源表的更新语句使用 SQL 命令。选中【SQL-DELETE 然后 INSERT】单选按钮，表示先删除记录，然后使用在视图中输入的新值取代原值。选中【SQL-UPDATE】单选按钮，表示用服务器支持的 SQL-UPDATE 函数来改变源记录。

⑧ 运行视图。单击【查询】|【运行查询】命令，打开如图 6-36 所示的对话框。在文本框中输入"女"，即可查出女同学的情况，如图 6-37 所示。

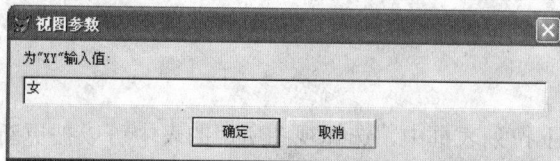

图 6-36　【视图参数】对话框

图 6-37　视图运行效果

如果在【视图参数】的文本框中输入"男"，则可查出男同学的情况，分别如图 6-38 和图 6-39 所示。

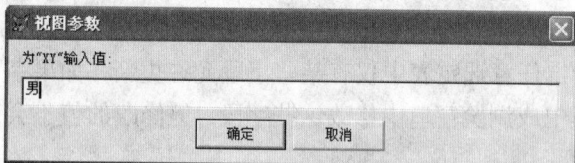

图 6-38　输入视图参数为"男"

图 6-39　视图运行结果

⑨ 保存视图。单击【视图设计器】右上角的关闭按钮，打开如图 6-40 所示的对话框，选择【是】按钮，弹出如图 6-41 所示的对话框，在其中输入视图名"男女生视图"，再单击【确定】即可。

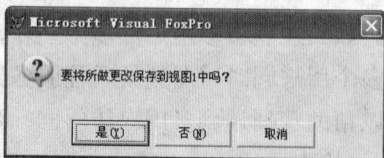

图 6-40　询问对话框

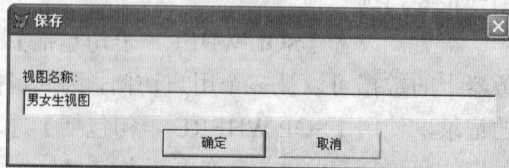

图 6-41　输入保存的视图名称

⑩ 虚拟表——视图的查看。视图建立完成后，打开源数据库，在数据库设计器中会出现一个类似表的小窗口，如图 6-42 所示，这表明一个表视图建立完成了。

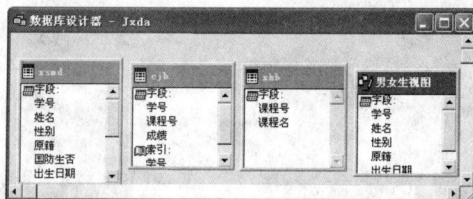

图 6-42　建立完成的表视图

6.2.3　使用视图

一个视图在使用时，将作为临时表在工作区中打开。视图的基本表是由定义视图的 SQL-SELECT 语句访问的，可以在【项目管理器】中使用视图，也可以通过命令来使用视图。

1. 在【项目管理器】中使用视图

打开【项目管理器】，选择一个数据库，然后再选择视图名，单击【浏览】按钮，则在【浏览】窗口中显示视图，并可对视图进行修改操作，如图 6-43 所示。视图在使用时，作为临时表在工作区中打开。如果要修改视图的定义，只要单击【修改】按钮，重新打开视图设计器即可进行修改，也可以删除不需要的视图。

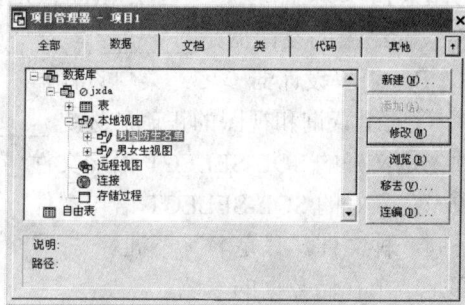

图 6-43　在【项目管理器】中使用视图

2. 在【数据库设计器】中使用视图

打开数据库设计器时，该数据库中的视图会随之自动打开，可看到表示"视图"的小窗口。选中欲操作的视图，单击主菜单中的【数据库】命令，在其子菜单中就可选择【修改】、【浏览】、【移去】选项，执行相应的操作。另一种方法是，在"视图"标题栏上单击鼠标右键，在弹出的快捷菜单中选择【浏览】、【删除】、【修改】等选项，如图 6-44 所示。

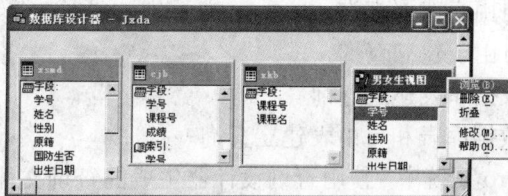

图 6-44　在【数据库设计器】中使用视图

6.3　习　　题

一、单选题

1. 以下关于"视图"描述正确的是_____。
   A．视图保存在项目文件中　　　　　B．视图保存在数据库中
   C．视图保存在表文件中　　　　　　D．视图保存在视图文件中

2. 在 Visual FoxPro 中以下叙述正确的是_____。
   A．利用图可以修改数据　　　　　　B．利用查询可以修改数据
   C．查询和视图具有相同的作用　　　D．视图可以定义输出去向

3. 以下关于"查询"的描述正确的是_____。
   A．查询保存在项目文件中　　　　　B．查询保存在数据文件中
   C．查询保存在表文件中　　　　　　D．查询保存在查询文件中

4. 在 Visual FoxPro 中，要运行查询文件 QUERY1.qpr，可以使用命令_____。
   A．DO QUERY1　　　　　　　　　　B．DO QUERY1.qpr
   C．DO QUERY QUERY1　　　　　　　D．RUN QUERY1

5. 以纯文本形式保存设计结果的设计器是_____。
   A．查询设计器　　B．表单设计器　　C．菜单设计器　　D．以上 3 种都不是

6. 在 Visual FoxPro 中，关于查询和视图的正确叙述是_____。
   A．查询是一个预先定义好的 SQL-SELECT 语句文件
   B．视图是一个预先定义好的 SQL-SELECT 语句文件
   C．查询和视图是同一种文件，只是名称不同
   D．查询和视图都是一个存储数据的表

7. 在 Visual FoxPro 中，以下关于视图描述中错误的是_____。
   A．通过视图可以对表进行查询　　　B．通过视图可以对表进行更新
   C．视图是一个虚表　　　　　　　　D．视图就是一种查询

8. 查询设计器中包括的选项卡有_____。
   A．字段、筛选、排序依据　　　　　B．字段、条件、分组依据
   C．条件、排序依据、分组依据　　　D．条件、筛选、杂项

9. 以下关于查询描述正确的是_____。
   A．不能根据自由表建立查询
   B．只能根据自由表建立查询
   C．只能根据数据库表建立查询
   D．可以根据数据库表和自由表建立查询

10. 在 Visual FoxPro 系统中，使用查询设计器生成的查询文件中保存的是_____。
    A．查询的命令　　　　　　　　　　B．与查询有关的基表

　　C．查询的结果　　　　　　　　　　D．查询的条件

二、思考题

1．简述 Visual FoxPro 提供的 3 种类型的向导的含义。

2．创建单表查询文件的命令是什么？修改查询文件的命令是什么？

3．什么是本地视图？什么是远程视图？它们之间的区别是什么？

第 7 章　Visual FoxPro 程序设计基础

本章要点

- ◇　掌握程序和程序文件的概念
- ◇　掌握简单的输入输出语句
- ◇　掌握程序的基本结构：顺序结构、选择结构、循环结构
- ◇　掌握程序文件的建立、编辑以及子程序的概念和调用
- ◇　掌握用过程和自定义函数编写程序模块以及对模块的调用方法
- ◇　了解全局变量、私有变量和局部变量的定义方法和作用域

Visual FoxPro 支持过程化程序设计和面向对象程序设计两种程序设计与开发的类型。

过程化程序设计是采用结构化编程语言来编写程序的。这里的过程是指能完成某一功能的程序段。其特点是将一个复杂的任务分解成若干个功能相对独立的模块，每个模块用一个过程来实现且都可以进行独立的调试。这类设计方法的总体思想是从程序员角度考虑使程序设计更简单，而较少从使用者角度考虑。使用过程化方法设计的程序流程完全由程序员控制，使用者只能做由程序员预先定义好的事情。

面向对象程序设计的思想是面向对象，即设计的重要任务在于描述对象。程序是由事件驱动的，因此，在执行过程中，始终等待的是一个发生在对象上的事件，而发生什么事件则要看使用者的操作，如单击、双击等。程序的流向依赖于下一步驱动的事件。这类程序设计的主要目的是使用户能简单方便地控制程序流向，这在一定程度上提高了编程的难度。

本章将主要介绍过程化的程序设计的基础知识。

7.1　程序文件的建立与运行

7.1.1　程序的概念

程序是指能完成特定任务的命令的有序集合。Visual FoxPro 程序由代码组成，这些

代码包括以命令形式出现的指令、函数或 Visual FoxPro 可以理解的任何操作。这些命令的集合存放在扩展名为.prg 的文件中，这个文件称为程序文件或命令文件。当运行程序时，系统会自动执行该文件中的各条命令。

下面是一个 Visual FoxPro 程序示例。

【例 7-1】　显示表中的记录。

```
*功能说明：用于显示表中的记录。
SET TALK OFF              &&关闭人机对话
CLEAR                     &&清屏
USE XSMD                  &&打开表XSMD
LIST FOR 录取分>600        &&显示表XSMD中录取分大于600分的记录
USE                       &&关闭表
SET TALK ON               &&打开人机对话
RETURN                    &&返回命令窗口
```

从形式上看，Visual FoxPro 程序是由若干有序的命令行组成，且满足以下条件。

① 一个命令行内只能写一条命令，命令行的长度不得超过 2048 个字符，命令行以 Enter 键结束。

② 一条命令可以分成几行书写，换行的方法有两种：一种是在物理行的末尾加";"，表示下一行输入的内容是本行的继续；另一种是系统自动换行，即当输入的语句超过屏幕的最大限宽时，系统自动换行。

③ 为了便于阅读，可以按一定的格式输入程序，即一般的程序结果左对齐，控制结构内的语句序列可缩进若干格书写。

从功能上看，Visual FoxPro 程序可以分为 3 部分。

① 初始化部分：主要设置程序运行环境。

② 主体部分：完成特定处理任务，包括提供原始数据、数据处理、输出结果。

③ 结束部分：恢复运行前状态。

操作技巧　程序中带"*"的语句是程序的说明部分，用于说明程序的功能、文件名等相关信息。程序运行时，将不执行以"*"起始的语句行。

7.1.2　程序文件的建立、编辑和运行

前面已经介绍了 Visual FoxPro 的交互式操作方式，即命令操作方式和菜单操作方式。这些方法只能对数据库和数据表进行简单操作管理，效率低下。在实际应用中，程序文件方式是最重要的、最常用的。它能高效、灵活地解决复杂的数据库管理问题，并且能多次执行。程序文件（简称程序）也称为命令文件。在 Visual FoxPro 环境下，利用程序文件方式进行数据库管理就是通过程序文件编辑工具，将对数据库操作的函数、命令、语句以及对系统环境进行设置的命令有序地集中在.prg 文件中，然后通过菜单操作方式或命令操作方式运行该程序文件。

1. 程序文件的建立和编辑

（1）命令操作方式

格式：MODIFY COMMAND［<文件名>］

功能：打开一个程序编辑窗口，用于建立、编辑和修改程序文件。

说明：

① [<文件名>]是可选项，指定打开或创建的程序文件名。如果该文件不存在，则打开以该文件名为标题的程序编辑窗口，输入程序内容，新建该文件；如果该文件已存在，则打开该文件重新进行编辑修改。

② <文件名>可以包含盘符和路径，若不加路径，则文件被保存在当前文件夹中。若<文件名>中缺省扩展名，则系统自动加上扩展名.prg。

③ 保存文件。程序录入或修改完毕后，可按组合键 Ctrl+W 存盘退出，或选择【文件】|【保存】命令，或单击工具栏中的【保存】按钮。若放弃本次编辑修改，可按 Esc 键或 Ctrl+Q 组合键。

【例 7-2】 用命令操作方式建立和编辑名为 PROGEG.prg 的程序文件，其功能是先将 XSMD.dbf 复制到 XSMDl.dbf 中，然后物理删除 XSMDl.dbf 中的所有男生记录，并显示结果。

① 在如图 7-1 所示的【命令】窗口输入命令"MODIFY COMMAND PROGEG.PRG"，打开程序编辑窗口。

② 在程序编辑窗口中逐条输入如图 7-2 所示的程序代码。

图 7-1 系统命令窗口

图 7-2 PROGEG.prg 源程序代码

③ 单击【关闭】按钮，在弹出的系统提示对话框中单击【是】按钮，如图 7-3 所示，程序文件便保存在默认文件夹中。若单击工具栏中的【保存】按钮，或按 Ctrl+W 组合键，则直接保存，不弹出提示对话框。

（2）菜单操作方式

使用菜单操作方式新建程序文件的步骤如下。

① 单击【文件】|【新建】命令，或者单击工具栏中的【新建】按钮□，打开【新建】对话框，如图 7-4 所示。

② 在【文件类型】选项组中选择"程序"，然后单击【新建文件】按钮，打开如图 7-2 所示的程序文件编辑窗口。

③ 在程序文件编辑窗口中逐条输入命令。

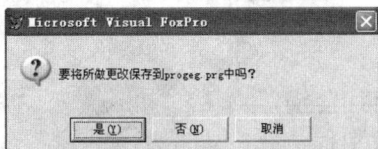

图 7-3　系统提示对话框

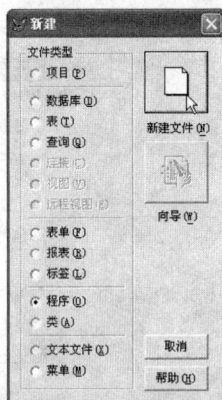

图 7-4　【新建】对话框

④ 程序录入完毕，存盘退出。

使用菜单操作方式打开已有的程序文件，编辑修改的操作步骤如下。

① 单击【文件】|【打开】命令，或者单击工具栏中的【打开】按钮，打开如图 7-5 所示的【打开】对话框。

图 7-5　【打开】对话框

② 在【文件类型】下拉列表框中选择"程序"，然后指定文件的路径和名称，或在【文件名】列表框中直接输入要修改的程序名，单击【确定】按钮后出现程序编辑窗口，源程序内容显示其中。

③ 在程序编辑窗口可以任意修改程序内容，修改完毕后存盘退出。

（3）项目管理器方式

用项目管理器方式创建程序的步骤如下。

① 在如图 7-4 所示的【新建】对话框中，在【文件类型】选项组中选择"项目"，单击【新建文件】按钮，在打开的【创建】对话框中输入项目文件名后，单击【保存】按钮，从而打开【项目管理器】对话框。

② 在【项目管理器】对话框中，选择【全部】选项卡，展开【代码】文件夹，选中"程序"，单击【新建】按钮，如图 7-6 所示，即可打开程序编辑窗口。

③ 输入程序，存盘退出。

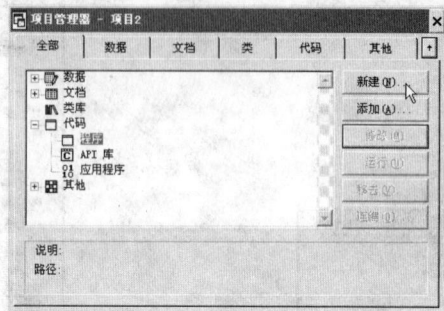

图 7-6　【项目管理器】对话框

2. 程序文件的运行

程序文件创建完成后，可以用多种方法执行它。下面是 3 种常用的操作方式。

（1）命令操作方式

格式：DO <程序文件名>

功能：运行指定的程序文件。

说明：在命令窗口中输入 DO 命令，并按 Enter 键执行，程序文件扩展名.prg 可省略。

> **小提示**　如果 DO 命令执行的是"MODIFY COMMAND"命令产生的.prg 文件，命令中<文件名>只需要指定文件主名，而不需要指定扩展名；若要执行其他文件，如查询程序文件（.qpr）、菜单文件（.mpr），则<文件名>必须包含扩展名。

【例 7-3】　在命令窗口中输入命令 DO PROGEG，即可执行 PROGEG.prg 程序。

（2）菜单操作方式

① 单击【程序】|【运行】命令，在打开的对话框中选择要运行的程序文件，单击【运行】按钮，即可运行该程序文件。

② 若程序无语法错误，便可得到运行结果；若程序中存在错误，则打开程序错误窗口，此时，可以单击【取消】按钮，终止程序的执行，在全屏编辑界面重新修改程序直到程序没有语法错误为止。

（3）项目管理器方式

在【项目管理器】对话框中先选中待执行的程序，然后单击【运行】按钮，启动运行该程序文件。

7.2　程序中常用的命令语句

在程序文件中经常要用到一些交互式输入、输出命令，注释命令，程序结束专用命令以及系统状态的设置命令。

1. 基本输入命令

在 Visual FoxPro 中，基本的输入命令有以下 3 种。

（1）WAIT 命令

格式：WAIT [<字符表达式>] TO <内存变量> [WINDOW[AT <行坐标，列坐标>]] [TIMEOUT <等待秒数>]

功能：显示提示信息并暂停程序运行，直到用户按任意键或单击鼠标时程序才继续执行。

说明：

① <字符表达式>表示要显示提示的内容，若省略<字符表达式>，屏幕显示"按任意键继续……"的提示信息。

② TO<内存变量>表示将键盘的输入以字符形式存入指定的内存变量。内存变量类型为字符型，宽度为 1。

③ [WINDOW]表示在 Visual FoxPro 主窗口右上角出现的系统消息窗口中显示消息。WAIT WINDOW 支持多行消息。

④ [AT<行坐标，列坐标>]指 Visual FoxPro 主窗口中消息窗口的位置。

⑤ [TIMEOUT<等待秒数>]用于设定系统等待秒数，超时就不等待用户按键，自动向下执行，内存变量也得不到值。

（2）ACCEPT 命令

格式：ACCEPT [<提示信息>] TO <内存变量>

功能：暂停程序的执行，接收从键盘输入的字符型数据并送到指定的内存变量中，以 Enter 键结束。

说明：

① ACCEPT 命令只能接受字符串，从键盘输入的字符串不需要加定界符，否则也将定界符作为字符串内容一并赋予内存变量。

② <提示信息>可以是字符串，也可以是字符串变量。

③ 如果不输入任何内容而直接按 Enter 键，则系统将空串赋予内存变量。

【例 7-4】 输入待查找的学生学号。

```
STR="请输入要查找学生的学号："
ACCEPT STR TO NUMB
```

当输入"08003"并按 Enter 键后，NUMB 得到字符串"08003"，程序继续向下执行。其结果相当于执行了赋值语句 NUMB="08003"。

本例也可写成：ACCEPT "请输入要查找学生的学号："TO NUMB

（3）INPUT 命令

格式：INPUT [<提示信息>] TO <内存变量>

功能：接受从键盘输入的数据，并送到指定的内存变量中。

说明：

① INPUT 命令可以接受字符型、数值型、逻辑型、日期型和日期时间型数据，而且可以是常量、变量、函数或表达式。

② 不可以不输入任何内容直接按 Enter 键。

小提示

① 数值型常量可直接输入，如 24，1.343E+5，-234。

② 字符型常量必须加定界符，定界符可以是单引号（' '）、双引号（" "）或中括号（[ ]）。如"北京大学"、[he play]、"You're welcome"。

③ 逻辑型常量必须加圆点定界符（如.T.、.F.）。

④ 日期型常量按格式输入，也可利用转换函数输入。如 {^1987/08/05}、CTOD("07-04-97")。

【例 7-5】 给变量赋值。

```
INPUT "输入N的值:" TO N
```

用户输入 10 并按 Enter 键后，N 的值为 10，相当于赋值语句 N=10。

【例 7-6】 在 XSMD 表中，按学号查询特定记录。

```
SET TALK OFF
USE XSMD
ACCEPT "请输入学号: " TO xh
LOCATE FOR 学号 = xh
&&按顺序搜索表，从而找到满足指定逻辑表达式的第一个记录
? "学号: " , 学号
? "姓名: " , 姓名
? "出生日期: " , 出生日期
USE
SET TALK ON
RETURN
```

操作技巧

以上 3 条语句（命令）的功能都是对变量赋值。这 3 条输入命令是在程序执行过程中，通过键盘临时给变量输入数据，用法比较灵活。一般来说，需要从键盘输入一个字符时，使用 WAIT 命令；需要从键盘输入多个字符时，使用 ACCEPT 命令；需要从键盘输入数值型或日期型数据时，使用 INPUT 命令。

2. 输出语句

（1）在 Visual FoxPro 中，基本的输出命令有以下两种。

格式 1：? <表达式列表>

功能：换行输出表达式的值（即当前行的下一行）。

格式 2：?? <表达式列表>

功能：不换行输出表达式的值（即当前行）。

【例 7-7】 在【命令】窗口中执行下列代码：

```
?"李白",SPACE(5),"杜甫",SPACE(5),"白居易"
```

运行结果如下：

> 李白　　杜甫　　白居易

（2）文本输出语句

格式：TEXT

      <文本内容>

    ENDTEXT

功能：将<文本内容>原样输出。

说明：TEXT 和 ENDTEXT 各占一行，且必须成对使用。

【例 7-8】 文本输出示例。

```
SET TALK OFF
CLEAR
TEXT
        1.录入数据
        2.删除数据
        3.修改数据
        4.查询数据
      请选择（1-4）:
ENDTEXT
WAIT "请选择:" TO XZ TIMEOUT 5
SET TALK ON
RETURN
```

3. 其他辅助命令

（1）设置会话状态命令

格式：SET TALK ON / OFF

功能：默认会话处于 ON 状态，即打开状态。不需要会话功能时，可以设置 OFF 状态，即关闭状态。

> 操作技巧　所谓会话是指 Visual FoxPro 在执行命令时向用户提供的反馈信息。通常在执行单命令或调试程序时设置 ON 状态，而在程序执行时设置 OFF 状态。

（2）清屏幕命令

格式：CLEAR

功能：清除整个屏幕，光标回到屏幕左上角。

【例 7-9】 使用清屏幕命令的示例。

```
CLEAR                    &&清屏幕
```

```
CLEAR ALL        &&清内存
```

（3）终止程序命令

格式 1：SUSPEND

功能：暂停程序的执行，返回到命令窗口。

格式 2：CANCEL

功能：终止程序的执行，清除所有的私有变量，返回到命令窗口。

格式 3：RETURN

功能：结束当前程序的执行，返回到调用它的上一级程序，若无上级程序则返回到命令窗口。

格式 4：QUIT

功能：退出 Visual FoxPro 系统，返回到操作系统。

（4）注释语句

格式 1：* <注释内容>

格式 2：NOTE <注释内容>

说明：作为注释行，可用在程序的任何地方。

格式 3：<执行语句> && <注释内容>

说明：作为行末注释，用在某条命令之后。

【例 7-10】 注释语句的使用。

```
* 这是一个示例程序
* 2010.3.9编写
* 作者：李周
SET STATUS ON        &&显示状态栏
name1="张三"
ACCEPT "姓名：" TO name1
?name1
CANCEL
```

（5）MessageBox 函数

格式 1：MessageBox (<信息内容>[,<对话框类型>][,<对话框标题>]])

格式 2：变量=MessageBox(<信息内容>[,<对话框类型>][,<对话框标题>]])

功能：格式 1 仅显示一个自定义对话框。格式 2 除了具有格式 1 的功能外，还将函数的返回值送到内存变量中。

说明：

① <信息内容>：为必选项，代表信息框中将要显示的信息（由字符串或字符串表达式组成），其最大长度为 1024 个字符，如果超过该宽度，则多余字符将自动被截掉。

② <对话框类型>：为可选项，其值通常是由 3 个部分相加而得到的一个整型值。用于指定信息框中命令按钮的数目及形式、使用的图标样式及缺省按钮等。这 3 个部分说明如下。

● 设置按钮属性，如表 7-1 所示。

表 7-1　按钮属性

参　数　值	对话框按钮属性说明
0	表示只有 1 个【确定】按钮
1	表示有 2 个按钮【确定】和【取消】
2	表示有 3 个按钮，分别是【终止】、【重试】、【忽略】
3	表示有 3 个按钮，分别是【是】、【否】和【取消】按钮
4	表示有 2 个按钮，分别是【是】和【否】
5	表示有 2 个按钮【重试】和【取消】

例如，在【命令】窗口中键入命令：

MessageBox ("你真的确定要退出本系统吗?",1)

● 设置窗口图标样式，如表 7-2 所示。

表 7-2　设置窗口图标

值	图　标
16	显示红色叉号错误图标（叉号）
32	显示蓝色问号图标（问号）
48	显示黄色惊叹号图标（惊叹号）
64	显示蓝色 ⓘ 图标（信息图标）

例如，在【命令】窗口中键入命令：

MessageBox ("是否真的要退出系统?",4+32)

● 设置隐含按钮，如表 7-3 所示。

表 7-3　设置隐含按钮

值	隐含按钮
0	第一个按钮
256	第二个按钮
512	第三个按钮

例如，在【命令】窗口中键入命令：

MessageBox ("是否真的要退出系统?",4+32+0)

③ <对话框标题>：指定对话框标题，该项为可选项，若省略此项，系统会给出默认的标题：Microsoft Visual FoxPro。

例如，在【命令】窗口中键入命令：

MessageBox("是否真的要退出系统?",4+32+256,"注意")，
打开如图 7-7 所示的对话框。

④ 函数返回值。MessageBox( )函数运行后，执行不同的操作，函数的返回值也不同。返回值与选择按钮的对应关系如表 7-4 所示。

图 7-7　设置对话框标题

表 7-4 信息框返回值

选择按钮	返 回 值
确定	1
取消	2
放弃	3
重试	4
忽略	5
是	6
否	7

上例中，执行 MessageBox("是否真的要退出系统？",4+32+256,"注意")，默认操作为"否"，即函数返回值为 7。

7.3 程序的基本结构

程序结构是指程序中命令或语句执行的流程结构。Visual FoxPro 提供了 3 种基本的程序结构：顺序结构、分支结构、循环结构。这种结构化程序具有以下两个特点。

① 以控制结构为单位，只有一个入口和一个出口，各个单位之间的接口比较简单。

② 缩小了程序静态结构与动态执行之间的差异，使用户能方便正确地理解程序的功能。

7.3.1 顺序结构

顺序结构是在程序执行时，根据程序中语句的书写顺序依次执行的语句序列。顺序结构在 Visual FoxPro 系统中比较常见，同时它也是最简单、最基本的程序结构形式，其特点是顺次、逐条地执行程序中的命令。如图 7-8 所示为顺序结构的流程图。

【例 7-11】 编写程序实现从键盘输入圆半径，计算圆的面积。

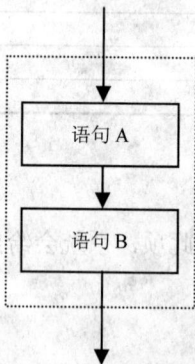

图 7-8 顺序结构流程图

```
* PROG1.PRG
SET TALK OFF
CLEAR
INPUT "输入圆的半径：" TO A
AREA=PI()*A^2
?"圆的面积为：",AREA
SET TALK ON
CANCEL
```

【例 7-12】 从键盘输入 5 位学生的成绩，去掉一个最高分，去掉一个最低分，编写程序求剩余 3 个成绩的平均分。

```
* PROG2.PRG
INPUT TO A
```

```
INPUT TO B
INPUT TO C
INPUT TO D
INPUT TO E
MD=MAX(A,B,C,D,E)
MX=MIN(A,B,C,D,E)
SUM=A+B+C+D+E
AVER=(SUM-MD-MX)/3
?"平均分为：",ROUND(AVER,2)
CANCEL
```

7.3.2 分支结构

分支结构是在程序执行时，根据不同的条件选择执行不同的程序语句。它主要是为解决有选择、转移的情况而设置的。在 Visual FoxPro 中分支结构又称为选择结构，通常有单向分支、双向分支和多分支结构。

1. 单向分支结构

单向分支结构就是根据用户设置的条件表达式的值，决定某一操作是否执行。

格式：IF <条件表达式>

        <语句序列>

    ENDIF

执行过程：先计算<条件表达式>的值，当<条件表达式>的值为真（.T.）时，执行<语句序列>；否则，不执行<语句序列>，直接执行 ENDIF 后面的命令。无论是否执行<语句序列>，程序都将转向 ENDIF 的下一条语句继续执行。单向分支结构流程如图 7-9 所示。

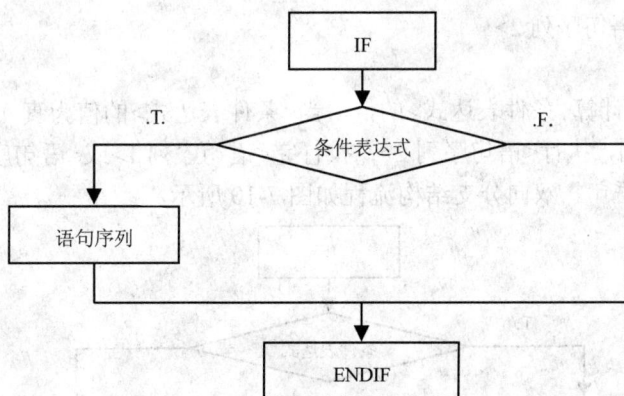

图 7-9 单分支结构流程图

例如：IF A<B

      C=10

    ENDIF

首先，判断 A 是否小于 B，如果为真，就给 C 赋值为 10；如果为假，直接执行 ENDIF

后面的语句。

说明：IF 和 ENDIF 必须配对出现，并分两行书写；<条件表达式>可以是关系型表达式或逻辑型表达式。

【例 7-13】 利用单向分支结构，显示给定记录的内容。

```
* PROG3.PRG
SET TALK OFF
CLEAR
USE XSMD
ACCEPT "请输入学生姓名：" TO xm                    &&人机对话语句
LOCATE ALL FOR 姓名=xm                            &&条件查询语句
?姓名
IF 性别="男"
    ??"男"
ELSE
    ??"女"
ENDIF
WAIT "请按任一键继续！" WINDOW TIMEOUT 10
CLOSE
SET TALK ON
RETURN
```

2. 双向分支结构

双向分支结构根据用户设置的条件表达式的值，选择两个操作中的一个来执行。

格式：IF <条件表达式>

    <语句序列 1>

  ELSE

    <语句序列 2>

  ENDIF

执行过程：先计算<条件表达式>的值，当<条件表达式>的值为真（.T.）时，执行<语句序列 1>；否则，执行<语句序列 2>；执行完<语句序列 1>或<语句序列 2>后都将执行 ENDIF 后面的语句。双向分支结构流程如图 7-10 所示。

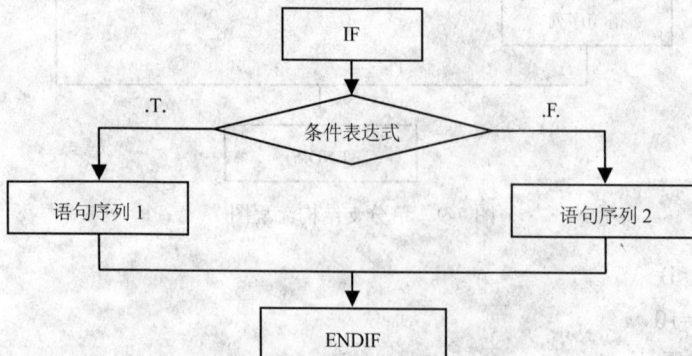

图 7-10　双向分支结构流程图

说明：IF 结构是一个整体，必须以 IF<条件>开始，以 ENDIF 结束。ENDIF 不产生任何操作，它仅提供一个出口，以便继续执行其后面的语句。单向分支实际上是双向分支的特殊形式。

【例 7-14】 编写程序实现：输入乘出租车的公里数，求乘车费（计费标准为：2.5km 以内 5 元；2.5km 以外，每超过 1km，增加 1.2 元）。

```
* PROG4.PRG
SET TALK OFF
CLEAR
INPUT "请输入公里数："TO X
IF X>2.5
    Y=(X-2.5)*1.2+5
ELSE
    Y=5
ENDIF
?"应付费",Y
SET TALK ON
RETURN
```

【例 7-15】 在 XSMD.dbf 中查找某人，若找到，则显示该记录；若找不到，则显示"查无此人！"。编写程序实现此查询。

```
* PROG5.PRG
SET TALK OFF
USE XSMD
ACCEPT "输入待查找人的姓名："TO NAME
LOCATE FOR 姓名=NAME
IF .NOT. EOF()              &&或者是 IF FOUND( )
    DISPLAY
ELSE
    ?"查无此人！"
ENDIF
USE
SET TALK ON
RETURN
```

【例 7-16】 某商场开展优惠促销活动，在该商场消费金额不足 200 元，8 折优惠；消费金额超过 200 元，6.6 折优惠，请编写收费程序。

```
* PROG6.PRG
SET TALK OFF
INPUT "请输入消费金额（单位：元）"TO A
IF S>=200
    R=S*0.66
ELSE
    R=S*0.8
ENDIF
?"应付金额：",R,"元"
SET TALK ON
```

```
RETURN
```

3. IF 语句的嵌套

IF…ELSE…ENDIF 的语句块里可以包含任何合法的 Visual FoxPro 语句，当然也可以包含另一条 IF 语句，这就构成了 IF 语句的嵌套。IF 语句允许嵌套，但不能出现交叉。嵌套形式可以是多种多样的，以下是其中的一种。

```
IF<条件表达式 1>
    <语句序列 1>
ELSE
    IF<条件表达式 2>
        <语句序列 2>
    ELSE
        <语句序列 3>
    ENDlF
ENDIF
```

【例 7-17】 编写程序实现征税。假定利润的征税率规定如下：利润(P)为 0 或亏本的不征税，利润在 1000 元以下税率为 3%，在 1000～2000 元的税率为 5%，在 2000 元（包括 2000 元）以上的税率为 6%。

```
* PROG7.PRG
SET TALK OFF
CLEAR
INPUT "请输入一个正整数： " TO P
IF P<1000
   IF P<=0
    R=0
   ELSE                    && 0<P<1000
    R=0.03
   ENDIF
ELSE                       && P>=1000
   IF P<2000
    R=0.05                 && 2000<P<=1000
   ELSE                    && P>=2000
    R=0.06
   ENDIF
ENDIF
TAX=P*R
?"TAX=",TAX
SET TALK ON
RETURN
```

4. 多分支结构

多分支语句也可以利用 IF 语句的多重嵌套来实现,但程序结构复杂不易阅读。Visual FoxPro 提供了 DO CASE 语句,可以方便地实现多分支结构。

的某段程序代码需要在一个固定的位置上反复执行多次，则可以使用循环结构。

Visual FoxPro 系统提供的循环语句有 3 种形式：DO WHILE 循环，FOR 循环，SCAN 循环。大多数循环问题用这 3 种循环语句都可以解决，但不同的循环语句有不同的使用场合，运用恰当，可以使程序简洁易读。

1. "当"型循环结构

"当"型循环控制语句，即根据<条件表达式>的值决定循环体内语句的执行次数。

格式：

DO WHILE <条件表达式>

　　<语句序列 1>

[LOOP]

　　<语句序列 2>

[EXIT]

　　<语句序列 3>

ENDDO

执行过程：先判断 DO WHILE 处的<条件表达式>是否成立，若<条件表达式>的值为真(.T.)，则执行 DO 与 ENDDO 之间的语句序列(即循环体)。当执行到循环尾 ENDDO 时，程序返回到 DO WHILE <条件表达式>处，再次判断<条件表达式>是否成立，重复前面的步骤，直到判断<条件表达式>的值为假（.F.）时，跳出循环体，结束循环，执行 ENDDO 后面的语句。"当"型循环结构流程如图 7-12 所示。

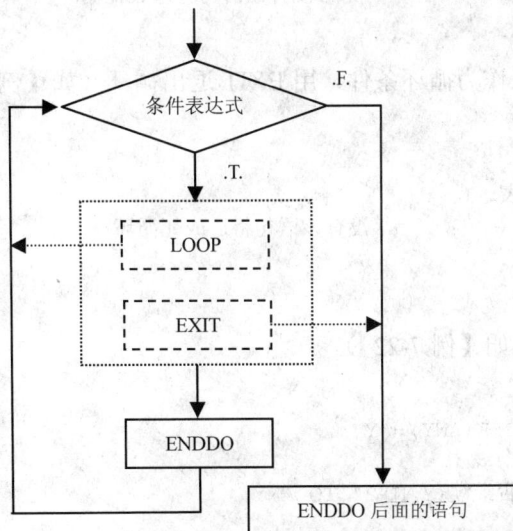

图 7-12　"当"型循环结构

说明：

① 循环结构中 DO WHILE 与 ENDDO 必须成对出现。

② 在循环体中，可选项 LOOP 是一种强行缩短循环的语句，其功能是终止本次循

环体语句的执行（即不执行 LOOP 后面的语句），把控制转到 DO WHILE 语句处，并根据<条件表达式>的取值决定是否开始一次新的循环。

③ 在循环体中，可选项 EXIT 是强制退出循环语句。遇到 EXIT 语句时，程序立即跳出本层循环，转向执行 ENDDO 后面的语句。设置 EXIT 语句也是防止死循环的一种方法。

④ EXIT 语句与 LOOP 语句可以出现在循环体内的任何位置，常常包含在循环体内嵌套的选择结构语句中。

⑤ 在 DO WHILE...ENDDO 语句中，循环是否继续取决于<条件表达式>的当前取值。一般情况下循环体中应含有改变条件表达式取值的语句，否则将造成死循环，常见有以下 4 种形式。

● 计数形式：判断循环变量是否满足一定的数值要求（如【例 7-20】、【例 7-21】）。

```
I=1                           &&循环变量初值
DO WHILE I<100                &&循环变量终值
    ...
    I＝I+1                     &&修改循环变量的值
ENDDO
```

● 文件头或文件尾的测试：判断数据表的记录指针是否到文件头或文件尾（如【例 7-23】）。

```
USE <数据表>
DO WHILE .NOT. EOF()
    ...
    SKIP                      &&没有该语句将造成死循环
ENDDO
```

● 永真循环：用.T.作为循环条件，用 EXIT 退出循环（如【例 7-25】）。

```
DO WHILE .T.
    ...
    IF <条件表达式>
    EXIT                      &&没有该语句将造成死循环
    ENDIF
ENDDO
```

● 键盘输入数据（如【例 7-22】）。

```
ANY="Y"
DO WHILE UPPER(ANY)="Y"
    ...
    WAIT "是否继续(Y/N)?" TO ANY
ENDDO
```

【例 7-20】 用 DO WHILE 语句实现 1～20 的阶乘。

```
* PROG10.PRG
STORE 1 TO N,I
DO WHILE N<=20                &&如果满足N小于等于20，则执行DO WHILE循环体
    I=I*N
```

整体，必须以 IF<条件>开始，以 ENDIF 结束。ENDIF 不产生
出口，以便继续执行其后面的语句。单向分支实际上是双向分

程序实现：输入乘出租车的公里数，求乘车费（计费标准为：2.5km
外，每超过 1km，增加 1.2 元）。

```
      .PRG
   ALK OFF

   T "请输入公里数：" TO X
   X>2.5
   Y=(X-2.5)*1.2+5
ELSE
   Y=5
ENDIF
?"应付费",Y
SET TALK ON
RETURN
```

【例 7-15】　在 XSMD.dbf 中查找某人，若找到，则显示该记录；若找不到，则显示
"查无此人！"。编写程序实现此查询。

```
* PROG5.PRG
SET TALK OFF
USE XSMD
ACCEPT "输入待查找人的姓名：" TO NAME
LOCATE FOR 姓名=NAME
IF .NOT. EOF()                &&或者是 IF  FOUND( )
    DISPLAY
ELSE
    ?"查无此人！"
ENDIF
USE
SET TALK ON
RETURN
```

【例 7-16】　某商场开展优惠促销活动，在该商场消费金额不足 200 元，8 折优惠；
消费金额超过 200 元，6.6 折优惠，请编写收费程序。

```
* PROG6.PRG
SET TALK OFF
INPUT "请输入消费金额（单位：元）" TO A
IF S>=200
    R=S*0.66
ELSE
    R=S*0.8
ENDIF
?"应付金额：",R,"元"
SET TALK ON
```

```
RETURN
```

3. IF 语句的嵌套

IF…ELSE…ENDIF 的语句块里可以包含任何合法的 Visual Fox
以包含另一条 IF 语句，这就构成了 IF 语句的嵌套。IF 语句允许嵌套
嵌套形式可以是多种多样的，以下是其中的一种。

```
IF<条件表达式 1>
    <语句序列 1>
ELSE
    IF<条件表达式 2>
        <语句序列 2>
    ELSE
        <语句序列 3>
    ENDIF
ENDIF
```

【例 7-17】 编写程序实现征税。假定利润的征税率规定如下：利润(P)为 0 或亏本的不征税，利润在 1000 元以下税率为 3%，在 1000～2000 元的税率为 5%，在 2000 元（包括 2000 元）以上的税率为 6%。

```
* PROG7.PRG
SET TALK OFF
CLEAR
INPUT "请输入一个正整数："TO P
IF P<1000
   IF P<=0
    R=0
   ELSE                  && 0<P<1000
    R=0.03
   ENDIF
ELSE                     && P>=1000
   IF P<2000
    R=0.05               && 2000<P<=1000
   ELSE                  && P>=2000
    R=0.06
   ENDIF
ENDIF
TAX=P*R
?"TAX=",TAX
SET TALK ON
RETURN
```

4. 多分支结构

多分支语句也可以利用 IF 语句的多重嵌套来实现，但程序结构复杂不易阅读。Visual FoxPro 提供了 **DO CASE** 语句，可以方便地实现多分支结构。

```
    N=N+1
ENDDO
?I
SET TALK ON
RETURN
```

【例 7-21】 编写程序计算 1+2+3+ … + 20。

```
* PROG11.PRG
SET TALK OFF
N=1
S=0
DO WHILE N<=20
  S=S+N
  N=N+1
ENDDO
?S
SET TALK ON
RETURN
```

在进入"当"型循环以前，必须组织好循环的初始部分，**【例 7-21】** 中求和的累加器（内存变量 S）要赋值为 0，而求积的累积器（内存变量 P）要赋值为 1。循环条件表达式中的控制变量也要根据不同情况赋初值，因为循环的次数是和条件表达式中的控制变量所赋的初值密切相关的。而循环体包括了在循环中要执行的命令和循环条件控制变量的修改部分。

【例 7-22】 编写程序实现：根据输入的学号来显示 XSMD 表中的记录，若继续查询，则输入 Y 或 y，否则跳出循环，退出程序。

```
* PROG12.PRG
SET TALK OFF
USE XSMD
SR="Y"
DO WHILE UPPER(SR)="Y"
    CLEAR
    ACCEPT "请输入学号:" TO N
    DISPLAY FOR 学号=N
    WAIT "要继续查询吗?(Y/N)" TO SR
ENDDO
USE
SET TALK ON
RETURN
```

【例 7-23】 编写程序实现：在 XSMD 表中找出所有男性的学生。

```
* PROG13.PRG
SET TALK OFF
SET DEFAULT TO C:\program files\Microsoft office\VFP6.0
                    &&设置默认目录
USE XSMD
```

```
DO WHILE .NOT.EOF( )        &&循环条件为记录指针不在EOF位置
   IF 性别="男"
      DISPLAY               &&输出显示此条男生记录
      SKIP                  &&将记录指针向下移一位,继续执行ENDIF后的语句
   ELSE                     &&性别为女
     SKIP
   ENDIF
ENDDO
CLOSE ALL
RETURN
```

【例 7-24】 编写程序实现：从键盘输入两个整数，求它们的最大公约数和最小公倍数。

```
* PROG14.PRG
INPUT "输入一个整数: "TO M
INPUT "输入另一个整数: "TO N
M1=M
N1=N
T=MOD(M,N)
DO WHILE T<>0
   M=N
   N=T
   T=MOD(M,N)
ENDDO
?"最大公约数为: ",STR(N,4)
?"最小公倍数为: ",STR(M1*Nl/N,4)
CANCEL
```

【例 7-25】 编写程序实现：根据输入的记录号来显示 XSMD 表中的记录，如果输入负数或 0，则循环结束；如果输入记录号太大，超过了最大记录号，则要求重新输入。

```
* PROG15.PRG
SET TALK OFF
CLEAR
SET DEFAULT TO C:\program files\Microsoft office\VFP6.0
USE XSMD
COUNT TO N
DO WHILE .T.
INPUT "请输入记录号:" TO I
   DO CASE
      CASE I<=0
         EXIT
      CASE I>N
         ?"记录号太大!"
         LOOP
      OTHERWISE
         GO I
         DISPLAY
   ENDCASE
ENDDO
```

```
CLOSE ALL
SET TALK ON
RETURN
```

2. "计数"型循环结构

"计数"型循环控制语句根据循环变量的初值、终值和步长，决定循环体内语句的执行次数。该语句通常用于实现循环次数已知情况下的循环结构。

格式：

FOR <循环变量>=<初值> TO <终值> ［STEP<步长>］

　　<循环体>

ENDFOR|NEXT

执行过程：执行语句时，首先给循环变量赋以初值，并与终值比较，若超过终值，则循环体一次也不执行，直接执行循环终止语句 ENDFOR 后面的语句；若不超过终值，则依次执行循环体语句，直到 ENDFOR 语句，程序返回到 FOR 循环初始语句，然后将循环变量加上步长，再判断是否超过终值，只要不超过终值就执行循环体。一旦超过终值，则程序退出循环体，继续执行 ENDFOR 后面的语句。"计数"型循环结构流程如图 7-13 所示。

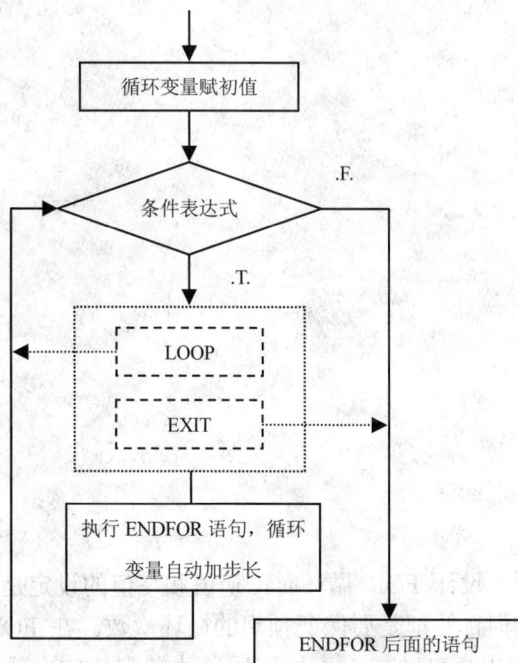

图 7-13　"计数"型循环结构

说明：

① 步长可正可负。当步长为 1 时，可以省略 STEP 子句。如【例 7-26】中的方法 1。

② "计数"型循环语句用于循环次数事先已知的情况。循环次数可以根据下式来

计算:

$$INT(ABS((终值-初值)/步长))+1$$

③ 循环体内可以出现 LOOP 和 EXIT 语句,其功能如前所述。

④ 循环变量可以在循环体中出现,参加相应的运算。如【例 7-26】、【例 7-27】。循环变量也可以不在循环体中出现,这时循环变量仅仅起着控制循环次数的作用,如【例 7-32】、【例 7-33】。在循环体中通常不要改变循环变量的值,以免影响循环次数,引起混乱。

⑤ 循环结束语句一般用 ENDFOR,也可以使用 NEXT。

【例 7-26】 用 3 种循环步长值求 1~100 的偶数和。

方法 1:

```
S=0
FOR N=1 TO 100
    IF INT(N/2)=N/2
        S=S+N
    ENDIF
ENDFOR
?S
```

方法 2:

```
S=0
FOR N=2 TO 100 STEP 2
    S=S+N
ENDFOR
?S
```

方法 3:

```
S=0
FOR N=100 TO 1 STEP -1
   IF INT(N/2)<>N/2
        LOOP
   ENDIF
   S=S+N
ENDFOR
?S
```

从上例中可以看到,设计 FOR 循环时,初值和终值的设定是随步长值不同或步长值符号不同而变化的。但目的都是要保证预想的循环次数。在 FOR 循环中碰到 LOOP 语句时,循环变量的值也会自动加上步长值后,才转到 FOR 语句去判断是否要继续循环。

【例 7-27】 编写程序实现:求 1~100 所有自然数之和、奇数之和以及偶数之和。

```
* PROG16.PRG
SET TALK OFF
CLEAR
```

```
STORE 0 TO SZ,SJ,SO        &&将3个累加器清零
FOR I=1 TO 100
    SZ=SZ+I
    IF I%2=1                &&或IF MOD(I%2)=1   表示I除以2，余数为1，I为奇数
        SJ=SJ+I
    ELSE                    && I为偶数
        SO=SO+I
    ENDIF
ENDFOR
?"自然数之和为：",SZ
?"奇数之和为：",SJ
?"偶数之和为：",SO
SET TALK ON
CANCEL
```

【例 7-28】 编写程序实现：输入一个字符串，然后倒序输出。

```
* PROG17.PRG
ACCEPT "请输入一个字符串：" TO STR
L=LEN(STR)
FOR I=L TO 1 STEP -1
    ??SUBSTR(STR,I,1)
ENDFOR
CANCEL
```

3. "指针"型循环结构

对数据表和记录的处理，用 DO WHILE 和 FOR 循环语句编程时，需要编写记录指针的移动和控制指针移动的多条语句，这样程序比较烦琐，效率不高。Visual FoxPro 系统提供了"指针"型循环结构，可根据表中当前记录指针决定循环体内语句执行的次数。

格式：

SCAN　［<范围>］　［FOR<条件表达式>］

　　　　［<循环体>］

　　　　　［LOOP］

　　　　　［EXIT］

ENDSCAN

执行过程：语句在执行时，首先判断函数 EOF( )的值，若其值为"真"，则结束循环，否则，结合<条件表达式>，执行<循环体>，记录指针移到指定的范围和条件内的下一条记录，重新判断函数 EOF( )的值，直到函数 EOF( )的值为真时结束循环。

说明：

① SCAN 循环结构专门用来对数据表进行操作。SCAN…ENDSCAN 语句有自动修改指针和判断是否到达文件尾的功能。因此，用 SCAN…ENDSCAN 语句比用 DO WHILE…ENDDO 语句处理数据表的速度快，而且编程方便简洁。

② EXIT 与 LOOP 命令的功能与"当"型循环相同。但是若在循环体中遇到 LOOP

语句，记录指针会自动按条件下移，才返回到 SCAN 语句头去判断记录指针是否已经到了当前表的文件末端，再决定是否执行循环体。

【例 7-29】 用 SCAN 循环显示 XSMD 表中男生的情况，注意与【例 7-23】用 DO WHILE 语句显示全体男生的程序比较。

```
* PROG18.PRG
SET TALK OFF
CLEAR
USE XSMD
SCAN
   IF 性别="女"
      LOOP              &&执行LOOP语句,指针下移一位后,转到SCAN语句
   ENDIF
   DISPLAY              &&显示男生的记录
ENDSCAN
USE
SET TALK ON
RETURN
```

【例 7-30】 用 SCAN 循环统计 XSMD 表中 1979 年以后出生的学生人数，并显示他们的记录。

```
* PROG19.PRG
SET TALK OFF
CLEAR
USE XSMD
N=0
SCAN FOR 出生日期>={^1979/01/01}
    DISP
    N=N+1
ENDSCAN
?"1979年以后出生的人数为:"+STR(N,3)
USE
SET TALK ON
CANCEL
```

【例 7-31】 在成绩表 CJB 中，计算学号大于 08004 的学生的总分，并按如下规定填写等级字段：总分≥250 为"优秀"；210≤总分<250 为"良好"；180≤总分<210 为"一般"；总分<180 为"差"。

```
* PROG20.PRG
SET TALK OFF
CLEAR
USE CJB
REPLACE ALL 总分 WITH 高等数学+英语+普通物理 FOR 学号>="08004"
SCAN FOR 学号>="08004"
    DO CASE
      CASE总分>=250
         REPLACE 等级 WITH "优秀"
```

```
        CASE总分>=210                        &&不能写成：总分>=210 .AND. 总分<250
           REPLACE 等级 WITH "良好"
        CASE总分>=180
           REPLACE 等级 WITH "一般"
        OTHERWISE
           REPLACE 等级 WITH "差"
     ENDCASE
  ENDSCAN
  LIST
  CLOSE ALL
  CANCEL
```

4. 循环语句嵌套

以上阐述的循环是单层循环。在一个循环体中可以完整地包含另一个循环，在另一个循环体中，又可以包含一个循环，依此下去，就有了多重循环，这就叫做循环的嵌套。按其所处的位置，可以相对地叫做外循环与内循环。循环嵌套的层次不限，但内层循环必须完全嵌套在外层循环之中。3 种形式的循环语句可以互相嵌套，但不能交叉嵌套。

```
DO  WHILE <条件表达式 1>
    DO  WHILE<条件表达式 2>
          <语句序列>
    ENDDO
    DO  WHILE<条件表达式 3>
          <语句序列>
    ENDDO
ENDDO
```

```
DO  WHILE …                          FOR …
    DO  WHILE(或 SCAN、FOR) …            FOR …
          …                                …
    ENDDO(ENDSCAN、ENDFOR)             ENDFOR
ENDDO                                ENDFOR
```

【例 7-32】 编写程序循环嵌套示例。

```
* PROG21.PRG
FOR I=1 TO 3
  FOR J=1 TO 4
    ?I+J
  ENDFOR
ENDFOR
```

执行过程如图 7-14 所示。

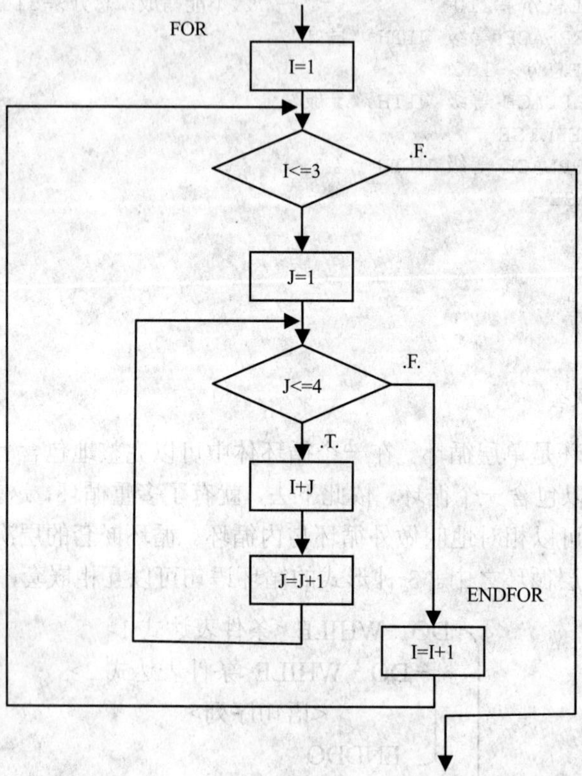

图 7-14 双重循环的执行过程

【例 7-33】 编写程序打印如下所示的图形。

```
                    * PROG22.PRG
     *              FOR I=1 TO 5              &&打印5行
    ***                ??SPACE（5-I）
   *****               FOR J=1 TO 2*I-1       &&随I改变，打印1、3、5、7、9列
  *******                 ??"*"
 *********              ENDFOR
                        ?
                    ENDFOR
```

下面的程序说明如何利用嵌套循环来处理问题。请用户注意进入每一层循环前的初值处理和每一层循环次数的变化以及对结果格式的影响。

【例 7-34】 按矩阵形式显示九九乘法表，9 行 9 列。

```
    * PROG23.PRG
    CLEAR
    FOR a=1 TO 9
      ?
      FOR b=1 TO 9
         ??SPACE(2)+STR(a,1)+"×"+STR(b,1)+"="+STR(a*b,2)
```

```
  ENDFOR
ENDFOR
```

程序运行结果如图 7-15 所示。

```
1×1= 1   1×2= 2   1×3= 3   1×4= 4   1×5= 5   1×6= 6   1×7= 7   1×8= 8   1×9= 9
2×1= 2   2×2= 4   2×3= 6   2×4= 8   2×5=10   2×6=12   2×7=14   2×8=16   2×9=18
3×1= 3   3×2= 6   3×3= 9   3×4=12   3×5=15   3×6=18   3×7=21   3×8=24   3×9=27
4×1= 4   4×2= 8   4×3=12   4×4=16   4×5=20   4×6=24   4×7=28   4×8=32   4×9=36
5×1= 5   5×2=10   5×3=15   5×4=20   5×5=25   5×6=30   5×7=35   5×8=40   5×9=45
6×1= 6   6×2=12   6×3=18   6×4=24   6×5=30   6×6=36   6×7=42   6×8=48   6×9=54
7×1= 7   7×2=14   7×3=21   7×4=28   7×5=35   7×6=42   7×7=49   7×8=56   7×9=63
8×1= 8   8×2=16   8×3=24   8×4=32   8×5=40   8×6=48   8×7=56   8×8=64   8×9=72
9×1= 9   9×2=18   9×3=27   9×4=36   9×5=45   9×6=54   9×7=63   9×8=72   9×9=81
```

图 7-15　按矩阵形式显示九九乘法表

【例 7-35】 按左下三角形式显示九九乘法表。

```
* PROG24.PRG
CLEAR
FOR a=1 TO 9
  ?
  FOR b=1 TO a                    &&与上例不同,将内层循环缩短到a
    ??SPACE(2)+STR(a,1)+"×"+STR(b,1)+"="+STR(a*b,2)
  ENDFOR
ENDFOR
```

程序运行结果如图 7-16 所示。

```
1×1= 1
2×1= 2   2×2= 4
3×1= 3   3×2= 6   3×3= 9
4×1= 4   4×2= 8   4×3=12   4×4=16
5×1= 5   5×2=10   5×3=15   5×4=20   5×5=25
6×1= 6   6×2=12   6×3=18   6×4=24   6×5=30   6×6=36
7×1= 7   7×2=14   7×3=21   7×4=28   7×5=35   7×6=42   7×7=49
8×1= 8   8×2=16   8×3=24   8×4=32   8×5=40   8×6=48   8×7=56   8×8=64
9×1= 9   9×2=18   9×3=27   9×4=36   9×5=45   9×6=54   9×7=63   9×8=72   9×9=81
```

图 7-16　按左下三角形式显示九九乘法表

下面的例题将说明嵌套循环中的 LOOP 与 EXIT 语句在实际应用中的妙处，而且从中可以学习如何构造永真循环以及如何退出永真循环。

【例 7-36】 求 100～200 内的所有素数之和（所谓素数是指只能被 1 和本身整除的大于 1 的自然数）。

分析：一般可以将二重循环的执行过程理解成外循环变一次，内循环变一圈。现在只需要对 100～200 内的每一个奇数逐个判断是否为素数，是素数就累加，否则退出内层循环。

```
* PROG25.PRG
SUM=0
FOR I=101 TO 199 STEP 2            &&外循环,除了2以外,所有素数都是奇数
```

```
        N=SQRT(I)                              &&缩短内层循环次数
        FOR J=2 TO N
          IF MOD(I,J)=0
            EXIT                               &&若能整除,就不是素数,退出内层循环
          ENDIF
        ENDFOR
        IF J>N                                 &&表示每个数都不能被整除,I为素数
          SUM=SUM+I
        ENDIF
      ENDFOR
      ?"100～200之间的所有素数之和为：",SUM
      CANCEL
```

【例 7-37】 用户任意输入一个正整数，该程序将输出 0 到该正整数之间的所有奇数之和。若用户输入零，则退出程序。

```
* PROG26.PRG
DO WHILE .T.
    INPUT "请输入任意正整数（0退出）：" TO M
    IF M=0
      EXIT
    ENDIF
    STORE 0 TO X,Y                    &&为X,Y赋初值为0,Y为累加器
    DO WHILE X<M                      &&只要X的值小于该正整数
        X=X+1
        IF INT(X/2)=X/2               &&如果当前X的值是偶数，则跳过
            LOOP
        ELSE
            Y=Y+X                     &&如果当前X的值是奇数，则加入和
        ENDIF
    ENDDO
    ?"奇数之和为:"+STR(Y,3)
ENDDO
```

7.4 子程序、过程与自定义函数

一个大的应用程序往往是由若干个较小的程序模块（称为过程）、函数等组成，这些也称为子模块。过程和函数可以将常用代码集中在一起，供应用程序在需要时调用，这样做提高了程序代码的可读性和可维护性，在需要修改程序时，不必对程序进行多次修改，而只变动一个过程或函数即可。

每个在结构上相对独立的程序段就是一个模块，这种模块可以是子程序、过程或自定义函数。它可以被其他模块所调用，也可以去调用其他模块。

7.4.1 子程序

1. 子程序的构成

子程序就是能够被其他程序调用的程序。在描述程序间的调用关系时，通常称被调用者为子程序，调用它的程序为主程序。然而主程序与子程序是相对而言的，一个程序可以调用其他程序而成为主程序，当该程序又被另外的程序调用时，它又成了子程序。

子程序与一般程序的建立和编辑方法、运行操作都是相同的。唯一不同之处是在其出口处设置了程序的返回语句，格式如下：

RETURN [<表达式> | TO MASTER | TO <程序文件名>]

功能：返回到调用该子程序的上级程序。

说明：

① RETURN<表达式>表示将指定的表达式值返回给调用程序。

② [TO MASTER]可强制性地直接返回主程序。

③ [TO<程序文件名>]可强制性地返回到指定的程序文件。

2. 子程序的调用

子程序是一个程序文件，因此调用子程序的命令与运行程序的命令是一样的。运行程序时是在【命令】窗口中以 DO 命令方式执行程序，而子程序调用是从某个程序内执行 DO 命令。子程序的调用格式如下：

DO <子程序文件名> [WITH<参数表>]

功能：在程序中调用子程序。

说明：

① 可选项 WITH<参数表>涉及参数的传递，将在后面介绍。

② 子程序可以嵌套调用，但不得超过 128 层。执行过程如图 7-17 所示。

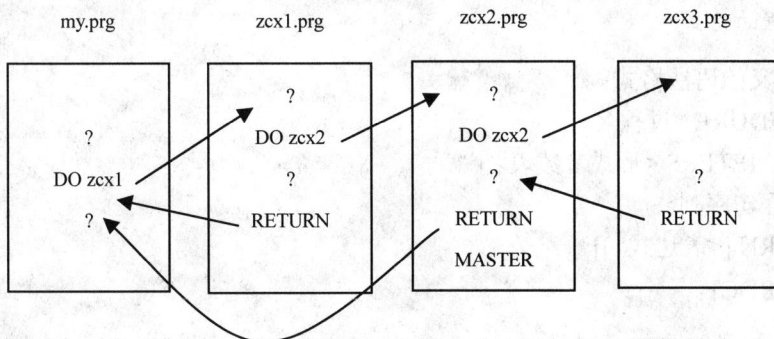

图 7-17　子程序嵌套调用时的程序执行过程

【例 7-38】　编写程序求 5! +6! +7! +8!。

```
* PROG27.PRG（主程序）              * JC. PRG（子程序）
SET TALK OFF                       P=1
```

```
CLEAR                                    FOR I=1 TO N
STORE 0 TO SUM,P                           P=P*I
N=5                                      ENDFOR
DO JC            &&调用子程序JC.PRG        RETURN
SUM=SUM+P        &&SUM的值是5！
N=6
DO JC            &&再次调用子程序JC.PRG
SUM=SUM+P
N=7
DO JC            &&第三次调用子程序JC.PRG
SUM=SUM+P
N=8
DO JC            &&第四次调用子程序JC.PRG
SUM=SUM+P
?"5!+6!+7!+8!",SUM
CANCEL
```

小提示　　子程序文件必须放在与主程序同一目录或指定目录下。

7.4.2　过程与过程文件

1. 过程与过程文件

在程序设计中将一些功能相对独立的共用模块编写成一个个程序段，需要时调用。

子程序作为一个文件单独存储在磁盘上，每调用一个子程序，就要打开一个磁盘文件，这就有可能使打开的文件数超过系统允许打开的文件总数，而且将导致磁盘目录过于庞大，使系统调用文件的速度降低，程序的执行速度下降。因此，可以将多个模块程序组成一个大文件，这种文件称为过程文件。只要对该文件读取一次，就可以调用它所包含的所有模块程序，这样就能大大提高系统的运行速度。

2. 过程的格式

过程定义的语法格式：

PROCEDURE <过程名>
[PARAMETERS <形式参数表>]
　　<语句序列>
[RETURN [<表达式>]]
[ENDPROC]

说明：

① PROCEDURE：表示一个过程的开始，并声明过程名。过程名必须以字母或下划线开头，可以包含字母、数字和下划线的任意组合，但最多不能超过 254 个字符。

② ENDPROC：表示过程的结束，如果缺省 ENDPROC，那么过程结束于下一条 PROCEDURE 命令或在文件尾处结束。

③ RETURN 表示控制返回到调用程序（或命令窗口），并返回表达式的值。如果缺

省 RETURN 命令，则在过程结束处自动执行一条隐含的 RETURN 命令。若 RETURN 命令不带<表达式>，则返回逻辑真.T. 。

3. 过程文件的构成

过程文件的建立仍使用 MODIFY COMMAND 命令，与一般程序文件类似。过程文件的默认扩展名也是.prg，在过程文件里只包含过程，一般按以下格式书写：

PROCEDURE <过程名 1>
　　<过程体 1>
ENDPROC
PROCEDURE <过程名 2>
　　<过程体 2>
ENDPROC
…
PROCEDURE <过程名 n>
　　<过程体 n>
ENDPROC

4. 过程文件的打开与关闭

在调用过程文件中的过程之前必须要先打开过程文件。

（1）过程文件的打开

格式：SET PROCEDURE TO [过程文件 1[,过程文件 2，…]] [ADDITIVE]

功能：打开一个或多个过程文件，一旦一个过程文件被打开，那么该过程文件中的所有过程都可以被调用。

说明：可以同时打开多个过程文件，如果选用 ADDITIVE，那么在打开过程文件时，并不关闭原先已打开的过程文件。

（2）过程文件的关闭

格式 1：SET PROCEDURE TO
格式 2：CLOSE PROCEDURE

功能：关闭所有打开的过程文件。

5. 过程的调用

格式 1：使用 DO 命令
DO <过程名>|<文件名>

格式 2：在过程名后加一对小括号。

<过程名>|<文件名> ( )

功能：调用过程或程序文件。

说明：

① 在主程序文件中调用某个过程，必须先打开过程文件，如图 7-18 所示。

```
<语句序列>                           PROCEDURE GC1
SET PROC TO <过程文件名>             <语句序列>
DO GC1                              RETURN
<语句序列>                           PROCEDURE GC2
DO GC2                              <语句序列>
SET PROCEDURE TO                    RETURN
<语句序列>                           ?
                                    PROCEDURE GCn
                                    <语句序列>
                                    RETURN
```

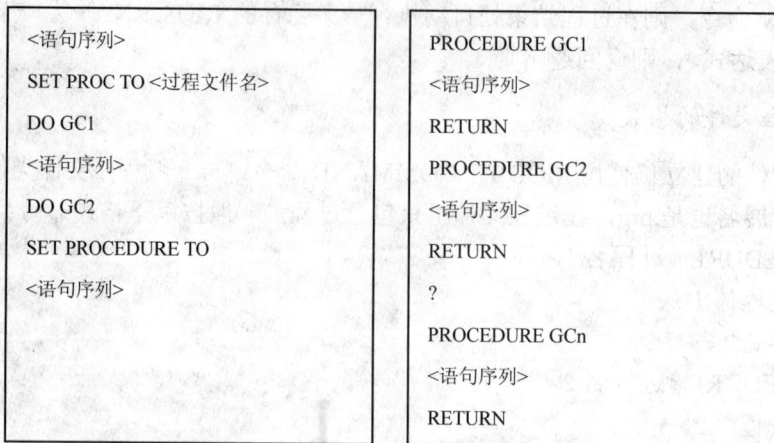

图 7-18　主程序文件中过程的调用

② 在上面的两种格式里，如果模块是程序文件的代码，模块调用就用<文件名>；如果模块是过程的代码，模块调用就用<过程名>。

③ 格式 2 的模块调用既可以当作命令使用，也可以当作函数出现在表达式中，格式 2 中的<文件名>不能含有扩展名。

【例 7-39】在下面程序中多次调用过程 DRAW，DRAW 的功能是画一条由 30 个"—"组成的直线。

```
* PROG28.PRG
SET TALK OFF              &&仅在主程序中使用
CLEAR
USE XSMD
DO DRAW
FOR I=1 TO 3
    DISP FILE 学号,姓名,性别,住校否 OFF
    DO DRAW
    SKIP
ENDFOR
USE
SET TALK ON
CANCEL

PROCEDURE DRAW           &&定义过程
FOR J=1 TO 30            &&不能用I作为循环变量
    ??"—"
ENDFOR
* DISP命令首先换行,再显示记录,所以此处可以省略?换行输出命令
RETURN
ENDPROC
```

6. 参数传递

模块程序可以接收主调用程序传递过来的参数，并且能够根据接收到的参数控制程

序流程或对接收到的参数进行处理。要使一个过程能够接收参数，必须在过程或函数中的第一条可执行语句使用 PARAMETERS 语句进行参数定义。

（1）在被调用程序（子程序/过程/函数）中定义参数

格式 1：PARAMETERS <形式参数表>

格式 2：LPARAMETERS <形式参数表>

说明：PARAMETERS 或 LPARAMETERS 是模块程序中第一条可执行语句。

（2）主调用程序（主程序）传递参数

格式 1：DO <子程序/过程> WITH <实际参数表>

格式 2：<子程序/过程/函数> (<实际参数表>)

功能：将主调用程序中的实际参数传递给被调用程序中的形式参数。

说明：

① 实际参数简称实参，形式参数简称为形参。实参可以是常量、变量或表达式，调用时，系统会自动把实参传递给对应的形参。

② 形参只能是变量，其个数不能少于实参的个数。如果形参的个数多于实参的个数，则多余的取初值为.F.。

③ 参数的个数不能超过 27 个。

（3）参数传递方式

在调用子程序时，一般调用程序（即主程序）与被调用程序（子程序/过程/函数）之间有参数传递问题，即主程序中的数据要以一定的形式传递给子程序，经过子程序的处理，又将所得结果返回给主程序。调用模块程序时，靠虚实结合进行参数传递。参数传递方式分为按引用传递和按值传递。

按引用传递：如果实参是单个变量，那么传递的将不是变量的值，而是变量的地址。从物理上讲，按地址传递时实参变量和虚参变量是同一个存储单元，所以接收实参值的虚参在参加运算后，其值发生了变化，返回主调用程序后，主调用程序中的实参变量的值也相应改变，称为按引用方式传递。从效果上讲，值的传递是双向的。

采用主调用程序格式 1 调用模块程序时，默认情况下都按引用方式传递参数。

【例 7-40】 按引用方式传递示例。

```
* 主程序PROG29.PRG
CLEAR
STORE 50 TO X1,X2
?X1,X2                  &&输出结果为50，50
DO SUB1 WITH X1, X2     &&默认为按引用传递，将X1传给a，X2传给b
?X1,X2                  &&输出结果为55 ，52，X1、X2的值发生了变化，
                        &&传递是双向的

*子程序SUB1.PRG          &&定义子程序SUB1
PARAMETERS a,b
a=a+5
b=b+2
RETURN
```

　　按值传递：如果实参是常量或一般形式的表达式，系统将实参的值传递给相应的形参，实参与形参断开了联系。在子程序调用中对形参的任何操作都不会影响到实参的值。按值单向传送，即只能由实参传递给形参，而形参不能返回给实参。采用主调用程序格式 2 调用模块程序时，默认情况下都以按值方式传递参数。

　　【例 7-41】　按值传递示例（子程序部分同【例 7-40】）。

```
* 主程序PROG30.PRG
CLEAR
STORE 50 TO X1, X2
?X1,X2                    &&结果为 50  50
SUB1(X1,X2)               &&默认为按值传递
?X1,X2                    &&输出为50  50 ，结果为实参的值，形参不返回给实参。
```

　　在按值方式传递参数时，如果实参是变量，也可以通过命令 SET UDFPARMS 重新设置参数传递方式，格式为：

　　SET UDFPARMS TO value|reference

　　① To value 表示按值传递，形参变量值的改变不影响实参变量的取值。

　　② To reference 表示按引用传递，形参变量值改变时，实参变量的值也随之改变。

　　③ 若用变量作为实参但又不需要值的回传，则可将实参变量放在一对圆括号内，使之成为表达式。

　　【例 7-42】　子程序同【例 7-40】。

```
* 主程序PROG31.PRG
CLEAR
STORE 50 TO X1,X2
SET UDFPARMS TO reference
DO SUB1 WITH X1,X2        &&X1,X2按引用方式传递
?X1,X2                    &&结果为55   52
DO SUB1 WITH X1,(X2)      &&X1按引用传递，（X2）加圆括号,按值传递
?X1,X2                    &&结果为60   52
```

7.4.3　自定义函数

　　Visual FoxPro 允许用户自己定义函数，一经定义，用户就可以像调用系统标准函数一样来调用自定义函数。

　　自定义函数与子程序的主要区别仅在于自定义函数必须返回一个函数值，而子程序却无此限制。所以自定义函数的建立与修改，与子程序文件编辑的方法相同，只是在最后一条返回命令中必须指出函数的返回值，而且要把程序文件名称改为函数名。函数带有一对圆括号以便与程序文件相区别。

　　1. 函数的定义

　　FUNCTION <函数名>

　　　　[PARAMETERS<形式参数表>]

　　　　　　<语句序列>

　　　　［RETURN［表达式］］
ENDFUNC

2．函数的调用

格式：函数名（［实际参数表］）

说明：

① 自定义函数可以作为一个独立的模块出现在程序文件的底部，供本程序调用。自定义函数也可以作为一个独立的程序文件，供所有程序调用，其扩展名也是.prg。这时可以省略自定义函数起始语句 FUNCTION<函数名>，如果加起始语句，则函数名必须与文件名相同。

② 调用时，实参个数与形参个数必须相等，依次虚实结合。如果是无参函数，调用时必须加圆括号。

③ 自定义函数会计算出一个值，由 RETURN 将这个值作为函数值返回。如果RETURN 后缺省表达式，则函数返回值为.T. 。

④ 若省略 RETURN，则函数结束时，系统自动执行一个隐含的 RETURN 命令。

【例 7-43】 根据输入的半径值，计算圆的面积。

```
* PROG32.PRG
CLEAR
MJ=0
DO WHILE .T.
    INPUT "请输入圆半径（0结束）" TO R
    IF R=0
      EXIT
    ENDIF
    MJ=AREA(R)                    && 实现对计算圆面积函数的调用,返回值赋给变量MJ
    ?" 圆面积为:",MJ
ENDDO
* 计算圆面积的自定义函数
FUNCTION AREA
PARAMETERS a
b=3.1416*a*a
RETURN b
```

7.4.4　内存变量的作用域

内存变量在程序中的作用范围称为内存变量的作用域。根据作用域的不同，可将内存变量分为 3 类：局部变量、私有变量和全局变量。

1．局部变量（本地变量）

格式：LOCAL <内存变量表>

功能：将<内存变量表>中的变量定义为局部变量，其作用域只包括本模块，不能在上层或下层模块中使用。在物理上，本地变量一经定义，就临时分配了存储单元；一旦离开了本模块，局部变量所占的存储单元就被释放，局部变量变成无定义，从而不能再被引用。

说明：

① LOCAL 命令与 LOCATE 命令的前 4 个字符相同，因此不可以缩写为 LOCA。

② LOCAL 命令可以定义局部内存变量和数组，且它们的初值皆为.F.。

【例 7-44】 在【命令】窗口输入：

```
LOCAL A,B,C(4)          &&不必再用DIMENSION语句定义C数组
?A,B,C(2)
```

运行结果为：.F.　　.F.　　.F.

2. 私有变量

格式：PRIVATE <内存变量表>

功能：将<内存变量表>中的变量定义为私有变量，其作用域包括本模块及下属模块。

说明：

① PRIVATE 命令可以定义私有内存变量和数组，且它们的初值皆为.F.。

② 系统默认，凡在程序中未做任何说明的变量均为私有变量，它在本程序及其被调子程序中有效。

③ 在一般情况下，私有变量不必用 PRIVATE 命令做显式说明。

【例 7-45】 在【命令】窗口中输入：

```
SET TALK OFF
X1=2                && X1为私有变量
X1=X1+1
?X1                 && 结果为3
SET TALK ON
CANCEL
```

【例 7-46】 在【命令】窗口中输入：

```
* 主程序PROG33.PRG                    * 子程序SUB.PRG
X1=2            && X1为私有变量          X1=4
DO SUB                                  X2=5
?X1                                     ?X1
CANCEL                                  RETURN
```

结果为 4 和 4。

3. 全局变量（公共变量）

全局变量是在任何程序或过程中都可以使用的内存变量。

格式：PUBLIC <内存变量表>

功能：将<内存变量表>中的变量定义为全局变量，其作用域涵盖所有程序。

说明：

① 用 PUBLIC 命令可以定义全局内存变量和数组，且它们的初值皆为.F.。

说明：

② 在【命令】窗口中建立的变量和数组均为全局变量和全局数组，但这些全局变量和数组不能在程序中引用。

③ 用 PUBLIC 定义的全局变量和数组在整个程序运行过程中始终有效，始终占有存储单元。即使程序运行结束，系统也不会自动释放全局变量。删除全局变量只能用 RELEASE 或 CLEAR ALL 等命令。

④ 若同一模块中有同名的各种变量，优先次序为：本地变量→私有变量→全局变量。

4．变量的隐藏

在一般情况下，私有变量不必用 PRIVATE 命令做显式说明。当被调子程序与主程序中有同名变量时，可在被调子程序中对该变量做显式说明，使主程序中的同名变量在被调子程序中暂时无效。返回主程序后，主程序中的同名变量原来的值仍然保留，且变量有效，而被调子程序中的变量变成无效，所占存储单元也被释放。

在多人开发的应用程序中为了防止主程序与各子程序之间因变量同名而互相影响，可在各自开发的子程序中定义私有变量，以屏蔽主程序中的同名变量，这就是变量的隐藏。

【例 7-47】 变量的隐藏。

```
* 主程序PROG34.PRG
SET TALK OFF
V1=100
V2=50
DO P1
?V1,V2                          &&显示结果为    100  1000
* 主程序中调用的过程P1
PROCEDURE P1                     &&定义过程P1
PRIVATE V1                       &&定义V1为私有变量，隐藏V1变量
V1=500
V2=1000
?V1,V2                          &&显示结果为    500  1000
RETURN
```

小提示　在变量的隐藏中，可将主程序中与子程序（或过程）同名的变量视为两个不同的变量。在【例 7-47】中可将过程中与主程序同名的变量 V1 当作 V1'，则在过程中的变量为 V1'，在主程序中的变量为 V1，互不干扰。

7.5　程序的调试

程序调试是开发过程中不可缺少的环节，是对程序进行测试，查找程序中隐藏的错

误并将这些错误修改或排除。Visual FoxPro 提供了一系列有效的跟踪调试手段和处理运行出错的命令和函数，帮助用户逐步发现代码中的错误，有效地解决问题。

1. 在命令窗口中直接输入调试命令

【命令】窗口允许开发者在开发环境中对单独的代码进行调试。在【命令】窗口中键入命令后，可查看到可视结果。如果一个命令没有可视结果，可以组合使用命令窗口和调试窗口来查看程序执行的结果。使用【命令】窗口调试程序的操作步骤如下。

① 在【命令】窗口键入命令，如图 7-19 所示。输入?ASC（'e'），查看其 ASCII 的值。

② 按 Enter 键，在活动的输出窗口显示出运行结果。

在调试过程中，有些问题使用【命令】窗口特别方便，如在编写 KEYPRESS 事件中用到键的 ASCII 值，在【命令】窗口中可以很容易判断出键的 ASCII 值，输入命令?ASC（'d'）后，按 Enter 键，在屏幕上显示 100。

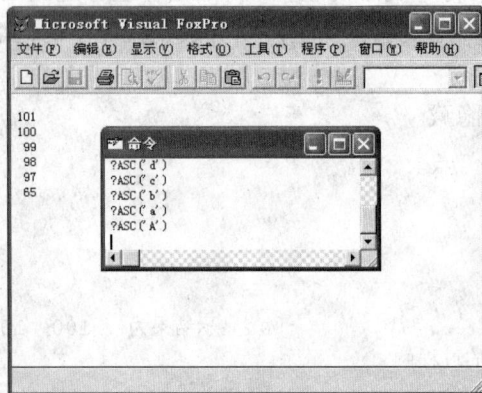

图 7-19　调试运行结果

2. 使用调试窗口

当测试和调试单个命令或用户自定义的代码时，可能需要知道某些变量和函数的值。若使用【命令】窗口进行测试，则必须使用开发环境。如果要在开发环境或运行环境中查看动态值则可使用【工具】|【调试器】菜单命令，打开调试窗口，如图 7-20 所示。调试窗口分为跟踪和监视两个窗口。使用调试窗口调试程序的步骤如下。

① 单击【文件】|【打开】菜单命令，弹出【添加】对话框，从中选择一个程序文件名，以便在【跟踪】窗口显示要调试的文件。

② 在如图 7-21 所示的【监视】窗口中，允许用户在【监视】栏中输入变量名、函数和表达式，但表达式不能带有宏替换符 "&"。每键入一个表达式后都要按 Enter 键以使系统进行语法检查并在下面的【监视】窗口中显示变量的值。当变量得到新值时，Visual FoxPro 更新监视窗口的显示。

图 7-20　调试窗口　　　　　　　　　　　　图 7-21　【监视】窗口

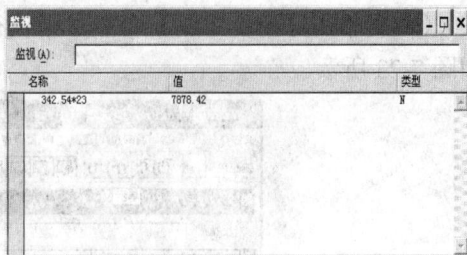

③ 在【跟踪】窗口中，以一个小圆按钮状的符号表示断点，用鼠标单击可以设置断点，也可以使用键盘的"↓"和"↑"键移动到要测试的表达式处并按 Backspace 键设置断点。当程序执行到【调试】窗口中的断点处时，Visual FoxPro 将会暂停程序的执行，再次单击此断点符号可将之清除。【调试】窗口中最多可以设置 32 个表达式。

④ 拖动底部的黑色分隔条可以调整上下窗口的大小。如果要清除【跟踪】窗口中的内容，选定【跟踪】窗口后，单击【调试】|【取消】命令即可，不过这将在清除表达式和断点的同时关闭【调试】窗口。

【调试】窗口的主要命令按钮如表 7-5 所示。

表 7-5　【调试】窗口的主要命令按钮

命　令	图　标	功　能
打开		用于在【跟踪】窗口中打开一个.prg、.fxp、.mpr 文件
取消	●	将取消一个已挂起程序的执行
跟踪		每次执行程序的一个代码行，执行后程序暂停，但不跟踪被调用的过程或函数
单步		每次执行程序的一个代码行，执行后程序暂停
跳出		跳出当前的执行程序，返回到调用当前程序的那个程序
运行到光标处		运行被调用在跟踪窗口的程序到当前光标处

3. 逐行执行程序代码

① 在【跟踪】窗口中，单击【文件】|【打开】命令，弹出【添加】对话框，选择要调试的程序，使程序代码出现在【跟踪】窗口中，如图 7-22 所示。

② 在【跟踪】窗口中，单击【调试】|【单步跟踪】命令，则执行程序的第一行代码。

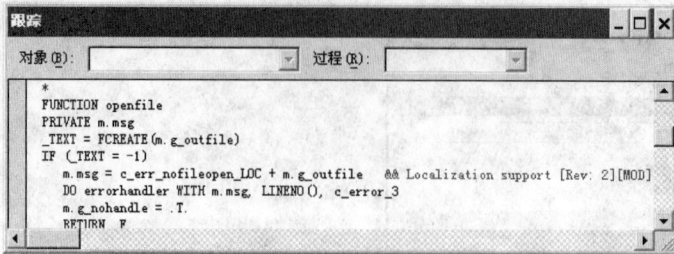

图 7-22　跟踪窗口

③ 再单击【单步跟踪】命令，则执行第二行代码，箭头标志移动到下一行代码，如图 7-23 所示。

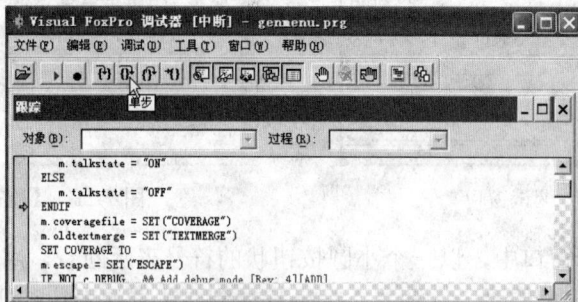

图 7-23　逐行执行程序代码

④ 重复上述操作步骤，跟踪所有代码，依次找出错误，然后进行更正。

4. 设置中断点

① 在要终止程序执行的代码行上单击鼠标，然后单击切换断点则此代码的前面显示一个表示中断的圆点，如图 7-24 所示。

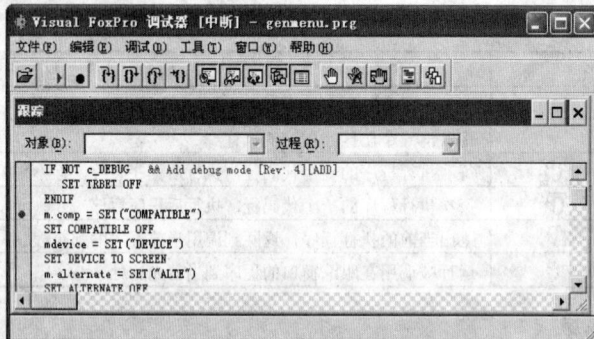

图 7-24　设置中断

② 单击【跟踪】窗口中的【继续执行】或【运行到光标处】命令，程序执行到被标识为中断的代码时停止执行，如图 7-25 所示。

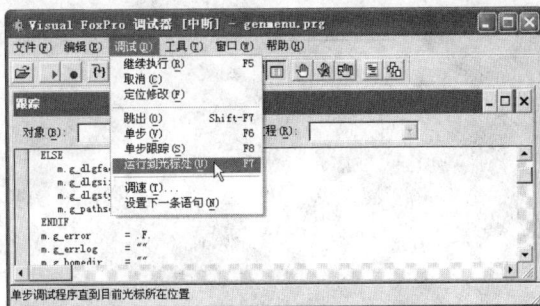

图 7-25　中断调试

5. 使用监视窗口

还有另外一种调试程序的有效方法——使用调试器中的【监视】窗口。

① 单击系统主菜单工具栏上的【级联菜单调试器】命令，弹出跟踪窗口。

② 单击调试器窗口工具栏的【继续运行】按钮将程序装入跟踪窗口。

③ 单击调试器窗口工具栏的【监视窗口】按钮，弹出监视窗口。

④ 在监视窗口中的监视栏内输入需监视的变量，按 Enter 键后所需监视的变量值就显示在窗口中，通过观察各参数的值就可了解程序是否按要求在运行。

7.6　习　　题

一、单选题

1. 在下列命令中，不能输入字符型数据的命令是＿＿＿＿。

　　A．ACCEPT　　　　B．WAIT　　　　C．INPUT　　　　D．DIMENSION

2. SCAN 循环语句是＿＿＿＿扫描型循环。

　　A．数组　　　　　B．数据表　　　　C．内存变量　　　D．程序

3. Visual FoxPro 程序设计的 3 种基本结构是＿＿＿＿。

　　A．顺序、选择、循环　　　　　　　B．顺序、选择、逻辑

　　C．模块、转移、循环　　　　　　　D．网状、选择、逻辑

4. 有关 LOOP 语句和 EXIT 语句的叙述正确的是＿＿＿＿。

　　A．LOOP 和 EXIT 语句可以写在循环体的外面

　　B．LOOP 语句的作用是把控制转到 ENDDO 语句

　　C．EXIT 语句的作用是把控制转到 ENDDO 语句

　　D．LOOP 和 EXIT 语句都能强制进入新一轮循环

5. 过程的引导语句是＿＿＿＿。

　　A．PRIVATE　　　　　　　　　　　B．PROCEDURE

　　C．PROGRAM　　　　　　　　　　　D．PARAMETERS

6. 以下程序段的运行结果为_____。

```
X=2.5
DO CASE
    CASE X>1
      Y=1
    CASE X>2
      Y=2
ENDCASE
?Y
RETURN
```

   A. 1   B. 2   C. 0   D. 语法错误

7. 运行以下程序段，屏幕显示的结果为_____。

```
DIMENSION K(2,3)
I=1
DO WHILE I<=2
  J=1
  DO WHILE J<=3
    K(I,J)=I*J
    ?? K(I,J)
    ?? SPACE(1)
    J=J+1
  ENDDO
?
I=I+1
ENDDO
RETURN
```

   A. 1 2 3   B. 2 4 6   C. 1 4 9   D. 2 4 6

8. 运行以下程序段，屏幕显示的结果为_____。

```
PRIVATE X,Y
X="中国"
Y="大学"
DO SUB WITH X
?X+Y
RETURN
PROC SUB
PARA X1
LOCAL X
X="科技"
Y="合肥"+Y
RETURN
```

   A. 中国科技大学   B. 科技中国大学
   C. 科技合肥大学   D. 中国合肥大学

9. 在 Visual FoxPro 中，关于过程调用的叙述，正确的是_____。

    A. 当实参的个数少于形参的个数时，多余的形参取逻辑假

    B. 当实参的个数多于形参的个数时，多余的实参被忽略

    C. 实参与形参的数量必须相等

    D. A 和 B 都正确

10. 以下关于过程的叙述中_____是正确的。

    A. 过程必须以单独的文件保存

    B. 过程只能放在另一个程序文件的后面

    C. 过程只能放在过程文件中

    D. 过程既可以单独保存，也可以放在程序文件的后面，还可以放在过程文件中

11. 执行如下程序段

```
SET TALK OFF                &&关闭交互模式
S=0
I=1
INPUT "N=?" TO N
DO WHILE S<=N
   S=S+I
   I=I+1
ENDDO
?S
SET TALK ON
```

如果输入值为 5，则 S 的显示值是_____。

    A. 1　　　　　　B. 3　　　　　　C. 5　　　　　　D. 6

12. 设有下列程序段：

    ① DO WHILE<逻辑表达式1>

    …

    ② WHILE<逻辑表达式2>

    …

    ③ EXIT

    …

    ④ ENDDO

    …

    ⑤ ENDDO

则执行到③EXIT 语句时，将执行_____。

    A. 第①行　　　　　　　　　　　B. 第②行

    C. 第④行的下一条语句　　　　　D. 第⑤行的下一条语句

二、填空题

1. 下列程序的功能是：计算三角形（高为 H、底为 A）的面积，将其补充完整。

```
*  主程序M.PRG
MJ=0
INPUT"请输入三角形的高:" TO H
INPUT"请输入三角形的底:" TO A
DO SS WITH MJ,H,A
?"三角形的面积为:",MJ
CANCEL
*  子程序SS.PRG
PARAMETERS_____
Y=X1*X2/2
RETURN
```

2. 下列程序用于计算基本工资的最大值,在空白处填上内容使其完整。

```
USE ZGDJ
MAX=JBGZ
N=RECCOUNT()
FOR I=2 TO N
   GO=I
   IF MAX<JBGZ

      _____

   ENDIF
ENDFOR
?"MAX;",MAX
CANCEL
```

3. 下列程序段的功能是接收从键盘输入的 Y 或 y 字符才退出循环,将其补充完整。

```
DO WHILE .T.
     WAIT "输入 Y/N" TO YN
     IF UPPER(YN)="Y"
          EXIT
     ELSE
          _____
     ENDIF
   ENDDO
```

4. 下列程序运行时,假设输入 100110,则运行结果为_____。

```
S=0
ACCEPT "请输入一个二进制数" TO N
L=LEN(N)
FOR I=1 TO L
   S=S+VAL(SUBSTR(N,I,1))*2*(L-I)
ENDFOR
?STR(S)
CANCEL
```

5. 下列程序运行后,屏幕将显示_____。

```
STORE 0 TO M,N
DO WHILE .T.
   N=N+2
```

```
     DO CASE
       CASE INT(N/3)*3=N
           LOOP
       CASE N>10
           EXIT
         OTHERWISE
           M=M+N
     ENDCASE
   ENDDO
   ?[M=],M,[N=],N
   CANCEL
```

6. 运行程序 EXER24.prg 后，结果为_____。

```
* EXER24.PRG              PROC SUB
PUBLIC X,Y                X=X+100
STORE 0 TO X,Y            PRIVATE Y
A=10                      Y=101
DO SUB                    A=A+Y
? X,Y,A                   RETURN
CANCEL                    ENDPROC
```

7. 运行如下主程序 EXER25.prg 后，结果为_____。

```
* EXER25.PRG              * SUB.PRG
N=3                       PARA M,R
P=0                       P=1
DO SUB WITH N,P           FOR I=1 TO M
?[阶乘值=],P               P=P*I
P=0                       ENDFOR
DO SUB WITH N,(P)         RETURN
?[阶乘值=],P
CANCEL
```

8. 已知 GZ.dbf 中含有"职务"，"职务补贴"等字段,下列程序的运行结果是_____。

```
SET TALK OFF
USE GZ
CLEAR
S=0
LOCATE FOR 职务="工程师".AND.职务补贴<>80.00
DO WHILE .NOT. EOF()
   S=S+1
   CONTINUE
ENDDO
?"S=",S
USE
```

三、编程题

1．打印如下乘法表。

（1）1

（2）2　　　4

（3）3　　　6　　　9

（4）4　　　8　　　12　　　16

（5）5　　　10　　　15　　　20　　　25

（6）6　　　12　　　18　　　24　　　30　　　36

（7）7　　　14　　　21　　　28　　　35　　　42　　　49

（8）8　　　16　　　24　　　32　　　40　　　48　　　56　　　64

（9）9　　　18　　　27　　　36　　　45　　　54　　　63　　　72　　　81

2．从键盘输入一个自然数，并判断是偶数还是奇数。

3．从键盘输入一个字符串，统计其中有多少个英文字母。

4．编程求 $P=1\times2+3\times4+5\times6+\cdots+21\times22$。

第 8 章　表单的设计与使用

本章要点

✧　了解面向对象程序设计的基本概念
✧　理解对象、属性、事件与方法的基本概念
✧　熟练掌握表单的创建及控件的使用

8.1　面向对象程序设计的基本概念

前面介绍的面向过程的程序设计要求用户必须考虑程序设计的全过程,正确书写出整个程序的代码。但随着程序规模的扩大,软件的复杂性也大幅度的增加。为了缩短软件的研制时间,提高软件开发的效率,一种新的编程方法应运而生——面向对象的程序设计方法(object oriented programming,简称 OOP)。

面向对象的程序设计是一次程序设计的革命,它把程序设计人员从复杂繁琐的编写程序代码的工作中解放出来。它利用人们对事物分类的自然倾向,引进了类的概念,它具有数据抽象、继承性等特点。程序设计人员主要考虑如何创建对象和创建什么样的对象,并设计必要的程序代码。

8.1.1　对象(object)

在现实生活中,对象是指某一物理实体,如一名学生、一台电扇、一部照相机等。它们都具有各自不同的状态(属性)和行为(方法)。

例如:对学生而言有姓名、性别、身高、体重、年龄等特征,称之为属性;对学生的选课、考试等特征称之为行为;电扇的属性有型号、颜色、功率;电扇的行为有摇头、变速、定时等;照相机属性有型号、颜色、数码、模拟等;照相机行为有闪光、调焦、光圈速度等。

在 Visual FoxPro 中对象是指把数据和程序捆绑在一起封装的逻辑实体,用户使用对象时只需了解其接口提供的功能,而不必知道其内部的数据描述。具体对象主要是指编程界面,由表单与控件组成;表单就像是一个容器,可容纳多个控件。对象的状态用数

据来表示称之为属性；行为用代码来实现称之为方法。在学习程序设计的过程中，经常要使用表单、控件等对象，用户将不断熟悉表单、按钮、列表框、文本框、表格等各种控件的状态属性和行为方法。

8.1.2 属性（property）

属性就是用数据来描述对象的状态。一个对象的状态可由多个属性来描述。比如标签有位置、大小、颜色、标题等多种属性。为方便用户设计，Visual FoxPro 提供了属性窗口，用于选择和设置对象的属性，也可以通过编程方式来设置。在程序中设置属性的一般格式为：

表单名.对象名.属性名=属性值

一般来说，在实际应用中，对象的大部分属性都采用默认值，只有部分属性需进行设置。

8.1.3 事件、事件过程和事件驱动

1. 事件（event）

事件是指用户或系统的动作所引起的经常发生的事情。例如用户单击鼠标就触发了一个 Click 事件，打开一个窗口时就触发了 Init 事件。在 Visual FoxPro 中系统预先为对象定义好一系列的事件，用户不能建立新的事件。如单击（Click）、双击（DbliClick）、获得焦点（GotFocus）等。如表 8-1 所示为 Visual FoxPro 中常用的一些事件。

表 8-1　Visual FoxPro 中常用的事件

事　　件	说　　明
Load	当创建一个对象之前引发
Init	当创建一个对象对其初始化设置时引发
Destroy	当对象退出时引发
Error	当一个方法运行错误时引发
Valid	当一个控件失去焦点时引发
GotFocus	当对象获得焦点时引发
Click	用鼠标单击对象时引发
InteractiveChange	当通过鼠标或键盘交互改变一个控件的值时引发
Release	将表单从内存中释放
Refresh	重新绘制表单或控件，并刷新它的所有值

2. 事件过程

当事件被触发时，对象可以识别该事件，并且对该事件做出响应，也就是立即执行为该事件编写的程序代码。为事件编写的程序代码称为事件过程。

3. 事件驱动

在面向对象的程序设计中，程序的执行方式是事件驱动即先等待某个事件的发生，然后再去执行与该事件对应的过程，等事件过程执行完毕后系统又处于等待某事件发生

的状态。由此可见，事件包括事件过程和事件触发方式两个方面，事件过程的代码应事先编写好，事件触发方式可分为以下 3 种。

① 由用户触发，例如单击命令按钮事件。

② 由系统触发，例如计时器事件。

③ 由代码触发，例如用代码来调用事件过程。

8.1.4　方法（method）

·对象要完成一个事件，必须通过程序代码来实现。Visual FoxPro 为对象内定了一些通用程序代码，称之为方法。方法对于用户是不可见的，只要调用它就可以了。这给用户编程带来了很大的方便。因为方法是为对象服务的，所以在调用时一定要有对象。对象调用方法的一般格式为：

对象名称.方法名

例如：`Thisform.Release`，表示从内存中释放表单。

8.1.5　对象的引用

在面向对象的程序设计中，可采用两种方式进行对象的引用：绝对引用与相对引用。绝对引用可以在任何地方使用，而相对引用则只能在方法程序或事件代码中使用。

1. 绝对引用

绝对引用是通过引用对象的名称来实现的，因此需要了解引用对象相对于容器的层次关系。例如，要在表单集中处理表单控件，就需要引用表单集、表单和控件。从表单集、表单到控件称之为容器的层次，在容器层次中引用对象，就相当于在各层次间提供一条路径。

例如，要将表单集中表单命令按钮组的第一个命令标题属性设置为"下一步"，其引用的命令为：

```
FormSet1.Form1.CommandGroup1.Command1.Caption="下一步"
```

这里引用 Command1 时采用的路径称为绝对路径。

如果只需要在某个容器层次中引用对象，不需要考虑层次关系，可以采用快捷方式即相对引用的方式，以避免层次之间引用带来的麻烦。

2. 相对引用

相对引用是通过关键字来引用对象，因此它比绝对引用要简单，只要掌握了关键字，就能很容易地实现对象的引用。在 Visual FoxPro 中主要使用以下关键字。

① Parent：该对象的上级容器。

② This：该对象本身。

③ Thisform：包含该对象的表单。

【例 8-1】 `Thisform.label1.caption="请选择"`

表示当前表单中标签的内容为"请选择"。

【例 8-2】 `This.Parent.backcolor=rgb(255,0,0)`
表示控件所在的上级容器的背景色为红色。

【例 8-3】 `Thisform.backcolor=rgb(255,0,0)`
表示控件所在的表单的背景色为红色。

8.1.6 类（class）

1. 类的概念

类是具有共同属性、共同操作性质的对象的集合。类就像一个模具，所有的对象都用类生成。当定义类时，规定这类对象具有哪些属性，采用什么方法。例如，在 Visual FoxPro 中有命令按钮类，这类对象都是方形的，并且都具有 Caption、ForeColor 等属性，都具有 Click 方法。这样，在创建一个命令按钮时，只需给属性赋值，给方法添加代码，就可创建一个适用于特定任务的命令按钮。可以说，类是对象的抽象，对象是类的实例。

2. 类的特性

类可以划分为父类和子类，也称为根类和派生类。子类不仅继承了父类的特性和方法，还具有自己的特性和方法，例如，基于命令按钮类创建了命令按钮子类，并且设置子类的 Caption 属性为"确定"，那么所有基于子类创建的命令按钮的 Caption 属性均为"确定"，这就是 OOP 的重要特性——继承性，继承性只体现在软件中，而与硬件无关，若发现类中有一个小错误，用户不必逐一修改子类的代码，只需在类中改动一处，就会涉及全部子类。

除此之外，类还具有封装性和多态性。类的封装性是指类的内部信息对用户是隐蔽的，对对象数据的操作只能通过该对象自身的方法进行。类的多态性是指一些相关联的类包括同名的方法程序，但方法程序的内容不同。

3. 类的分类

在 Visual FoxPro 中，类一般可以分为两类：容器类和控件类。容器类型控件能够包含其他控件，而且允许从外部访问这些内含的控件。容器类对象如表 8-2 所示。而控件类不能容纳其他对象，它的封装比容器更加严密，控件类对象将在 8.3 节中详细介绍。

表 8-2　Visual FoxPro 容器类

容　器　类	名　　　称
表单集	Formset
表单	Form
表格	Grid
页框	PageFrame
页面	Page
列	Column
选项按钮组	OptionButtonGroup
命令按钮组	CommandButtomGroup

8.2　表单的创建与修改

在 Visual FoxPro 系统中，用户可利用表单设计风格各异、形式多样的界面。该界面也称为"屏幕"或"窗口"。表单为数据库信息的显示、输入和编辑提供了非常简便的方法，表单的设计是可视化编程的基础。

在 Visual FoxPro 中，创建表单的方法有 3 种：使用表单向导、使用表单设计器和使用命令创建。第一种方法通过回答系统提出的各种问题，引导初学者一步步实现表单的创建；第二种方法不但可以创建新表单，还可以修改已有的表单；第三种方式则可以快速创建一个空白的表单。

8.2.1　利用表单向导创建表单

向导是学习和掌握一个新工具的最有效和最快速的途径。Visual FoxPro 提供了一个表单向导，专门用于表单设计。利用表单向导可以快速、简便地创建表单，避免了书写代码，但是，表单向导的简便性也使得它只能按一定的模式来产生结果。

可通过以下两种方法打开表单向导，显示【向导选取】对话框，如图 8-1 所示。

① 在 Visual FoxPro 中选择【文件】|【新建】|【表单】|【向导】菜单命令。

② 选择【工具】|【向导】|【表单】命令。

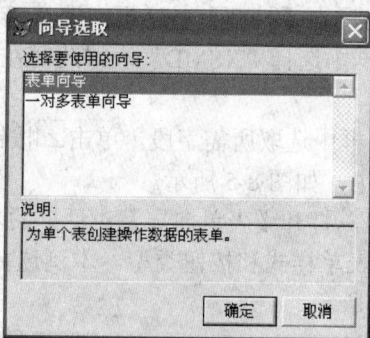

图 8-1　【向导选取】对话框

在如图 8-1 所示的对话框里，有两种类型的表单向导可以选择："表单向导"和"一对多表单向导"。如果选择"表单向导"，表示创建的表单只能处理单个表（数据库表或自由表）的数据；如果选择"一对多表单向导"，则表示创建的表单将能够处理两个已经建立关系的数据库表的数据。

1. 创建单表表单

【例 8-4】　创建单表表单示例。创建完成的表单效果如图 8-2 所示。本例需要用到第 4 章创建的数据表"XSMD.dbf"。

图 8-2　单表表单运行效果

使用【向导】创建表单的具体步骤如下。

① 单击【新建】按钮□，在弹出的【新建】对话框中选择【表单】单选框，然后单击【向导】按钮回，即可打开【向导】对话框，如图 8-3 所示。

② 在【选择要使用的向导】列表中选中【表单向导】选项，然后单击【确定】按钮，打开【表单向导】对话框，如图 8-4 所示。

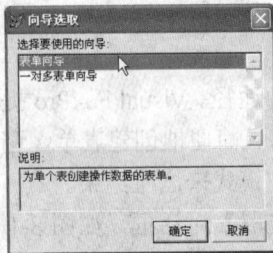

图 8-3　【向导选取】对话框

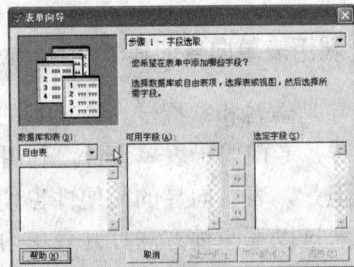

图 8-4　【表单向导】对话框

③ 单击【添加】按钮，在【打开】对话框中选择已经建立的表"XSMD.dbf"，然后在【数据库和表】列表框中选择"XSMD"表，此时在中间的【可用字段】列表框中出现 XSMD 表的所有字段。

④ 在【可用字段】列表框中选取所需字段，单击▶按钮，把 XSMD 表中所选字段添加到【选定字段】列表框中，如图 8-5 所示。

⑤ 单击【下一步】按钮，打开【表单向导】对话框的步骤 2-选择表单样式。这一步主要用来美化表单，设置表单样式和按钮类型。本例选择样式为"标准式"，按钮类型为"文本按钮"，如图 8-6 所示。

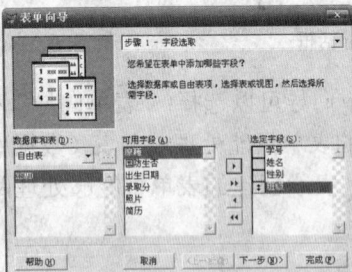

图 8-5　选定所需字段

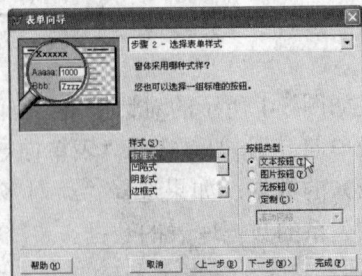

图 8-6　选择表单样式

⑥ 单击【下一步】按钮，打开【表单向导】对话框的步骤 3-排序次序。选择添加"学号"字段作为排序的依据，排序的方式为"升序"，即按学号由小到大进行排序，如图 8-7 所示。

⑦ 单击【下一步】按钮，在【请键入表单标题】文本框中显示默认的表单名称，也可重新输入，如图 8-8 所示。单击【预览】按钮可查看要创建的表单，或者直接单击【完成】按钮。

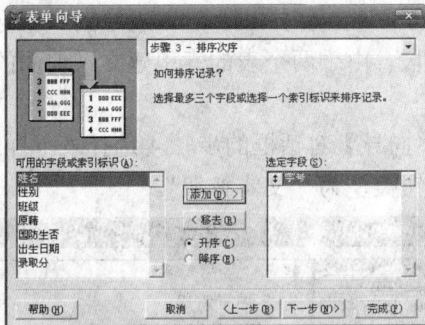

图 8-7 对字段进行排序

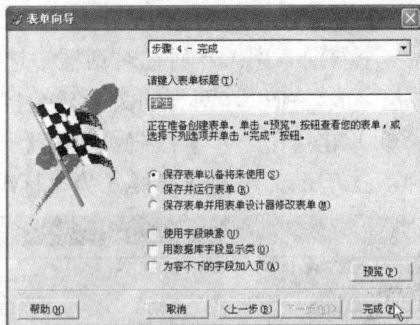

图 8-8 完成【表单向导】

⑧ 此时，出现【另存为】对话框，提示用户对表单进行保存。设置保存文件名和保存类型，然后单击【保存】按钮。

⑨ 单击【打开】按钮，打开刚才建立的"学号"表单，单击【运行】按钮，效果如图 8-2 所示。

2. 创建一对多表单

【例 8-5】 用表单向导创建一个一对多数据表的表单示例。

① 选择【文件】|【新建】|【表单】|【向导】命令，打开【向导选取】对话框，在【选择要使用的向导】列表框中选择【一对多表单向导】，单击【确定】按钮，弹出【一对多表单向导】对话框的步骤 1-从父表中选定字段，如图 8-9 所示。

② 在【数据库和表】下拉列表中选取已建立的数据库"学生库"，并添加库中的两个表"XSMD.dbf"和"CJB.dbf"，本例中添加 XSMD 表作为父表，并将 CJB 表中的所有字段添加到【选定字段】列表框。

③ 单击【下一步】按钮，弹出【一对多表单向导】对话框的步骤 2-从子表中选定字段，如图 8-10 所示。在此对话框中，将 CJB 表作为子表，并将表中的"学号"、"课程号"、"成绩"字段添加到【选定字段】列表框中。

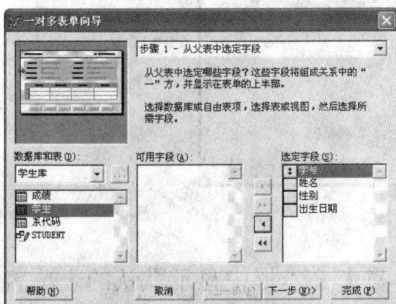

图 8-9 从父表中选定字段

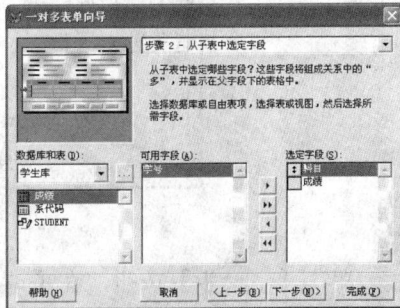

图 8-10 从子表中选定字段

④ 单击【下一步】按钮，弹出【一对多表单向导】对话框的步骤 3-建立表之间的关系，如图 8-11 所示。此时需要为添加的数据表建立关联关系，用户必须先在两个表中建立相关字段的索引。将 XSMD 表中的"学号"字段和 CJB 表中的"学号"字段建立关联，具体方法是：将 XSMD 表中的"学号"设置为主索引，将 CJB 表中的"学号"作为一个普通索引。然后在对话框中选择两个字段。由于两个表的索引建立在前面的章节中已完成，所以，两表的关系已经自动生成了。

⑤ 单击【下一步】按钮，弹出【一对多表单向导】对话框的步骤 4-选择表单样式，如图 8-12 所示。本例选择样式为"标准式"，按钮类型为"文本按钮"。

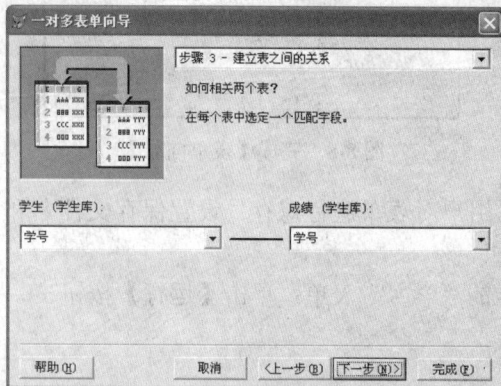

图 8-11 建立表间的关系   图 8-12 选择表单样式

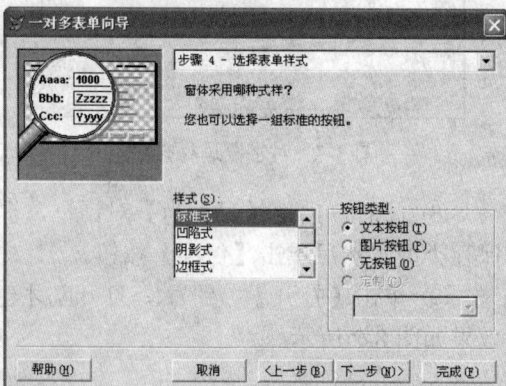

⑥ 单击【下一步】按钮，弹出【一对多表单向导】对话框的步骤 4-排序次序，如图 8-13 所示。

⑦ 在如图 8-13 所示对话框中，选定 XSMD 表中的"学号"字段作为排序的依据，排序方式选择"升序"。

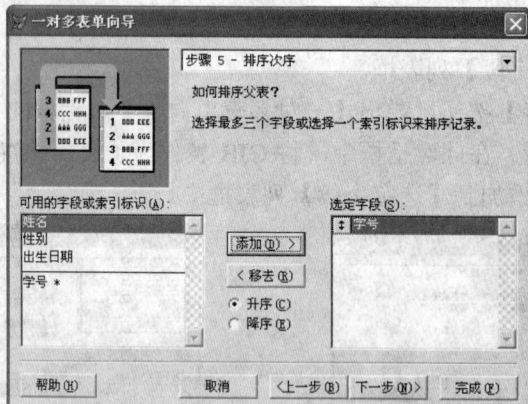

图 8-13 排序次序

⑧ 单击【下一步】按钮，在【请键入表单标题】文本框中显示默认的表单名称，也可重新输入，单击【预览】按钮可查看要创建的表单，或者直接单击【完成】按钮。

⑨ 此时，出现【另存为】对话框，提示用户对表单进行保存。设置保存文件名和保存类型，然后单击【保存】按钮。

通过使用表单向导设计表单，可以初步了解表单的基本结构和基本功能。表单一般用于显示表中字段，也可以显示其他对话信息；如果要显示表中的数据，必须设置表单的数据环境，然后选择要显示的字段，将这些字段与表单建立关联。为了使表单更加美观，可以设置一些表单的属性，再往表单里添加控件，这些控件可以由基类创建，也可以用户自定义创建。

操作技巧　这里提到了面向对象中的一个概念——基类。简单地说，已存在的、可以派生新类的类为基类，又称父类。比如，松树是一种植物，则可以将"植物"看成是基类，而松树则是由"植物"派生出来的"子类"，大家可以参考一些面向对象类的书籍加以进一步理解。

8.2.2 利用表单设计器创建表单

表单设计器是 Visual FoxPro 提供的一个功能非常强大的表单设计工具，它是一个可视化工具，表单的全部设计工作都在表单设计器中完成。

1. 打开表单设计器

打开表单设计器有 4 种方法。

① 选择【文件】|【新建】命令，在打开的【新建】对话框中选择"表单"文件类型，然后单击【新建文件】按钮。

② 在项目管理器中选择【文档】选项卡，选中【表单】并单击【新建】按钮。

③ 在【命令】窗口中使用 CREATE FORM <表单名>命令

④ 使用下面的语句：

```
MyForm=CREATEOBJECT("Form")
MODIFY FORM MyForm
```

用户使用上面任何一种方法，即可打开一个表单设计器，如图 8-14 所示。

图 8-14　用命令方式建立一个新表单

在如图 8-14 所示的表单设计器里，通过设置【属性】窗口里的属性，编写事件代码来操作表单,【表单控件】工具栏提供了在表单设计时能使用的所有控件,只要用鼠标选中某一控件,然后拖放在表单上适当的位置,即可将该控件对象添加到表单上。该操作既充分体现了"面向对象编程技术"的灵活性,也集中反映了可视化编程技术强大的显示效果。

2. 表单的【属性】窗口

表单的属性用于描述它的特征,如位置、大小、样式、边框以及是否可以缩放和关闭等。

打开表单设计器以后,选择【显示】|【属性】命令,或者在【表单设计器】或【数据环境设计器】中单击鼠标右键,在弹出的快捷菜单中选择【属性】命令,或者单击表单设计器工具栏上的【属性】按钮,就会打开如图 8-15 所示的表单【属性】窗口。

小提示 在【属性】窗口的顶部有一个对象组合框,其下拉列表中包含了当前表单及表单上所有对象的名称。单击下拉按钮,可以在下拉列表中选择相应的对象,根据所选对象的不同,【属性】窗口显示的内容也不尽相同。【属性】窗口总是默认显示当前选定的对象,当选择多个对象时,属性窗口显示选定对象共有的属性。

在【属性】窗口中包含有 5 个选项卡,分别是【全部】、【数据】、【方法程序】、【布局】和【其他】,选择不同的选项卡就会在窗口里显示相应的内容。各个选项卡的具体含义如下。

① 【全部】选项卡:按字母排序显示对象所有属性的当前设置、事件和方法程序的名称值。

② 【数据】选项卡:显示有关对象如何显示或怎样操作数据的属性。

③ 【方法程序】选项卡:显示对象的事件触发程序和方法程序。

④ 【布局】选项卡:控制对象外观的属性,如颜色等。

⑤ 【其他】选项卡:显示其他属性,包括用户自定义属性。

属性设置框左侧有 3 个按钮,单击左按钮 × 可取消更改,恢复初始值;单击中间按钮 √ 则确认属性的更改值;单击右按钮 *fx* 则激活一个【表达式生成器】对话框,属性可设置为原始值或表达式的返回值。

例如,在如图 8-14 所示的表单中,通过【属性】窗口设置表单背景颜色为"白色",具体操作步骤如下。

① 在表单的空白处单击鼠标,然后在【属性】窗口中选择"BackColor"属性,此时,在属性设置框右侧出现一个【选取】按钮 ... 。单击该按钮,打开【颜色】对话框,这里选择"白色",如图 8-16 所示。

② 单击【确定】按钮,返回表单窗口。此时,表单的背景就变成了白色,同时,在【属性】窗口中,【BackColor】属性文本框中的值变为了"255,255,255",即"白色"的 RGB 数值。

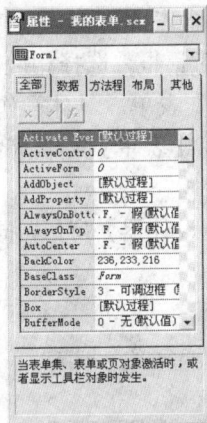

图 8-15 表单中的【属性】窗口   图 8-16 在【颜色】窗口中选择"白色"

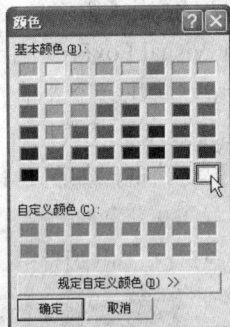

③ 如果在【BackColor】的属性设置框中输入"255，255，0"，并单击【确认】按钮☑，即可将表单的背景颜色设置为黄色。

属性设置框下面是属性列表，里面列出了当前对象的所有属性、事件和方法的当前默认值。有些属性值是以"斜体"显示，表示用户不能更改此属性值。有些属性值是以"黑体"显示，则表示属性值已经设为新值。双击某一个属性可更改该属性值。

3. 设置数据环境

当用户的表单用于显示一个或多个表的数据时，就必须设置表单的数据环境。

数据环境用于保存运行表单时所需的一个或多个表以及表与表之间的关系。某一个表只有包含在表单的数据环境里，它们的字段及相关内容才能在表单里显示和编辑。当运行表单时，数据环境能够自动打开或关闭表。

要设置表单的数据环境必须先打开表单设计器。打开表单的数据环境有 3 种方法。

① 在表单上单击鼠标右键，在弹出的快捷菜单中选择【数据环境】命令。

② 在 Visual FoxPro 主菜单中单击【显示】|【数据环境】命令即可。

③ 在【表单设计器】工具栏上选择【数据环境】控件按钮🖳。

使用上面介绍的 3 种方法之一，都可以打开表单的【数据环境设计器】窗口，如图 8-17 所示。打开【数据环境设计器】窗口后，系统菜单上隐去了【格式】和【表单】两个菜单，增加了【数据环境】菜单。

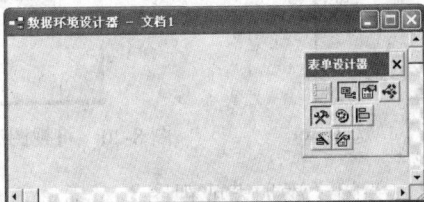

图 8-17 【数据环境设计器】窗口

如果数据环境中已包含表或视图，则打开数据环境时会同时打开并显示这些表或视图，同时也显示表与表之间的关系。若数据环境中没有包含表或视图，则打开一个空白的【数据环境设计器】窗口，同时弹出【添加表或视图】对话框，选择相应的表或视图。

【例 8-6】　使用【数据环境设计器】建立一个"学生"表单。具体操作步骤如下。

① 打开 Visual FoxPro 主窗口，选择【文件】|【新建】|【表单】菜单命令，单击【新建文件】按钮，新建一个表单"From1"。

② 单击【显示】|【数据环境】命令，打开【数据环境设计器】窗口，同时打开【添加表或视图】对话框，如图 8-18 所示。

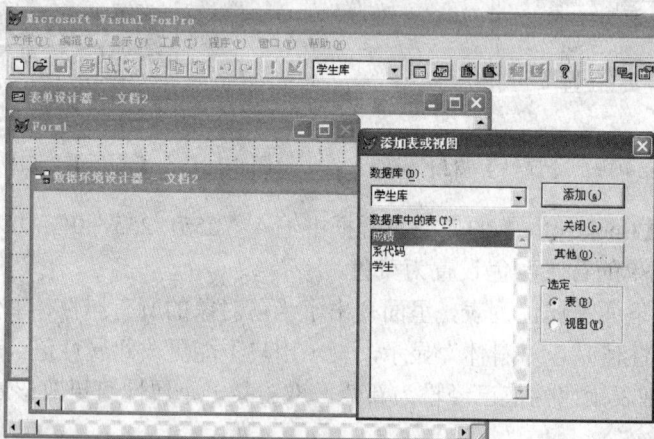

图 8-18　【数据环境设计器】窗口

③ 在【添加表或视图】对话框中，单击【添加】按钮，在【打开】对话框中选择已建立的"学生库"，单击【确定】按钮。在对话框中选择【视图】单选项，在【数据库中的视图】列表中显示"student"视图，如图 8-19 所示。

④ 双击视图"student"，即可将其添加到【数据环境设计器】窗口中，如图 8-20 所示。

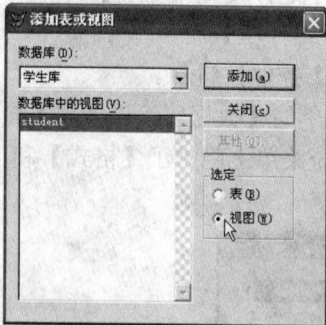

图 8-19　选择【视图】单选项

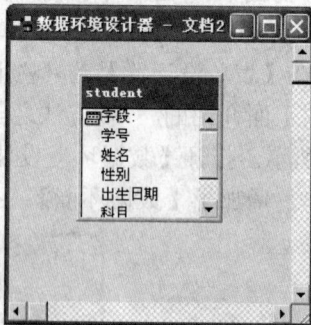

图 8-20　将视图添加到【数据环境设计器】

⑤ 单击【关闭】按钮，关闭【添加表或视图】对话框。

⑥ 选中 student 视图中的"字段"项，然后拖到表单中，松开鼠标，即可将 student 视图中的所有字段添加到表单中，如图 8-21 所示。

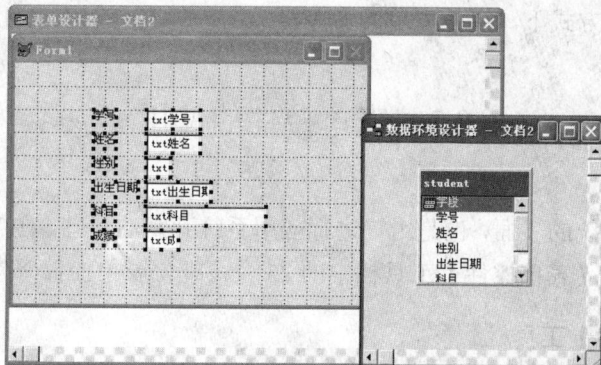

图 8-21　将 student 视图中的全部字段添加到表单中

在【数据环境设计器】中，有两种方法可以将 student 视图中的所有字段添加到表单中，一种方法是：用鼠标将 student 视图中的每一个字段一一拖到表单中；另一种方法是：直接将"字段"选中，拖放到表单中，这样可以一次性添加所有字段。

4. 表单的保存

当表单设计完成后，就可将表单保存在扩展名为.scx 的表单文件和扩展名为.sct 的表单备注文件中。存盘的方式有以下两种。

① 单击【文件】|【保存】命令，弹出如图 8-22 所示的【另存为】对话框，指定保存路径和保存文件名，单击【保存】按钮。

② 按组合键 Ctrl+W，在弹出的【另存为】对话框中进行保存设置。

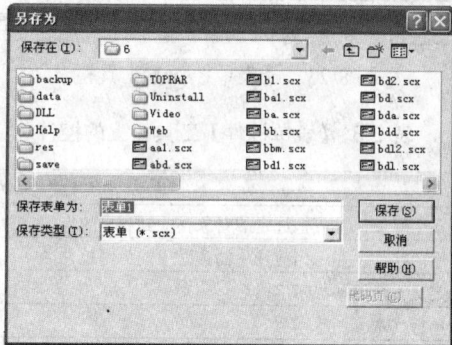

图 8-22　【另存为】对话框

5. 表单的运行

① 单击【程序】|【运行】命令。

② 在常用工具栏上单击【运行】按钮 。

③ 用 DO FORM <表单文件名>命令执行，其中表单文件的扩展名.scx 可省略。

6. 表单的修改

无论是利用表单向导还是利用表单设计器创建的表单，都可以使用【表单设计器】

进行修改。在命令方式下，修改表单的命令格式是：MODIFY FORM <表单名>

8.3　表单控件的使用

表单是应用系统的界面，也是用户进行应用系统开发的基础。在 Visual FoxPro 系统中，用户可以使用【表单控件】工具栏中的 25 个可视化表单控件来构造表单。

8.3.1　【表单控件】工具栏

在设计表单时，利用工具栏中的各种控件，可以方便地向表单中添加控件，完成设计工作。【表单控件】工具栏如图 8-23 所示。表 8-3 详细介绍了【表单控件】工具栏上各控件的具体功能。使用【表单控件】工具栏的步骤如下。

①【表单控件】工具栏的打开：一般创建一个新表单时会在屏幕上同时出现【表单设计器】工具栏和【表单控件】工具栏。如没有同时出现，可单击【显示】|【工具栏】命令，在弹出的【工具栏】对话框中选择【表单设计器】和【表单控件】即可。

② 添加控件的方法：在【表单控件】工具上单击所需按钮，然后在当前表单中希望添加控件的位置上单击，或拖拽鼠标即创建了一个同类型的控件。

③ 对控件进行修改：先单击选中控件（被选中的控件的边框会出现 8 个小方黑点），然后就可对其进行缩放、移动、删除等操作。

图 8-23　【表单控件】工具栏

表 8-3　【表单控件】工具栏上的控件

控　件	说　　明
选定对象	选定一个或多个对象，并可把选定的对象移动到表单的指定位置上
查看类	允许增加可用的控件，显示当前选中的类库里的可用控件
标签	用于显示固定文本，例如显示字段名
文本框	编辑和显示单行文本
编辑框	编辑和显示多行文本，允许设置滚动条进行编辑和显示
命令按钮	创建一个命令按钮，用于执行用户指定任务的操作命令
命令按钮组	创建一组命令按钮，用于执行指定的命令
选项按钮组	创建一组选项，每次至多只能选中一个选项
复选框	指示一项内容是否被选中，赋予"真"或"假"
组合框	用于创建一个下拉列表或创建一个下拉组合框
列表框	用于显示一列或多列条目清单
微调控件	用于在指定数值范围内增加或减少一个整数值
表格	以电子表格的形式显示数据
图像	创建一幅图形，用于显示位图（.bmp）

续表

控 件	说 明
计时器	在指定的时间间隔内执行一段程序代码
页框	在一个表单上构造多个页帧，用于显示多页信息
ActiveX 控件	从一个 OLE 服务器里获取 OLE 对象，包含 OLE 控件和 ActiveX 控件
ActiveX 绑定控件	用于显示表中通用型字段的数据，该控件与通用型字段相关联
线条	创建一条水平线、垂直线或对角线
形状	创建一个方框、圆形或椭圆
容器	容纳其他控件，作为一个整体进行处理
分隔符	在创建定制工具栏时，在工具栏控件之间放置一个分隔器
超级链接	链接到一个指定的对象上
生成器锁定	当控件被选中时，用于打开对应的生成器
按钮锁定	无需反复单击控件按钮就可增加多个相同类型的控件

8.3.2 常用表单控件

1. 标签（Label）

标签是 Visual FoxPro 中最常用的控件之一，它是按一定格式显示在表单上的文本信息，用来显示表单中各种说明和提示。标签有很多属性，常用的属性如表 8-4 所示。

表 8-4 标签的常用属性

属 性	说 明	默 认 值
Caption	标签的内容	Label1
AutiSize	设置是否自动调节标签的大小	.F.-否（默认）
FontName	选择文字的字体	宋体
FontSize	选择文本字体的大小	9
FontBold	设置文本字体是否为粗体	F
Name	标签的名称	Label1

【例 8-7】 在表单上添加两个标签，第一个标签显示文本为"用户名"，第二个标签显示文本为"密码"。表单设计如图 8-24 所示。

① 单击【文件】|【新建】|【表单】命令，创建表单。
② 在表单上添加两个标签 Label1 和 Label2。
③ 设置标签 Label1 属性：Caption 为"用户名"；AutoSize 为.T.；FontSize 为"12"。
④ 设置标签 Label2 属性：Caption 为"密码"；AutoSize 为.T.；FontSize 为"12"。
⑤ 以 bd1.scx 为文件名保存表单，并运行，运行效果如图 8-25 所示。

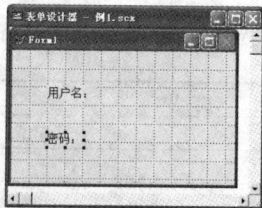

图 8-24 添加标签控件

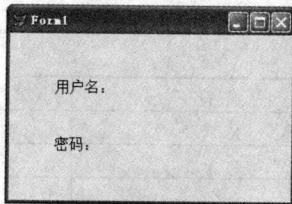

图 8-25 表单运行效果

2．文本框（Text）

文本框是 Visual FoxPro 常用的输入控件。用户利用它可以在表的一个字段或一个内存变量中输入数据或进行数据的编辑。文本框一般包含一行数据。文本框可以编辑任何类型的数据，如字符型、数值型、逻辑型、日期型或日期时间型。文本框的常用属性如表 8-5 所示。

表 8-5　文本框常用属性

属　　性	说　　明	默 认 值
ControlSource	设置文本框绑定的数据源	无
BackColor	设置文本框的背景颜色	255,255,255
ForeColor	设置文本框文本的颜色	0,0,0
ReadOnly	文本框的文本只读	.F.
Alignment	文本框的内容的对齐方式	3
Value	文本框的当前内容	无
PasswordChar	文本框显示用户输入的字符还是占位符。占位符主要用于输入密码，在屏幕上不显示输入的字符	无

（1）ControlSource 属性

一般情况下，可以用该属性为文本框指定一个字段或内存变量。运行时，文本框首先显示变量的内容，而用户对文本框的编辑的结果，也会最终保存到该变量中。

（2）Value 属性

返回文本框当前内容。该属性的默认值是空串。如果在 ControlSource 的属性中指定了字段或内存变量，此时文本框内容与 ControlSource 属性指定的变量具有相同的数据和类型。

（3）PasswordChar 属性

指定文本框内是显示用户输入的字符还是显示占位符。如果要在文本框里接受用户口令，可以将文本框的 PasswordChar 属性设置为"*"或其他字符，以保证口令的安全。如果属性设置为除空字符串以外的任何字符，文本框的 Value 属性将保存用户的实际输入。

（4）InputMask 属性

文本框的 InputMask 属性用于确定输入文本内容的模式范围，如是否允许输入阿拉伯数字，是否允许输入正负号等。它的表现方式是一个字符串，称为模式符，每个模式符规定了相应位置上的输入和显示行为，如表 8-6 所示。

表 8-6　模式符及其功能

模 式 符	功　　能
X	允许输入任何字符
9	允许输入数字和正负号
#	允许输入数字、空格和正负号

【例 8-8】　设计一个如图 8-26 所示的成绩查询登录窗口，供考生查询。该系统验证

查询者输入的姓名与准考证号是否正确，若输入不正确则弹出"用户名错！请重新输入"的窗口，若输入姓名与准证号都正确则弹出"欢迎使用本系统的"提示窗口。（假设用户名为"李明"，准考证号为"654321"）。

① 创建一个表单，然后在表单上创建两个标签和两个文本框。

② 设置 Form1 的 Caption 属性为"查询系统"。

③ 设置 Label1 的 Caption 的属性为"姓名"；Fontsize 为"12"；AoutSize 为.T.。

④ 设置 Label2 的 Caption 的属性为"准考证号"；Fontsize 为"12"；AoutSize 为.T.。

⑤ 设置 Text2 的 InputMask 属性值为"999999"

⑥ 双击 Text1 控件，编写 Text1 对象的 Valid 事件代码如下：

```
If thisform.text1.value<>"李明"
    Messagebox("用户名错！请重新输入",32,"验证用户名")
    Retu .f.
Endif
```

⑦ 双击 Text2 控件，编写 Text2 对象的 Valid 事件代码如下：

```
If thisform.text2.value="654321"
    Messagebox("祝贺登录成功！","欢迎进入")
    Thisform.release
Else
    Messagebox("准考证号错！请重新输入",32,"验证准考证")
Endif
```

⑧ 以 cx.scx 为文件名保存表单，并运行，运行效果如图 8-27 所示。

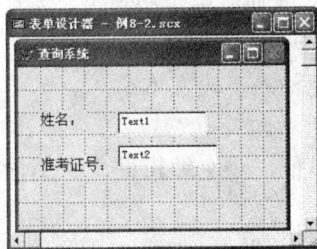

图 8-26 查询系统表单设计   图 8-27 表单运行结果

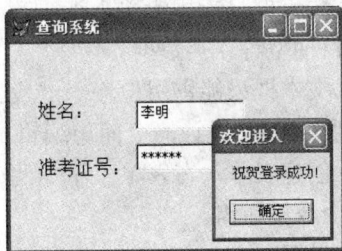

3. 命令按钮 （Command）

命令按钮在应用程序中起控制作用，通常使用命令按钮完成某一特定的操作。例如关闭一个表单的"关闭"按钮；确认当前操作行为的"确定"按钮、"继续"按钮或"放弃"按钮等。其操作代码通常放在 Click 事件中。

【例 8-9】 设计一个如图 8-28 所示的表单，在表单添加一个标签、一个命令按钮，当用户单击按钮时可显示当天的日期。

① 创建一个表单，然后在表单上创建一个标签和一个命令按钮。

② 在【属性】窗口中删除 Label1 的 Caption 属性值，则此时 Caption 的属性值为"无"。

③ 设置 Command1 的 Caption 属性值为"显示日期"。表单设计如图 8-28 所示。

④ 双击 Command1 控件，编写 Command1 控件的 Click 事件代码如下：

```
n=year(date())
y=month(date())
d=day(date())
thisform.label1.caption="今天是"+str(n)+"年"+str(y)+"月"+str(d)+"日"
```

⑤ 保存表单 xsrq.scx 并运行，运行效果如图 8-29 所示。

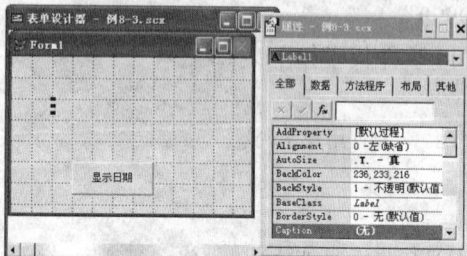

图 8-28 命令按钮应用表单设计

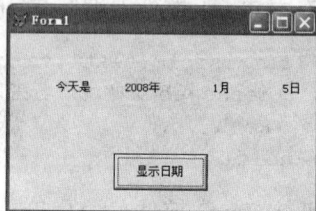

图 8-29 表单运行结果

4. 编辑框（Edit）

编辑框和文本框一样用于输入、编辑或显示文本，与文本框不同的是它允许输入多段文本，通常与备注型字段捆绑。编辑框最多可以最多可以容纳 2 147 483 647 个字符。编辑框与文本框的主要区别是：

① 编辑框只能用于输入或编辑文本数据，而文本框则适用于字符型、数值型、逻辑型、日期型等 4 类数据。

② 文本框只能供用户输入一段数据，而编辑框能输入多段文本。

【例 8-10】 设计一个简历编辑窗口，如图 8-30 所示。

① 创建表单，在表单上添加两个标签，一个文本框，一个编辑框，一个含有 3 个按钮的命令按钮组。

② 设置 Lable1 的 Caption 属性为"姓名"；AoutSize 为.T.；FontSize 为"12"。

③ 设置 Label2 的 Caption 属性为"简历"；AoutSize 为.T.；FontSize 为"12"。

④ 在表单数据环境中添加表"XSMD.dbf"。

⑤ 在【属性】窗口选中对象 Text1，将 ControlSource 属性与"姓名"字段绑定。

⑥ 在【属性】窗口选中对象 Edit1，将 ControlSource 属性与"简历"字段绑定。

⑦ 分别设置 Command1 的 Caption 属性为"上一条"、Command2 的 Caption 属性为"下一条"、Command3 的 Caption 属性为"退出"。

⑧ 为命令按钮组的每一个命令按钮编写 Click 事件代码。

【上一条】按钮代码：

```
if not eof()
   skip
   thisform.refresh
```

```
  endif
```

【下一条】按钮代码：

```
if not bof()
  skip -1
  thisform.refresh
endif
```

【退出】按钮代码：

```
thisform.release
```

⑨ 以 bd2.scx 为文件名保存表单并运行，运行效果如图 8-31 所示。

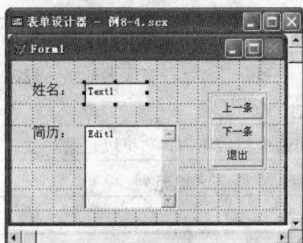

图 8-30　含有编辑框的表单

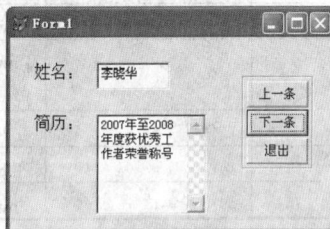

图 8-31　表单运行结果

5. 列表框（ListBox）与组合框（ComboBox）

列表框与组合框都有一个供用户选择的列表，二者的区别是：列表框任何时候都显示它所有项目列表，而组合框通常只显示一项，当用户单击它的下拉按钮时才显示可滚动的下拉列表。

组合框又分为下拉组合框（Style 属性值为 0）和下拉列表框（Style 属性值为 2）。下拉组合框兼有列表框和文本框的功能，用户可以单击下拉按钮来查看所有可供选择的项目列表，也可以在文本框中直接输入一个新数据项。可以使用 AddItem 方法将用户输入的值添加到组合框的列表中。而下拉列表框和列表框的用法几乎一样，它仅有选项功能。

（1）列表框常用属性

在表单中设计列表框经常使用的属性如表 8-7 所示。

表 8-7　列表框的常用属性

属　　性	说　　明
ColumnCount	列表框的列数（默认为 1 列）
ControlSource	用户从列表中选择的值保存在何处
ListIndex	返回或设置列表框或组合框列表显示时选定项的顺序号。该属性在设置时不可用，运行时可读写
RowSource	列表框中指定显示值的来源
RowSourceType	确定列表框中数据源类型

（2）设置列表框或组合框的数据源

通过设置 RowSourceType 和 RowSource 属性，可以将不同数据源中的数据添加到列表框中。RowSourceType 属性指定数据源的类型，如表或数组。设置完成 RowSourceType 属性后，可以设置 RowSource 属性指定数据源，如"学生.学号"。注意，在数据环境中添加表后才能设置字段。如表 8-8 所示为列表框或组合框的数据源类型。

表 8-8　列表框或组合框的数据源类型

RowSourceType	列表项的源	说　明
0	无	缺省值，由程序向列表中添加项
1	值	RowSource 设置逗号分隔的数据项来分别填充列
2	别名	RowSource 设置表名，表由数据环境提供，用 ColumnCount 确定字段数
3	SQL 语句	RowSource 设置 SQL SELECT 命令选出记录，并可创建一个临时表或表
4	查询文件（.qpr）	RowSource 设置一个 .qpr 文件
5	数组	RowSource 设置数组名
6	字段	RowSource 设置逗号分隔的字段列表，首字段有表名前缀，表来自数据环境。例如：xsh.学号,姓名,性别
7	文件	在 RowSource 设置路径，可用通配符或掩码，结果以目录与文件名填充列
8	结构	在 RowSource 设置表名，结果以字段名来填充列
9	弹出式菜单	为与以前版本兼容而设

【例 8-11】 创建如图 8-32 所示的表单，在表单上添加一个组合框和一个标签，组合框的每一个选项为一种颜色，单击某选项即可用所选的颜色显示标签内容。

① 创建一个新表单，并向其中分别添加一个组合框控件和一个标签控件。

② 设置 Label1 的 Caption 属性为"组合框控件的功能"，AoutSize 为.T.，Fontsize 为"18"。

③ 设置 Label2 的 Caption 属性为"请选择"，AoutSize 为.T.，Fontsize 为"12"。

④ 为 Combo1 组合框添加列表项：在【属性】窗口中选择 Combo1 对象，设置 RowSourceType 属性为"1"，在 RowSource 的文本框中输入："红色、蓝色、绿色、黄色"。（注意逗号要在英文状态下输入）。

⑤ 编写 Combo1 的 Click 事件代码如下：

```
Do Case
   Case thisform.combo1.selected(1)
      Thisform.label1.forecolor=rgb(255,0,0)
   Case thisform.combo1.selected(2)
      Thisform.label1.forecolor=rgb(0,0,128)
   Case thisform.combo1.selected(3)
      Thisform.label1.forecolor=rgb(0,64,0)
   Case thisform.combo1.selected(4)
      Thisform.label1.forecolor=rgb(255,255,0)
   Endcase
```

⑥ 保存表单 ba.scx 并运行，运行效果如图 8-33 所示。

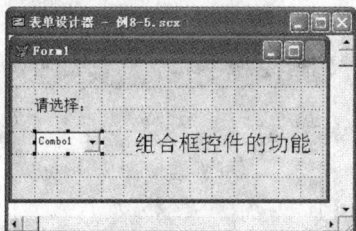

图 8-32　添加组合框的表单设计

图 8-33　表单运行结果

（3）AddItem 方法程序

列表框和组合框都有 AddItem 方法，通过调用该方法，即可在列表框和组合框中加入相应的选项。AddItem 方法的格式如下：

Control.AddItem（cItem [,nIndex][,nColumn]）

功能：当组合框或列表框的 RowSourceType 属性为 0 时，使用本方法可在其列表框中添加一个新项目。

其中，cItem 表示新项目的字符型表达式；nIndex 指定新项的位置，如果缺省此参数，当 Sorted 属性为.T.时，则新项目按字母顺序插入列表，否则添加到表的末尾；nColumn 指定放置新项目的列，缺省值为 1。

【例 8-12】在表单上创建一个列表框和一个标签，列表框中的每一个选项为一种颜色，单击某选项即可用所选的颜色显示标签内容，如图 8-34 所示。

① 创建一个新表单，并向其中分别添加一个列表框控件和一个标签控件。

② 设置标签控件 Label1 的 Caption 属性为"列表框控件的功能"。

③ 设置标签控件 Label2 的 Caption 属性为"请选择"。

④ 编写表单的 Init 事件代码如下：

```
This.list1.additem("红色")
This.list1.additem("蓝色")
This.list1.additem("绿色")
This.list1.additem("黄色")
```

⑤ 编写列表框 List1 的 Click 事件代码如下：

```
Do Case
   Case thisform.list1.selected(1)
       Thisform.label1.forecolor=rgb(255,0,0)
   Case thisform.list1.selected(2)
       Thisform.label1.forecolor=rgb(0,0,128)
   Case thisform.list1.selected(3)
       Thisform.label1.forecolor=rgb(0,64,0)
   Case thisform.list1.selected(4)
       Thisform.label1.forecolor=rgb(255,255,0)
Endcase
```

⑥ 保存表单 ba1.scx 并运行，运行结果如图 8-35 所示。

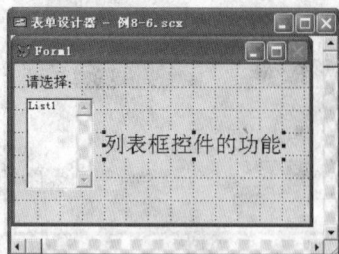

图 8-34　添加列表框控件的表单设计

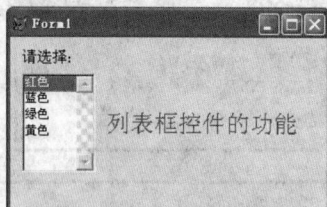

图 8-35　表单运行结果

6. 选项按钮组（OptionGroup）和复选框（CheckBox）

（1）选项按钮组

选项按钮组也称为单选按钮，常用于从多项控制中选择其中一个。选项按钮组的 ButtonCount 属性可以设置选项按钮的数目（默认值为 2）。Value 属性表示当前选中的是哪个选项按钮。在选项按钮组里的所有按钮中，有且只有一个选项按钮被选中。

在有些情况下，需要把选项按钮的属性值保存在表中。具体的设置方法是：将选项按钮的 Value 属性设置为空字符串，然后将 ControlSource 属性设置为表的一个字符型字段。这样，当用户选中某个选项时，该按钮的标题将被保存在表中对应的字符型字段里。如表 8-9 所示为选项按钮组常用的属性。

表 8-9　选项按钮组的常用属性

属　　性	说　　明
ButtonCount	选项按钮的数目
ControSource	选项按钮组的数据来源
Value	当前选中的选项按钮
DisabledForeColor	选项按钮失效时的前景颜色
DisabledBackColor	选项按钮失效时的背景颜色

（2）复选框

复选框常用于表示一个单独的逻辑型字段或逻辑变量。复选框中没有对号表示未选中该项。复选框是独立工作的，可以同时选中一个或多个复选框，也可一个都不选。

也可以通过设置 Style 和 Picture 属性，使复选框以图形按钮的样式显示。其中 bmp 图像就是复选框的标题。在这种情况下，如果按钮凸出显示，则表示该复选框未被选中，如果凹入显示，则表示复选框被选中。返回一个数值还是逻辑值，取决于控件绑定数据源的类型。

7. 综合应用：制作文本编辑器

【例 8-13】　使用前面学习的控件，设计制作一个多功能文本编辑器。

① 启动 Visual FoxPro，创建一个新表单，并设置表单的属性如表 8-10 所示。

表 8-10 表单的属性

属 性	属 性 值	备注说明
AutoCenter	.T.	使表单窗口居中
Closeable	.F.	表单窗口右上角的关闭按钮失效
WindowState	0-普通	使表单窗口在运行时处于一般状态
Caption	"小小" 文本编辑器	表单的标题显示

② 向表单中添加一个标签 Label1，设置它的属性如表 8-11 所示。

表 8-11 标签 Label1 的属性

属 性	属 性 值	备注说明
AutoSize	.T.-真	自动调整大小
FontSize	26	字体大小
Caption	请在下面输入你的文本	显示信息

③ 向表单中添加一个编辑框 Edit1，设置 FontSize 属性为 "20"。

④ 向表单中添加选项按钮组 OptionGroup，设置其属性如表 8-12 所示。

表 8-12 选项按钮组的属性

属 性	属 性 值	备注说明
AutoSize	.T.-真	自动调整大小
FontSize	9	字体大小
Caption	"宋体"、"行楷"、"隶书"	显示信息
ButtonCount	3	单选按钮个数

⑤ 向表单中添加 3 个复选框控件 Check1、Check2 和 Check3。设置它们的属性如表 8-13 所示。

表 8-13 Check1、Check2 和 Check3 的属性

属 性	属 性 值	备注说明
AutoSize	.T.-真	自动调整大小
FontSize	9	字体大小
Caption	"粗体"、"斜体"、"下划线"	显示信息

至此，表单界面设计完成了，表单界面如图 8-36 所示。

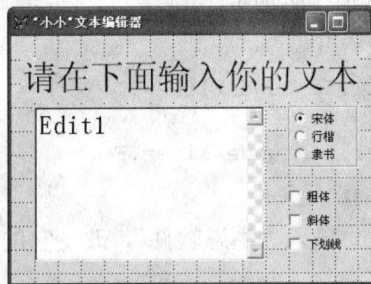

图 8-36 文本编辑器的界面

⑥ 在表单的空白处双击鼠标，编写表单 Click 事件代码，使其将焦点设置在编辑框上，代码如下：

```
thisform.edit1.setfocus
```

编写表单的 Destroy 事件代码，其功能是关闭表单，释放资源。

```
RELEASE Thisform
CLEAR Events
```

⑦ 为按钮选项组 OptionGroup1 添加代码。双击按钮选项组 OptionGroup1，编写其 Click 事件代码，用来判断用户的单击事件，当改变选项组中的选项时，获取用户的选择。

```
DO CASE
    CASE this.value=1
        thisform.edit1.fontname="宋体"
    CASE this.value=2
        thisform.edit1.fontname="华文行楷"
    CASE this.value=3
        thisform.edit1.fontname="隶书"
ENDCASE
```

⑧ 为 3 个复选框控件 Check1、Check2 和 Check3 添加 Click 事件代码。Check1 控件代码如下：

```
IF this.value=1
    thisform.edit1.fontbold=.T.
ELSE
    thisform.edit1.fontbold=.F.
ENDIF
```

为复选框 Check2 控件添加代码如下：

```
IF this.value=1
    thisform.edit1.fontitalic=.T.
ELSE
    thisform.edit1.fontitalic=.F.
ENDIF
```

为复选框 Check3 控件添加代码如下：

```
IF this.value=1
    thisform.edit1.fontunderline=.T.
ELSE
    thisform.edit1.fontunderline=.F.
ENDIF
```

⑨ 单击【运行】按钮 ，输入 "洪恩软件"，改变它的字体格式，程序的演示效果如图 8-37 所示。

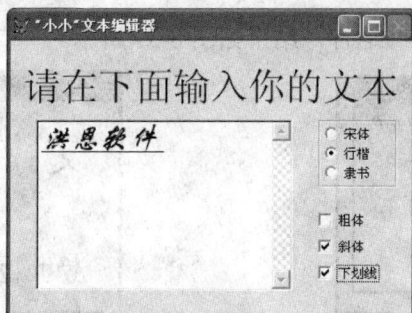

图 8-37　文本编辑器演示效果

8．计时器（Timer）

计时器控件能有规律地按设定的时间间隔自动运行 Timer 事件代码。该控件在设计时是可见的，便于选择属性、查看属性和编写事件过程，而在运行时是不可见，用于后台处理。

计时器有两个主要的属性：Interval、Enable；一个事件：Timer 事件。

Interval 属性：指定了两个计时器事件之间的时间间隔，其值以毫秒 ms（0.001s）为单位。

Enable 属性：当 Enable 属性为"真"（.T.）时计时器被启动。当该属性为假（.F.）时，计时器的运行暂停，等待下一个外部事件发生使 Enable 变为"真"时才继续运行。

Timer 事件：编写计时器重复执行的事件代码，重复的周期由 Interval 属性值决定。

【例 8-14】　制作一个自动执行文字放大的表单，如图 8-38 所示。

① 创建一个表单，在表单上添加一个标签 Label1、一个计时器 Timer1、3 个命令按钮 Command1、Command2、Command3

② 设置标签 Label1 的 Caption 属性为"文字放大"，Aoutsize 为.T.。

③ 设置计时器 Timer1 的 Interval 属性为"100"，Enabled 属性为.F.。Timer1 的 Timer 事件代码如下：

```
IF thisform.label1.fontsize<70
    thisform.label1.fontsize=thisform.label1.fontsize+3
ENDIF
thisform.refresh
```

④ 设置 Command1 的 Caption 属性为"放大"。Command1 的 Click 事件代码如下：

```
thisform.timer1.enabled=.T.
```

⑤ 分别设置 Command2、Command3 的 Caption 属性为"暂停"、"退出"。

⑥ Command2 的 Click 事件代码如下：

```
thisform.timer1.enabled=.F.
```

⑦ Command3 的 Click 事件代码如下：

```
thisform.release
```

⑧ 保存 wzfd.scx 表单并运行，结果如图 8-39 所示。

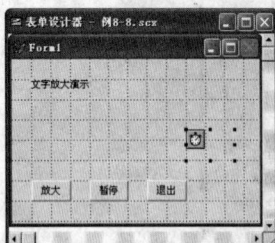

图 8-38　含有计时器表单设计　　　　　图 8-39　表单运行结果

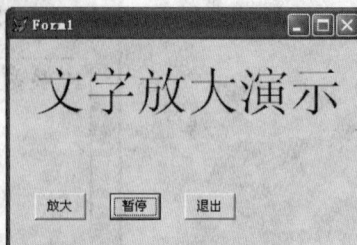

9. 命令按钮组（CommandGroup）

命令按钮组控件是一种容器，它可以包含若干个命令按钮，按钮组内的每一个按钮都有独立的属性、事件和方法。

属性 ButtonCount 可以定义一个命令按钮组包含几个命令按钮。利用命令按钮组控件在表单上先创建一组命令按钮，再使用生成器为命令按钮组设置常用属性。右击命令按钮组，在弹出的快捷菜单中选定【生成器】命令，打开【命令组生成器】对话框，如图 8-40 所示。

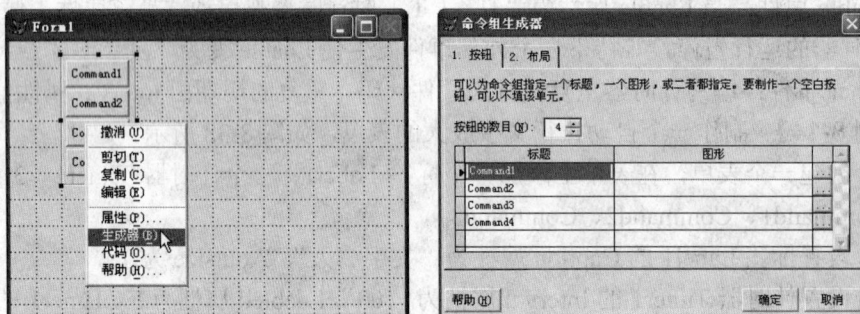

图 8-40　【命令组生成器】对话框

（1）属性设置

在【按钮】选项卡中设置命令按钮个数，输入命令按钮的标题。如果按钮上需要显示图形，则在图形列的单元格中输入路径及扩展名为.bmp 的图形文件名。

在【布局】选项卡中指定按钮垂直排列还是水平排列，指定按钮之间的间隔及命令按钮组边框样式。

如表 8-14 所示为命令按钮组常用的属性。

表 8-14　命令按钮组常用的属性

属　　　性	说　　　明
ButtonCount	组中命令按钮的数目
BackStyle	命令按钮组是否具有透明或不透明的背景
Value	当前选中的按钮的序号

（2）Click 事件的判别

若单击命令按钮组内空白处，则触发组控件的 Click 事件。若单击组内某个命令按钮，则触发该按钮的 Click 事件。当单击组内某个命令按钮时，组控件的 Value 属性（其值为默认值）就会获得该命令按钮的顺序号，于是在组控件的 Click 代码中便可判别出单击的是哪一个命令按钮。

【例 8-15】在表单上创建一个带有 4 个按钮的命令组，单击命令组中的 4 个按钮即可改变表单的背景色。

① 新建一个表单 Form2。

② 为表单添加一个 Commandgroup1 控件，在【属性】窗口中设置其属性如表 8-15 所示。

表 8-15　命令按钮组的属性

属 性 名	属 性 值	备注说明
ButtonCount	4	指定按钮组中按钮的数目
AutoSize	.T.	根据按钮数目自动调整

③ 选中添加的命令按钮组控件，在【属性】窗口中选择组件中的"Command1"，如图 8-41 所示，此时出现 Command1 的相关属性，设置其 Caption 属性为"红色背景"，如图 8-42 所示。

图 8-41　选择 Command1　　　　　　图 8-42　设置 Caption 属性

④ 分别设置 Command2 的 Caption 属性为"绿色背景"；设置 Command3 的 Caption 属性为"蓝色背景"；设置 Command4 的 Caption 属性为"白色背景"。设置完成后的表单如图 8-43 所示。

图 8-43 设置完成后的表单

⑤ 双击 Commandgroup1 控件，编写其 Click 事件代码，如图 8-44 所示。

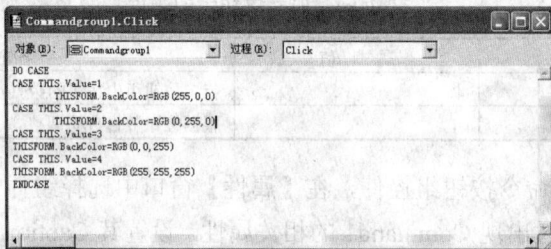

图 8-44 编写命令按钮组的 Click 事件代码

10. 表格（Grid）

表格是将数据以表格形式表示出来的一种容器控件，其中包含有列控件。表格具有网格结构，有滚动条，可以同时操作和显示多行数据。作为一个控件，表格有自己的属性、事件和方法，并且表格还可以包含其他控件。

（1）表格控件的常用属性

表格常用的属性是 RecordSourceType 和 RecordSource。RecordSourceType 指明表格数据源的类型，RecordSource 属性指定数据的来源，它们取值及含义如表 8-16 所示。

表 8-16 表格控件的常用属性

属　　性	说　　明
Name	表格的名称
RecordSourceType	指明表格数据源的类型
RecordSource	指定数据的来源
ColumnCount	指明表格的列数

小提示 如果用户要设置列对象的属性，首先必须选择列对象，选择列对象有两种方法：一种是从属性窗口的对象列表中选择相应列；另一种是右击表格，在弹出的快捷菜单中选择【编辑】命令，用户可通过单击选择列对象。

（2）调整表格的行高和列宽

通常使用两种方法来调整表格的行高和列宽。

① 设置表格的 HeaderHeight 和 RowHeight 属性调整行高；设置列对象的 Width 属性调整列宽。

② 在表格处于编辑状态下，将鼠标指针置于表格两列的标头之间，这时，鼠标指针变为水平双箭头的形状，拖动鼠标，调整列至所需要的宽度；将鼠标置于表格左侧的第一个按钮和第二个按钮之间，这时，鼠标指针变成垂直双箭头的形状，拖动鼠标，调整行至所需要的高度。

【例 8-16】 设计一个用表格显示学生情况的表单，如图 8-45 所示。

① 创建一个新表单，在表单上添加一个标签 Label1 和一个表格 Grid1。

② 设置 Label1 的 Caption 属性为"学生情况"，AoutSize 为.T.，FontSize 为"16"。

③ 在表格上单击右键，打开【表格生成器】对话框，打开 XSMD.dbf 表，然后选择需要显示的字段，最后单击【确定】按钮返回。

④ 保存 bg.scx 文件并运行表单，结果如图 8-45 所示。

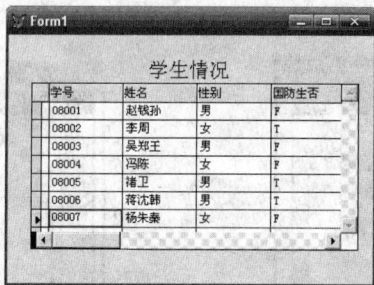

图 8-45　表格表单运行结果

11. 页框（PageFrame）

页框是一个容器控件，它包含页控件，每一个页控件又可包含相互独立的控件。在表单上使用页框能够最大限度地节约空间。例如，每一个生成器的对话框就是由页框组成的，它在同一个用户界面上就可完成几个步骤的操作，而不用为每一个步骤分别创建一个表单。页框控件广泛应用于在同一用户界面上完成若干个操作步骤等设计任务。

页框控件的常用属性如表 8-17 所示。

表 8-17　页框控件的常用属性

属　　性	说　　明
ActivePage	指定页框控件当前的页码
PageCount	指定页框控件所包含的页数目
Page	指定页框控件中各个页的数组
TabStretch	指定页框控件不能容纳选项卡时的行为，取值为 0（多重行），取值为 1（默认单行）
TabStyle	指定选项卡的样式，取值为 0（默认两端），取值为 1（非两端）
Tabs	指定页框控件有无选项卡

【例 8-17】 设计一个页框，其中包含两个页面："报名录入"与"显示报名表"。

① 创建一个表单，在表单上添加页框 Pageframe1，设置 PageCount 属性为 "2"。

② 在表单上单击右键，在弹出快捷菜单选择【数据环境】命令，在弹出的【数据环境设计器】窗口中添加 "学生" 数据表。

③ 在【属性】窗口中选择页面 Page1，在 Page1 上添加 3 个标签 Label1、Label2、Label3，其 Caption 属性分别为 "学号"、"姓名" 和 "性别"；添加 3 个文本框 Text1、Text2、Text3；添加命令按钮 Command1，其 Caption 属性为 "录入"，如图 8-46 所示。

④ 将 Text1 的 ControlSource 属性绑定为 "学号"，Text2 的 ControlSource 属性绑定为 "姓名"，Text3 的 ControlSource 属性绑定为 "性别"。

⑤ 编制 Command1 命令按钮的 Click 事件代码如下：

```
Use 学生
Appe blank
Thisform.refresh
```

⑥ 在【属性】窗口中选择 Page2，在 Page2 上添加表格 Grid1，设计界面如图 8-47 所示。

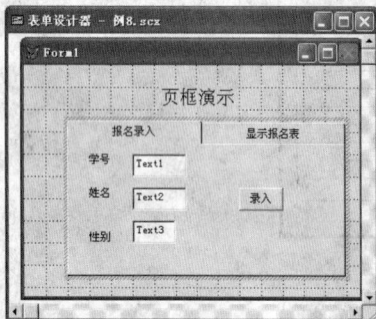

图 8-46 "报名录入"页面　　　　　图 8-47 "显示报名表"页面

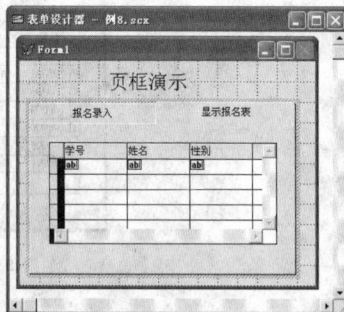

⑦ 编写 Grid1 的 AfterRowColChange 事件代码如下：

```
This.parent.parent.page1.refresh
```

⑧ 保存表单名为 ykys.scx，运行结果如图 8-48 所示。

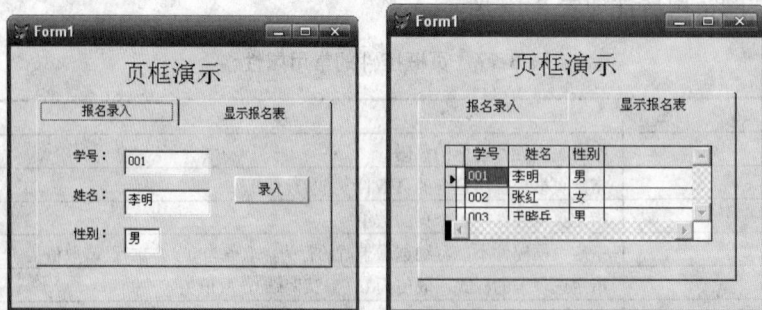

图 8-48 运行结果

8.4 习　题

一、单选题

1. 下列关于属性、方法和事件的叙述中，_____是错误的。

　　A．属性用于描述对象的状态，方法用于表示对象的行为

　　B．基于同一个类产生的两个对象可以分别设置自己的属性值

　　C．事件代码也可以像方法一样被显式调用

　　D．在新建一个表单时，可以添加新的属性，方法和事件

2. 假定一个表单里有一个文本框 Text1 和一个命令按钮组 CommandGroup1，命令按钮组中包含 Command1 和 Command2 两个命令按钮，如果要在 Command1 命令按钮的某个方法中访问文本框 Value 属性值，下面_____式子是正确的。

　　A．This.Thisform.Text1.Value　　　　B．This.Parent.Parent.Text1.Value

　　C．Parent.Parent.Text1.Value　　　　D．This.Parent.Text1.Value

3. 在表单中，Init 是指_____时触发的基本事件。

　　A．当创建表单时　　　　　　　　　　B．当从内存中释放对象

　　C．当表单或表单集装入内存　　　　　D．当用户单击对象

4. 下面关于列表框和组合框的叙述中，_____是正确的。

　　A．列表框和组合框都可以设置成多重选择

　　B．列表框可以设置成多重选择，而组合框不能

　　C．组合框可以设置成多重选择，而列表框不能

　　D．列表框和组合框都不能设置成多重选择

5. _____是面向对象程序设计中程序运行的最基本实体。

　　A．对象　　　　　B．类　　　　　C．方法　　　　　D．函数

6. 以下属于非容器类控件的是_____。

　　A．Form　　　　　B．Label　　　　　C．Page　　　　　D．Container

7. DblClick 事件是_____时触发的基本事件。

　　A．当创建对象　　　　　　　　　　　B．当从内存中释放对象

　　B．当表单或表单集装入内存　　　　　D．当用户双击对象

8. 在表单的控件中，既能输入又能编辑的控件为_____。

　　A．标签　　　　　B．组合框　　　　　C．列表框　　　　　D．文本框

9. 要使表单中某个控件不可用（变为灰色），则将该控件的_____属性设为.F.。

　　A．Caption　　　　　B．Name　　　　　C．Visible　　　　　D．Enabled

10. 在对象的引用中，Thisform 表示_____。

　　A．当前对象　　　　　　　　　　　　B．当前表单

B．当前表单集　　　　　　D．当前对象的上一级对象

11．在下列对象中，不属于控件类的是＿＿＿＿＿。

A．文本框　　　B．组合框　　　C．表格　　　D．命令按钮

12．为表单 MyForm 添加事件或方法代码，改变该表单中的控件 cmd1 的 Caption 属性的正确命令是＿＿＿＿＿。

A．MyForm.cmd1.Caption="最后一个"

B．This.cmd1.Caption="最后一个"

C．ThisForm.cmd1.Caption="最后一个"

D．ThisFormset.cmd1.Caption="最后一个"

13．Visible 属性的作用是＿＿＿＿＿。

A．设置对象是否可用　　　　B．设置对象是否可视

B．设置对象是否可改变大小　D．设置对象是否可移动

14．关于表单中文本框，下列说法正确的是＿＿＿＿＿。

A．文本框能输入多行文本

B．文本框只能显示文本，不能输入文本

C．文本框能输入/编辑备注型字段

D．文本框只能输入一行文本

15．在创建选项按钮组时，下列说法中正确的是＿＿＿＿＿。

A．选项按钮的个数由 Value 属性决定

B．选项按钮的个数由 Name 属性决定

C．选项按钮的个数由 ButtonCount 属性决定

D．选项按钮的个数由 Caption 属性决定

16．在表单运行中，当结果发生变化时，应刷新表单，刷新表单使用＿＿＿＿＿方法。

A．Release　　　B．Delete　　　C．Refresh　　　D．Pack

二、填空题

1．在【命令】窗口执行＿＿＿＿＿命令，即可打开表单设计器窗口修改表单。

2．组合框有两种类型，分别为＿＿＿＿＿和＿＿＿＿＿。

3．将设计好的表单存盘时，将产生扩展名为＿＿＿＿＿和＿＿＿＿＿的两个文件。

4．表单中控件的属性既可在编辑状态设置，又可在＿＿＿＿＿设置。

5．在表单运行中，计时器控件是＿＿＿＿＿；当时间到时，则产生＿＿＿＿＿事件。

6．为了在文本框输入时显示"*"，应该设置文本框的＿＿＿＿＿属性。

7．在文本框中通过设置＿＿＿＿＿属性可将其设为只读；通过设置＿＿＿＿＿属性可将输入的字段设为屏幕不显示。

三、思考题

1. 什么是表单？表单的作用是什么？
2. 什么是控件？如何向表单中添加控件？
3. 创建表单的方法有哪几种？

第9章 菜单设计

本章要点

✧ 掌握菜单的组成与设计方法
✧ 掌握菜单设计器的使用方法
✧ 掌握菜单程序的生成与修改方法
✧ 掌握在应用程序中使用菜单的方法

9.1 菜单系统

菜单向用户提供了一个结构化的、可访问的途径，便于使用应用程序中的命令和工具。菜单系统设计的好坏不仅仅反映了应用程序中的功能模块组织的水平，同时也反映了应用程序操作界面的友好性。

9.1.1 菜单系统的设计步骤

创建一个完整的菜单系统需要执行以下步骤。

① 规划系统，确定需要哪些菜单、菜单出现在界面的位置以及哪几个菜单有子菜单等。

② 利用【菜单设计器】创建菜单和子菜单。

③ 指定菜单所要执行的任务，如显示表单或对话框等。还可以包含初始化代码和清理代码。初始化代码在定义菜单系统之前执行，其中包含的代码用于打开文件和声明变量，或将菜单系统保存到堆栈中，以便以后进行恢复。清理代码中包含的代码在菜单定义代码之后执行，用于选择菜单和菜单项可用或者不可用。

④ 选择【预览】按钮，预览整个菜单系统。

⑤ 生成菜单程序并运行某个菜单程序，对菜单系统进行测试。

⑥ 执行已生成的.mpr 程序。

9.1.2　菜单系统的规划

在设计菜单系统时，需要考虑以下原则。

① 按照用户思考问题的方法和完成任务的方法来规划和组织菜单的层次系统，设计相应的菜单和菜单项，而不是按应用程序的层次组织系统。

② 给每个菜单确定一个有意义的菜单标题。

③ 按功能将同一菜单中的菜单项分组，并使用分隔线分隔。

④ 适当地创建子菜单，以减少和限制菜单项的数目。

⑤ 为菜单、菜单项设置键盘快捷键。

⑥ 使用能够准确描述菜单项的文字。

⑦ 为用户考虑，针对一些常用功能，设计必要的快捷菜单。

9.1.3　使用菜单设计器

1. 菜单设计器的启动

启动菜单设计器的方法通常有 3 种。

（1）通过【文件】菜单

① 单击【文件】|【新建】命令，在打开的【新建】对话框中选中【菜单】单选按钮。

② 单击【新建文件】按钮，打开【新建菜单】对话框，如图 9-1 所示。

③ 在【新建菜单】对话框中，单击【菜单】按钮，打开【菜单设计器】窗口，如图 9-2 所示。

图 9-1　【新建菜单】对话框　　　　　图 9-2　【菜单设计器】窗口

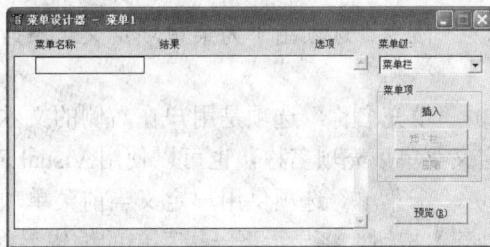

（2）使用项目管理器创建

在【项目管理器】中选择【其他】选项卡，再选择【菜单】，然后单击【新建】按钮。

（3）使用命令创建

在【命令】窗口中键入 "MODIFY MENU <菜单名>" 可以打开【菜单设计器】窗口，从而创建文件名为<菜单名>、扩展名为.mnx 的菜单文件。

2. 设计菜单

打开【菜单设计器】窗口后，Visual FoxPro 窗口菜单中将自动增加一个【菜单】菜单，用户可以利用【菜单】菜单和【菜单设计器】窗口创建或修改菜单。

【菜单设计器】窗口主要由以下几部分组成。

（1）菜单名称

用于指定显示在菜单系统中的菜单项的标题。用鼠标拖动"菜单名称"列左边的双向箭头按钮可以调整菜单项在列表中的顺序。在输入菜单标题的同时也可以为其指定热键，如图9-3所示，热键的应用可以大大加快用户操作的速度。

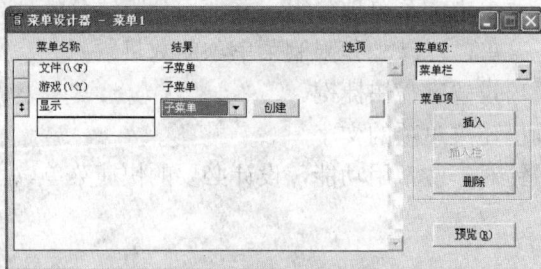

图 9-3　设置热键

操作技巧　在菜单设计中定义热键的方法是：在预设定为热键的字母左侧键入反斜杠和小于符号"\<"。例如，要为【文件】菜单添加热键，只需要在菜单名称中加入（\<F）即可。

（2）结果

用于指定选择菜单项时发生的动作类型，包括"命令"、"填充名称"、"子菜单"和"过程"。

① "命令"选项用于为菜单项定义一条命令，只要将命令输入到右侧的文本框中即可。

② "填充名称"选项是用户在右侧的文本框中输入菜单填充项的名称，用户可以自己定义菜单填充项名称，也可以使用 Visual FoxPro 系统菜单填充项。

③ "子菜单"选项供用户定义当前菜单项的子菜单。选择此项后，单击右侧出现的【创建】按钮，将显示下一级菜单的编辑界面，按照与上面同样的方法，在"菜单名称"中键入二级菜单的各菜单项名称，此时【菜单级】列表框中显示的是一级菜单的名称。

④ "过程"选项用于为菜单定义一个过程，选择此项后，单击右侧出现的【创建】按钮就可以为当前菜单项创建过程。

（3）选项

对应的是一个无标题按钮，单击该按钮，就会打开如图9-4所示的【提示选项】对话框。在该对话框中可进行如下操作。

① 为菜单项设置快捷键。快捷键是指菜单项右侧显示的组合键，在菜单未打开时，使用快捷键即可直接执行菜单项。单击【键标签】右侧的文本框，然后按下要定义的快捷键，此时在【键标签】和【键说明】框中，都会显示所设置的快捷键。

② 设定浅色菜单项。【跳过】文本框用于设置菜单项的跳过条件，用户可在其中输入一个表达式来表示条件，在程序运行时，当表达式的值为.T.时该菜单以浅色显示，表

示不可用。

③ 显示状态栏信息。【信息】文本框用于设置菜单项的说明信息（类型为字符串），该说明信息将出现在状态栏中。

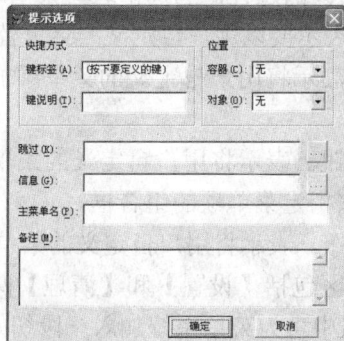

图 9-4 【提示选项】对话框

（4）菜单级

用于选择要处理的菜单栏或子菜单。【菜单设计器】窗口右侧的菜单级组合框用于从下级菜单项切换到上级菜单，它含有当前可切换到的所有菜单项。组合框中的【菜单栏】选项表示第一级菜单。

（5）【插入】按钮

可在当前菜单行之前插入新的菜单行。

（6）【插入栏】按钮

可在当前菜单行之前插入新的菜单行，但是它能提供与系统菜单一样的菜单项作为用户菜单的命令。注意：仅当建立或编辑子菜单时该按钮才可使用。

（7）【删除】按钮

可删除当前菜单行。

（8）【预览】按钮

可显示正在创建的菜单，但无法执行菜单的相应功能。

（9）【常规选项】对话框

当【菜单设计器】窗口成为活动窗口时，Visual FoxPro 系统菜单的【显示】菜单将会增加【常规选项】菜单项，若选择该菜单项，就会打开如图 9-5 所示的【常规选项】对话框。

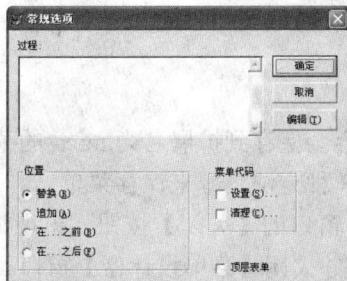

图 9-5 【常规选项】对话框

该对话框用于为整个菜单系统输入代码，主要由以下几部分组成。

① 【过程】编辑框。若在主菜单中存在没有设置过任何命令或过程的菜单，可在该编辑框中为这些菜单输入公共的过程，当选中这些菜单时就会执行该过程。

② 【替换】单选按钮。表示要以用户自定义的菜单替换 Visual FoxPro 系统菜单。

③ 【追加】单选按钮。表示将用户自定义的菜单添加到 Visual FoxPro 系统菜单之后。

④ 【在...之前】单选按钮。表示将用户自定义的菜单插入到某菜单项前面，选定该项后，右侧会出现一个用来指定菜单项的组合框。

⑤ 【在...之后】单选按钮。表示将用户自定义的菜单插入到某菜单项后面。

⑥ 【菜单代码】区。该区包括【设置】和【清理】两个复选框。选中【设置】复选框，打开一个编辑窗口，从中可为菜单系统加入一段初始化代码。若要进入打开的编辑窗口，可单击【确定】按钮关闭本对话框。选中【清理】复选框，打开一个编辑窗口，从中可为菜单系统加入一段结束代码。若要进入打开的编辑窗口，可单击【确定】按钮关闭本对话框

⑦ 【顶层表单】复选框。用于创建单文档界面（SDI）菜单，该菜单可出现在 SDI 表单中。

> **小提示**　　加入菜单栏的表单类型必须为顶层表单。

（10）【菜单选项】对话框

当【菜单设计器】窗口成为活动窗口时，Visual FoxPro 系统菜单的【显示】菜单将会增加【菜单选项】菜单项，若选择该菜单项，就会打开如图 9-6 所示的【菜单选项】对话框。该对话框用于为菜单栏（顶层菜单）或各子菜单项输入代码。

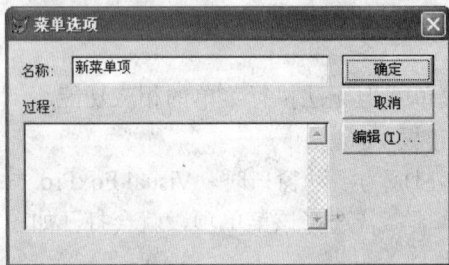

图 9-6　【菜单选项】对话框

3. 保存菜单

保存菜单时，菜单的内容会保存到扩展名为.mnx 的菜单文件以及扩展名为.mnt 的备注文件中。可以选择以下 3 种方法之一来保存菜单。

① 单击【菜单设计器】窗口的【关闭】按钮，出现询问是否保存的对话框，单击【是】按钮，即可保存菜单，并关闭【菜单设计器】窗口。

② 按 Ctrl+W 组合键，即可保存菜单并关闭【菜单设计器】窗口。

③ 选择【文件】|【保存】命令，即可保存菜单，但【菜单设计器】窗口不关闭。

4. 生成菜单程序

在打开【菜单设计器】的同时选择【菜单】|【生成】命令即可生成菜单程序。选择
该命令后将打开如图 9-7 所示的【生成菜单】对话框，确定菜单程序的路径和文件名之
后，单击【生成】按钮即可。菜单程序的扩展名为.mpr。

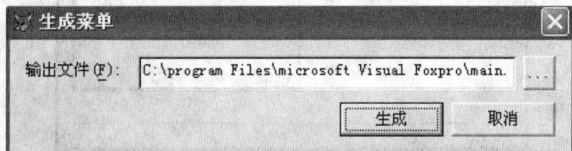

图 9-7 【生成菜单】对话框

5. 运行菜单

① 在【命令】窗口中使用 DO 命令。

格式：DO 菜单程序文件名.mpr

② 在菜单窗口中选择【程序】|【运行】命令。

9.2 创建下拉式菜单

9.2.1 创建下拉式菜单

本小节将通过一个实例来介绍如何利用【菜单设计器】建立如图 9-8 所示的显示时
间的下拉式菜单。具体操作步骤如下。

① 选择【文件】|【新建】命令，打开【新建】对话框，在【文件类型】选项组中
选择【菜单】单选项，然后单击【新建文件】按钮，弹出【新建菜单】窗口，单击【菜
单】按钮，进入【菜单设计器】。

② 在【菜单设计器】窗口的【菜单名称】栏中，依次输入"文件"、"编辑"、"显
示"、"工具"、"程序"、"帮助"、"格式"菜单项。

③ 为各菜单项添加热键。例如，在【文件】菜单名称中加入（\<F）即可，其他的
菜单项依此类推。

④ 在【结果】栏中单击【子菜单】后面的下拉箭头，打开可选择的"结果"的类
型。本例将【显示】菜单的【结果】项设置为"命令"，并且在其后的文本框中输入
命令代码：? DATE( )，用来显示当前时间，

⑤ 在主窗口的菜单栏中选择【菜单】|【生成】命令，生成扩展名为.mpr 的执行文
件，保存菜单名为"菜单 1"。此时，保存后的菜单有 3 个文件：一个是原文件"菜单
1.mnx"，用于编辑修改菜单；一个是编译文件名"菜单 1.mpx"；另一个是执行文件名
"菜单 1.mpr"。

⑥ 运行菜单程序。在【命令】窗口中输入命令：DO 菜单1.mpr 菜单，当前的时间就显示出来了，如图9-8所示。

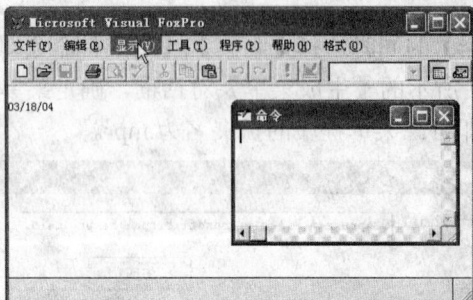

图 9-8 显示时间的菜单

9.2.2 创建子菜单

为下拉菜单项创建子菜单，可以使系统的结构组织更清晰。下面就为【文件】下拉菜单中的【打开】命令创建一个子菜单，具体操作步骤如下。

① 在【菜单设计器】窗口中单击【文件】菜单后面的【编辑】按钮，进入【文件】下拉菜单项，在【打开】菜单后的【结果】栏中选择"子菜单"，单击【创建】按钮即可创建【打开】的子菜单。

创建子菜单的操作和创建下拉式菜单是一样的，在其中加入表、数据库、报表和程序几项内容之后，效果如图9-9所示。

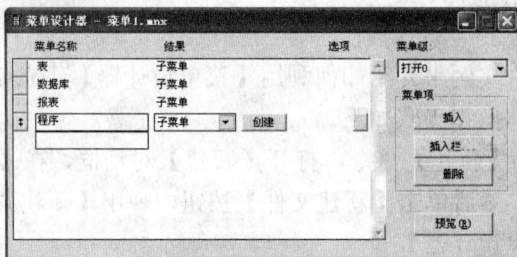

图 9-9 创建【打开】命令的子菜单

② 关闭【菜单设计器】窗口，保存刚才所做的更改，在 Visual FoxPro 中选择【菜单】|【生成】命令，再次运行编译修改的菜单，效果如图9-10所示。

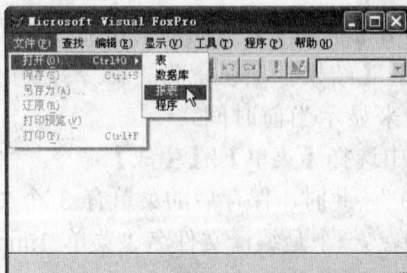

图 9-10 运行时的子菜单效果

9.2.3　设计菜单组的分隔线

为了增强菜单的可读性，在二级菜单中，通常会把不同功能的菜单项用分隔线进行分组。例如，在 Visual FoxPro 的【编辑】菜单中就有一条线把【撤销】和【重做】命令与【剪切】、【复制】、【粘贴】命令分隔开。

实现用分隔线将菜单项分组的操作步骤如下。

① 在二级菜单的【菜单名称】栏中，键入"\-"创建分隔线。

② 拖动"\-"提示符左侧的按钮，将分隔线移动到所希望的位置，如图 9-11 所示。

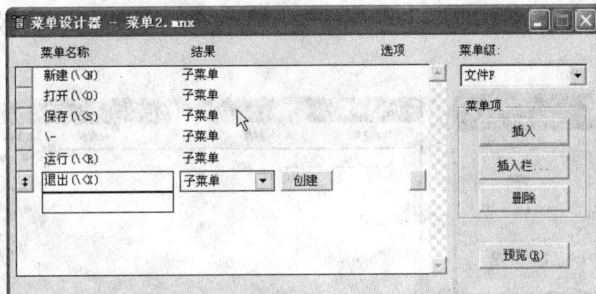

图 9-11　二级菜单中使用分隔线

9.2.4　为菜单或菜单项指定任务

菜单创建完成后，还需要为各菜单指定任务，使之与系统的各个功能模块挂接起来。为菜单或菜单项指定任务的具体操作步骤如下。

① 选择一个菜单或菜单选项，然后为菜单或菜单项指定一个执行的命令，此命令可以是一条语句，也可以是一个过程调用。

② 单击选中的菜单或菜单项所在行的【结果】下拉箭头，选择"命令"，即可出现一个可键入命令的文本框。如果在【结果】下拉框中选择"过程"，则出现一个【创建】按钮，单击此按钮，可在弹出的【菜单设计器】窗口中键入所需的程序段，如图 9-12 所示。

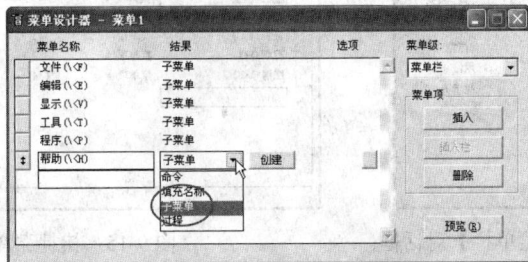

图 9-12　为菜单项指定任务

③ 命令或过程创建完毕后，【创建】按钮的标题变为"编辑"，下一次单击此【编辑】按钮，可修改该程序段。

9.3　创建快捷菜单

快捷菜单是一种单击鼠标右键才出现的弹出式菜单。菜单设计器只能提供生成快捷菜单的结构，快捷菜单的运行需要从属于某个界面对象（如表单），并需要编程来实现。

例如，为某个表单的文本框创建一个具有"复制"、"粘贴"、"撤销"、"剪切"和"清除"功能的快捷菜单。

① 在【新建菜单】窗口中单击【快捷菜单】按钮，弹出【快捷菜单设计器】窗口，如图 9-13 所示。

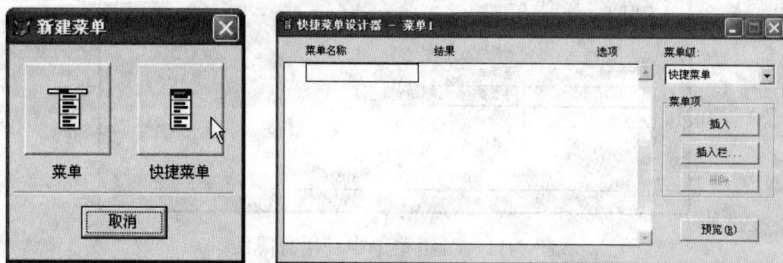

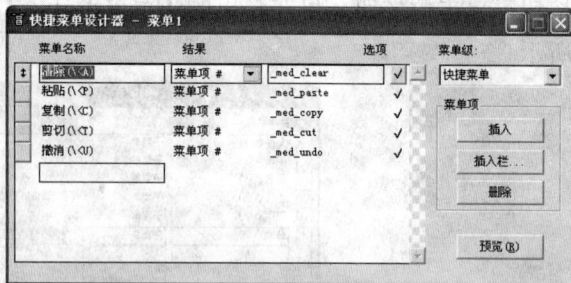

图 9-13　【快捷菜单设计器】窗口

② 使用【插入栏】中的命令。因为本例中菜单项的功能是调用 Visual FoxPro 系统菜单中相应菜单项的功能，所以不需要单独编写程序，直接插入系统菜单项即可。单击【插入栏】按钮，打开【插入系统菜单栏】对话框，如图 9-14 所示。

③ 在列表框中依次选择"复制"、"粘贴"、"撤销"、"剪切"和"清除"选项，并单击【插入】按钮，将所选的项插入到快捷菜单中，单击【关闭】按钮，关闭对话框。插入效果如图 9-15 所示。

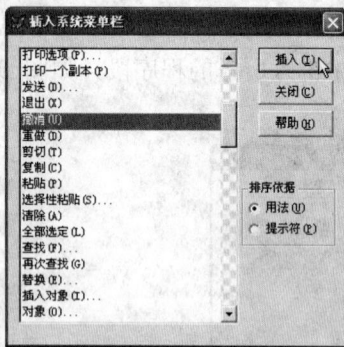

图 9-14　【插入系统菜单栏】对话框　　　　图 9-15　快捷菜单设计界面

④ 在【清除】命令下方添加一条分隔线。

⑤ 单击【预览】按钮，即可预览快捷菜单的创建效果，如图 9-16 所示。

⑥ 生成菜单程序。单击【菜单】|【生成】命令，在打开的【生成菜单】对话框中输入快捷菜单程序文件名并单击【生成】按钮，生成菜单程序文件。

⑦ 打开第 8 章创建的"输入密码"表单，在表单的 RightClick 事件中编写代码：
DO 快捷菜单.mpr。

⑧ 运行表单，在【用户】文本框中单击鼠标右键，弹出如图 9-17 所示的快捷菜单。

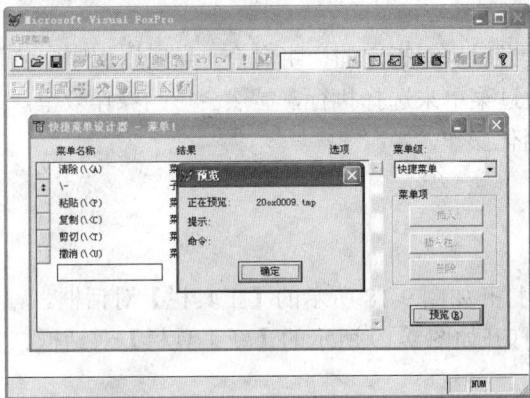

图 9-16　预览快捷菜单　　　　　　图 9-17　运行快捷菜单

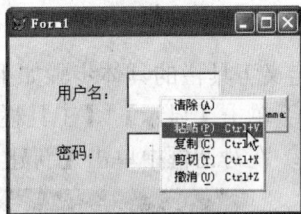

9.4　菜单在应用程序中的使用

菜单建立以后，可将其添加到应用程序中，以便用户使用。

1. 应用程序中包含菜单

若要在应用程序中包含菜单，可将.mnx 文件添加到项目中，并由项目建立应用程序。如果应用程序的主程序是一个菜单，并且应用程序刚刚显示时，菜单即终止运行，则应在菜单系统的清理代码中包含 READ EVENTS 命令，同时为退出菜单的菜单项指定 CLEAR EVENTS 命令。

2. 将 SDI（单文档界面）菜单添加到表单中

（1）创建 SDI 菜单

创建 SDI 菜单与创建普通菜单基本相同，只是在图 9-5 所示的【常规选项】对话框中选定【顶层表单】复选框，表示该菜单用于 SDI 表单。

（2）将 SDI 菜单添加到表单中

将 SDI 菜单添加到表单中的步骤如下。

① 在【表单设计器】中，将表单的 ShowWindow 属性设置为"2-作为顶层表单"。

② 在表单的 Init 事件中添加如下代码：

```
DO MYMENU.MPR WITH THIS,.T.
```

其中，MYMENU.mpr 为调用菜单程序文件名。

9.5　创建自定义工具栏

工具栏是一组图标形式的小按钮，单击后执行指定的一组命令。当应用程序中包含一些用户重复执行的任务时，如果仍然通过菜单来选择执行，显然会影响操作效率，为此，可以创建相应的自定义工具栏，以简化操作。

1. 定义工具栏

定义工具栏的具体步骤如下。

① 单击【显示】|【工具栏】命令，打开如图 9-18 所示的【工具栏】对话框。

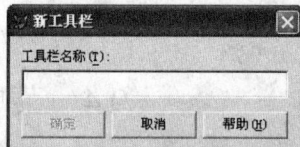

② 在对话框中单击【新建】按钮，打开如图 9-19 所示的【新工具栏】对话框。

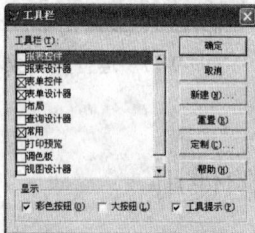

图 9-18　【工具栏】对话框　　　　　　　图 9-19　【新工具栏】对话框

③ 在【工具栏名称】文本框中输入工具栏名称，单击【确定】按钮，打开【定制工具栏】对话框，在【分类】列表框中选择其中的一个分类，然后拖动适当的按钮到工具栏上，即可将按钮添加到工具栏中。

④ 单击【关闭】按钮关闭工具栏窗口，完成工具栏的设置。

2. 删除工具栏

删除工具栏的具体步骤如下。

① 在【工具栏】对话框中选择要删除的工具栏。

③ 单击【删除】按钮即可。

9.6　习　　题

一、单选题

1. 在【菜单设计器】中，在菜单项中加入一条分隔线的方法是将菜单名称设为_____。

　　A. \<　　　　B. \>　　　　C. <-　　　　D. \-

2．用户定义的菜单系统以_____为扩展名保存。

A．.fmt   B．.scx   C．.mnx   D．.frm

3．用户生成的菜单程序文件的扩展名为_____。

A．.prg   B．.mpr   C．.txt   D．.mnt

4．要使【文件】菜单使用 "F" 作为热键，可用_____定义该菜单标题。

A．文件（F）   B．文件（<\F） C．文件（\<F） D．文件（<F）

5．用户设计菜单时，系统默认菜单系统位置是_____。

A．替换原有菜单系统   B．追加在原菜单系统的后面

C．插入到原菜单系统的前面   D．与原有菜单系统无关

6．在【菜单设计器】中，每个菜单的结果有_____选项。

A．子菜单、过程、命令和菜单项

B．子菜单、命令、过程和快捷菜单

C．菜单项、命令、过程和快捷菜单

D．子菜单、菜单项、过程和快捷菜单

7．在 Visual FoxPro 的菜单设计中，用户定义的菜单文件及生成的菜单程序的文件扩展名分别为_____。

A．.fmt，.scx   B．.mnx，.prg

C．.prg，.mpr   D．.mnx，.mpr

8．有一个菜单文件 MAIN.mnx，要运行该菜单的方法是_____。

A．执行命令 DO MAIN.mnx

B．执行命令 DO MENU MAIN.mnx

C．先生成菜单程序文件 MAIN.mpr，再执行命令 DO MAIN.mpr

D．先生成菜单程序文件 MAIN.mpr，再执行命令 DO MENUMAIN.mnx

9．使用_____可在菜单设计器中自动复制一个与 Visual FoxPro 系统菜单一样的菜单。

A．【插入菜单项】命令   B．【快速菜单】命令

C．【插入栏】命令   D．【生成】命令

10．对工具栏的设计，下列说法正确的是_____。

A．既可以在设计工具栏类时添加控件，也可以在表单设计器中向工具栏添加控件

B．只可以在设计工具栏类时添加控件

C．只可以在表单设计器中向工具栏添加控件

D．可以在类浏览器中向工具栏添加控件

11．如果要将一个 SDI 菜单添加到一个表单中，则_____。

A．表单必须是 SDI 表单，并在表单的 Load 事件中调用菜单程序

B．表单必须是 SDI 表单，并在表单的 Init 事件中调用菜单程序

C．只需在表单的 Load 事件中调用菜单程序

D．只需在表单的 Init 事件中调用菜单程序

12. 将一个预览成功的菜单存盘，再运行该菜单，却不能执行，这是因为_____。
  A. 没有放到项目中   B. 没有生成菜单程序
  C. 要用命令方式   D. 要编入程序
13. 设计菜单要完成的最终操作是_____。
  A. 创建主菜单及子菜单   B. 指定各菜单任务
  C. 浏览菜单   D. 生成菜单程序

二、填空题

1. 菜单设计器窗口中的_____可以用于上下级菜单之间的切换。

2. 在菜单设计窗口中要为菜单项定义快捷键，可以使用_____对话框。

3. 把 Visual FoxPro 的主菜单系统加载到菜单设计器中，以加速菜单系统的创建过程，可使用_____功能。

4. 弹出式菜单可以分组，插入分隔线的方法是在【菜单名称】项中输入_____两个字符。

5. 在定义菜单时，菜单项的结果有填充名称、菜单项、_____和子菜单 4 种选择。

6. 在用户应用程序中引用菜单时，必须使用_____作为扩展名。

第 10 章　报表与标签

本章要点

◇　掌握报表设计器的组成及其作用
◇　掌握标签设计器的组成及其作用
◇　学会使用报表设计器设计报表
◇　学会使用标签设计器设计标签

　　表和数据库可以保存数据，这些数据可以使用【浏览】命令查看。视图和查询可以从表和数据库中搜索满足一定条件的数据，并通过【浏览】命令显示搜索结果。但有时，用户希望将数据组织成一定的格式显示，甚至还要将数据打印成文档。报表和标签为在打印文档中组织并总结数据提供了灵活的途径，因此报表设计是应用程序开发的一个重要组成部分。

　　报表是输出数据库中的数据时最常用的输出形式。在开发应用系统时，借助于报表设计器，可以"所见即所得"地完成报表的设计。设计报表通常包括数据源和布局两部分。设计报表就是根据报表的数据源来设计报表的布局。

10.1　报表设计基础

10.1.1　报表的常规布局

　　创建报表之前，首先应该确定报表的基本布局。报表由表格组成，而且表格种类繁多，如图 10-1 所示。如表 10-1 所示为报表的常规布局说明。

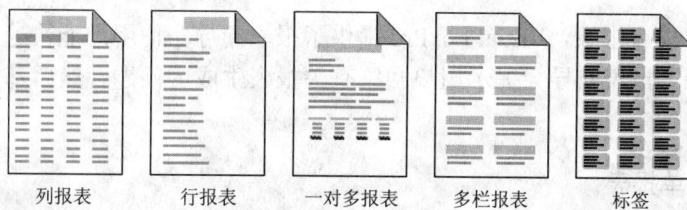

列报表　　　行报表　　　一对多报表　　　多栏报表　　　标签

图 10-1　报表的常规布局

表 10-1　报表的常规布局

常规布局	说　　明	示　　例
列报表	每行一条记录，每列一个字段	分组/总计报表、学生信息表、销售总结
行报表	每行一个字段	列表
一对多报表	显示一对多关系的数据	发票、会计报表
多栏报表	每条记录的所有字段垂直排在一列，但一个页面上有多列记录	名片、电话号码簿

10.1.2　报表的设计步骤

报表包括两个基本部分：数据源和布局。数据源通常是数据库表或自由表，也可以是视图或临时表。布局则定义了报表中各显示内容的位置和格式。只要定义了一个表、一个视图后，便可以创建报表了。

在 Visual FoxPro 中设计报表的步骤如下。

① 确定报表的数据源。

② 确定报表的布局。

③ 利用向导或设计器建立报表文件。

④ 预览报表。

⑤ 修改报表直到满足要求。

⑥ 打印报表。

⑦ 预览。

10.1.3　创建报表布局文件

报表布局文件用于存储报表的详细说明，记录了报表中的数据源、各种元素在页面上的位置等信息。报表布局文件的扩展名是.frx。

Visual FoxPro 提供了 3 种方法创建报表布局文件。

① 使用报表向导快速创建简单的单表或多表报表。

② 使用"报表设计器"修改已有的报表或创建空白报表。

③ 使用"快速报表"从单表中创建一个简单报表。

10.2　使用向导创建报表

为方便用户建立报表，Visual FoxPro 提供了报表向导，使用户能快速、方便地生成不同类型的报表。报表向导会提示用户回答有关报表生成的问题，然后基于用户的回答生成报表。

10.2.1　创建简单报表

【例 10-1】　利用"学生"表创建一个简单的报表，并实现预览和打印。

具体操作步骤如下。

① 在 Visual FoxPro 中，选择【文件】|【新建】命令，在弹出的【新建】对话框中选择【报表】单选项，单击【向导】按钮，打开【向导选取】对话框，如图 10-2 所示。

在【向导选取】对话框中提供了两个选项。

● 报表向导：用一个单一的表创建带格式的报表。

● 一对多报表向导：创建一个报表，其内容包含一组父表的记录与相关子表的记录。

② 在【选择要使用的报表】列表框中，选择"报表向导"选项，单击【确定】按钮。打开报表向导的【步骤 1-字段选取】对话框，如图 10-3 所示。

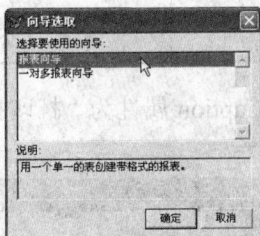

图 10-2　【向导选取】对话框　　　　　　图 10-3　字段选取

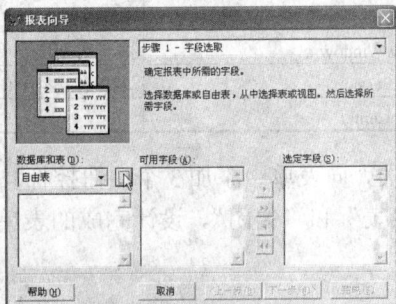

③ 单击【数据库和表】组合框右侧的【选取】按钮，在打开的【打开】对话框中选择"学生"表，在【可用字段】列表框中显示该表文件所有可用字段，把表中的全部字段添加到【选定字段】列表框中。

④ 单击【下一步】按钮，打开报表向导的【步骤 2-分组记录】对话框，此时暂不分组。

⑤ 单击【下一步】按钮，打开报表向导的【步骤 3-选择报表样式】对话框，在【样式】列表框中选择"账务式"，如图 10-4 所示。

⑥ 单击【下一步】按钮，打开报表向导的【步骤 4-定义报表布局】对话框，此处保持系统默认值。

⑦ 单击【下一步】按钮，打开报表向导的【步骤 5-排序记录】对话框，如图 10-5 所示。本例按"学号"字段进行排序，单击【添加】按钮，将"学号"字段添加到右边的【选定字段】列表框中，然后选择【升序】单选框。

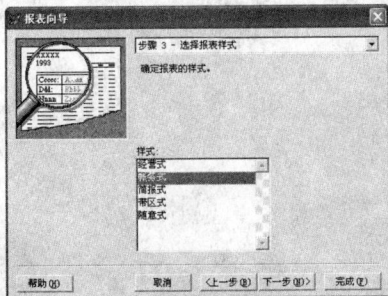

图 10-4　选择报表样式　　　　　　　图 10-5　排序记录

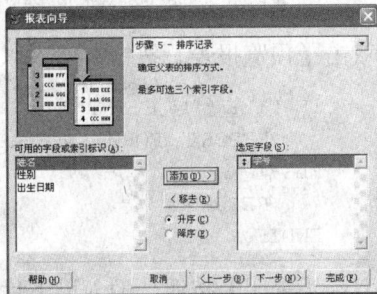

⑧ 单击【下一步】按钮，打开报表向导的【步骤 6-完成】对话框。单击对话框中的【预览】按钮，即可查看生成的报表效果，如图 10-6 所示。

⑨ 返回【报表向导】窗口，单击【完成】按钮，在弹出的【另存为】对话框中保存文件名为"学生"。

⑩ 创建一个新的表单，在【属性】窗口中设置表单的属性如表 10-2 所示。

表 10-2　设置表单的属性

属　性	属 性 值	备注说明
Caption	报表打印	显示信息
ShowWindow	2-作为顶层表单	
DataSession	2-私有数据工作期	
AutoCenter	.T.	

⑪ 向表单中添加 3 个按钮控件。分别设置它们的 Caption 属性为"打印报表"、"预览报表"和"关闭"。设计完成的表单界面如图 10-7 所示。

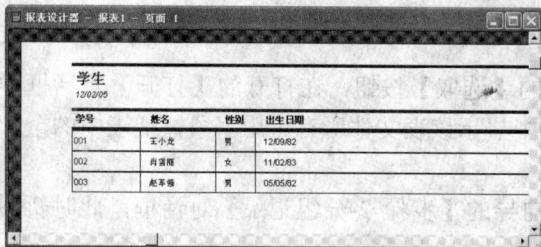

图 10-6　预览"学生"报表

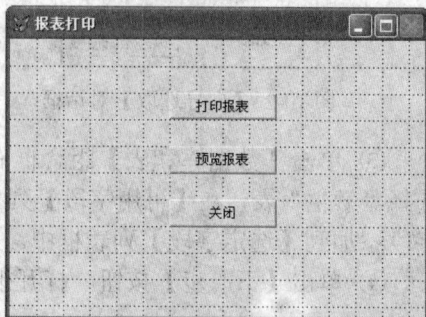

图 10-7　设计完成的界面

⑫ 分别给 3 个按钮控件添加 Click 事件代码。

双击【打印报表】按钮，输入以下代码：

```
IF FILE("学生.FRT")
    REPORT FORM 学生TO PRINTER NOWAIT NOCONSOLE
ELSE
    RETURN
ENDIF
```

双击【预览报表】按钮，输入以下代码：

```
IF FILE("学生.FRT")
    REPORT FORM 学生PREVIEW NOWAIT
ELSE
    RETURN
ENDIF
```

双击【关闭】按钮，输入以下代码：

```
THISFORM.RELEASE
```

10.2.2　创建一对多报表

【例 10-2】　利用"学生"表和"成绩"表创建一对多的报表。

具体操作步骤如下。

① 在【向导选取】对话框中选择"一对多报表向导"选项，单击【确定】按钮，打开一对多报表向导的【步骤 1-从父表选择字段】对话框，如图 10-8 所示。

② 单击【数据库和表】组合框右侧的【选取】按钮，在打开的【打开】对话框中选择"学生"表和"成绩"表。选择"学生"表作为父表，从"学生"表中选取"学号"、"姓名"和"性别"3 个字段，这 3 个字段将会显示在报表的上半部分。

③ 单击【下一步】按钮，打开一对多报表向导的【步骤 2-从子表选择字段】对话框。选择"成绩"表作为子表，并选择"科目"和"成绩"字段，这些字段将会显示在父表字段的下方，如图 10-9 所示。

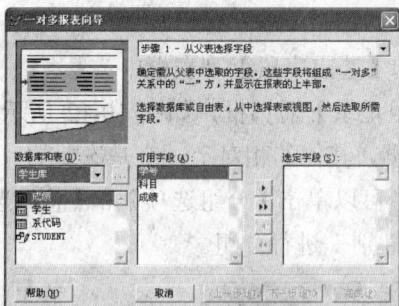

图 10-8　从父表中选择字段　　　　图 10-9　从子表中选择字段

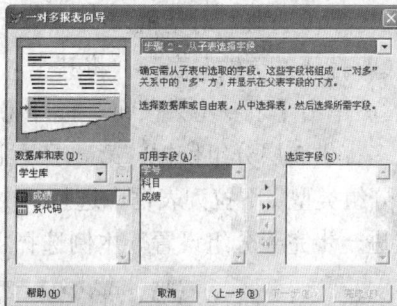

④ 单击【下一步】按钮，打开一对多报表向导的【步骤 3-为表建立关系】对话框，确定两表之间的关联字段，此处取默认值"学号"。

⑤ 单击【下一步】按钮，打开一对多报表向导的【步骤 4-排序记录】对话框，本例选取"学号"作为排序字段。

⑥ 单击【下一步】按钮，打开一对多报表向导的【步骤 5-选择报表样式】对话框，本例选择"带区式"。单击【总结选项】按钮，设置数值型数据的处理方式，如图 10-10 所示。

⑦ 单击【下一步】按钮，在【步骤 6-完成】对话框中，在【报表标题】文本框中输入"学生报表"，单击【预览】按钮查看报表效果，如图 10-11 所示。

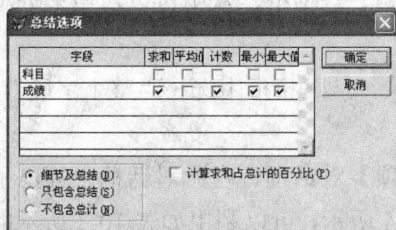

图 10-10　设置数值型数据的处理方式　　　　图 10-11　预览一对多报表

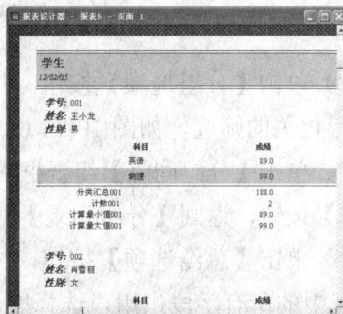

10.2.3　分组报表

设计报表的布局时，可以根据一定的条件对记录分组，这样可以使报表更易于阅读。可以添加一个或多个分组依据，分组之后，报表布局就有了"组标头"和"组注脚"区域。一般"组标头"区域中可以添加线条、矩形或希望出现在组内第一条记录之前的任何标签。"组注脚"区域通常包含组总计和其他组总结性信息。还可以显示对一组中所有记录所做的统计与计算结果。

【例 10-3】 将"学生"表中男生和女生进行分组，然后分别计算男生和女生的平均年龄、最大年龄和最小年龄。

具体操作步骤如下。

① 在【向导选取】对话框中选择"报表向导"，单击【确定】按钮进入报表向导的【步骤 1-字段选取】对话框。

② 打开"学生"表，并将其全部字段添加到【选定字段】列表框中。

③ 单击【下一步】按钮，打开【步骤 2-分组记录】对话框，如图 10-12 所示。系统最多提供 3 层分组依据：第一层是主要分组依据，其他的相对上一个是次要的。在某个"分组类型"下拉列表框中选择一个字段之后，可以单击【分组选项】和【总结选项】按钮进一步完善分组设置。本例选择主要依据"性别"进行分组。

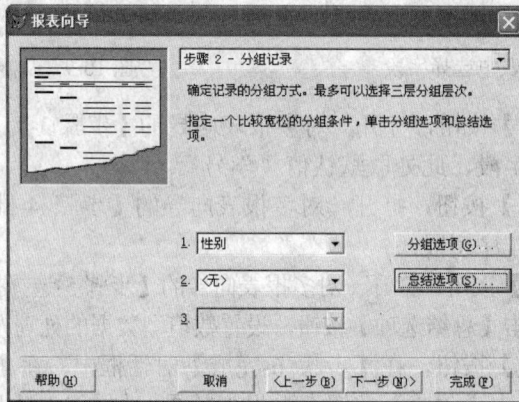

图 10-12　对"学生"表进行记录分组

④ 单击【分组选项】按钮，打开【分组间隔】对话框，从中可以对用来分组的字段进行相关的筛选，如图 10-13 所示。

⑤ 单击【分组间隔】组合框右侧的下列箭头，从下拉框中选择"整个字段"，单击【确定】按钮，返回【分组记录】对话框。

⑥ 单击【总结选项】按钮，打开【总结选项】对话框，在此对话框中列出了"学生"表中的所有字段供用户选择操作，如图 10-14 所示，可以利用如表 10-3 所示的计算类型来处理数值型字段。

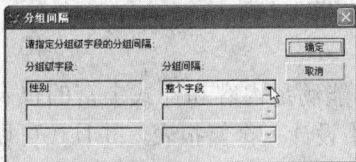

图 10-13 对"性别"字段进行筛选

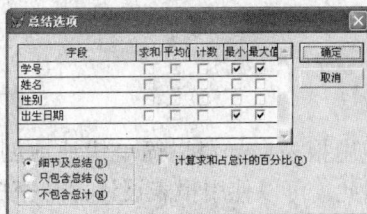

图 10-14 设置【总结选项】对话框

表 10-3 利用计算类型来处理数值型字段

总结选项	返 回 值
求和	计算数值型字段值的总和
平均值	计算数值型字段值的平均值
计数	在指定的字段中，包含非零值的记录的个数
最小值	计算数值型字段中的最小值
最大值	计算数值型字段中的最大值

用户也可以为报表选择【细节及总结】、【只包含总结】或【不包含总计】。本例在"学号"字段后选中"最小值"和"最大值"，在"出生日期"字段后选中"平均值"、"最小值"和"最大值"，表示要对"学号"和"出生日期"字段进行计算。

⑦ 单击【确定】按钮，返回【分组记录】对话框并单击【下一步】按钮，在【步骤 3-选择报表样式】对话框中选择"账务式"。

⑧ 单击【下一步】按钮，在【步骤 4-定义报表布局】对话框中，指定【列数】为"1"，【字段布局】为"列"，向导会及时在左上角的放大镜中更新选定布局的实例图形。

⑨ 单击【下一步】按钮，在【步骤 5-排序记录】对话框中选择"姓名"字段作为排序的字段，并且选择索引标识为"升序"。

⑩ 在【步骤 6-完成】对话框中，单击【预览】按钮查看分组效果，如图 10-15 所示。如果选定数目的字段不能在报表一行上全部显示，则字段将换到下一行。如果不希望字段换行，清除【对不能容纳的字段进行折行处理】选项即可。

图 10-15 在【预览】窗口中预览报表

保存报表之后，可以像其他报表一样在【报表设计器】中打开或修改它。

10.3 报表设计器

使用报表向导可以简单快速地创建报表,但不能满足内容和样式丰富的报表的需要。因此,可以使用报表设计器从空白报表开始从头设计一个新报表,并且还可以修改用报表向导、报表设计器等不同的方法建立的报表。

修改一个已经存在的报表,首先应该先在报表设计器中打开它,常用的打开方法有两种。

方法 1:单击【文件】|【打开】命令,或单击工具栏上的【打开】按钮,在【打开】对话框中选择要修改的报表文件,单击【确定】按钮即可。

方法 2:使用命令 MODIFY REPORT [<报表文件名>]。

10.3.1 报表设计器的基本环境

1. 打开报表设计器

① 在【项目管理器】窗口的【文档】选项卡中选择【报表】选项,如图 10-16 所示。

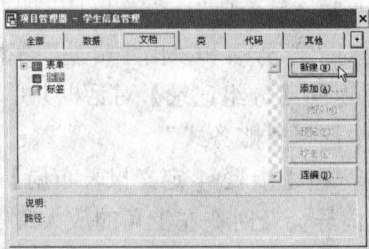

图 10-16 【项目管理器】窗口

② 单击【新建】按钮,在弹出的【新建报表】对话框中单击【新建报表】按钮,即可打开【报表设计器】窗口,如图 10-17 所示。

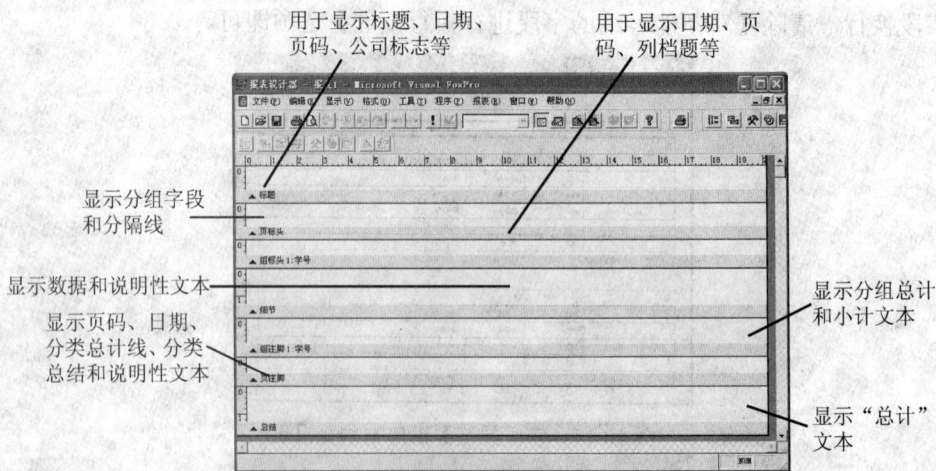

图 10-17 【报表设计器】窗口

在报表设计器中，报表被划分成若干个不同类型的"带区"，即报表中的白色区域。默认情况下，报表设计器中显示 3 个带区：页标头、细节和页注脚。可以使用【报表】菜单命令增加标题、总结、组标头和组注脚带区。

在报表设计器中的"带区"中可以插入各种控件，包括打印的报表中所需的标签、字段、变量和表达式。若要增加报表的视觉效果和可读性，还可以添加直线、矩形等控件。每一个"带区"底部的灰色横条称为"分隔符栏"。"带区"名称显示于靠近箭头▲的栏中，此箭头指示该带区位于栏之上。

如表 10-4 所示列出了各类"带区"的名称、功能以及使用时的输出情况。

表 10-4　带区的功能以及输出情况

带区名称	功　　能	输出情况
标题	输出整个报表的文本标题	每个报表一次
页标头	说明细节带区的内容	每页一次
列标头	每列内容说明	每列一次
组标头	分组内容的说明	每组一次
细节	输出表文件的数据	每记录一次
组注脚	对分组内容的注释和数值统计	每组一次
列注脚	对分列内容的注释和数值统计	每列一次
页注脚	每页尾部的注释 0	每页一次
总结	整个报表数值字段的总计值	每个报表一次

页标头、细节和页注脚是报表设计器默认的布局；标题、总结、组标头和组注脚是用【报表】菜单的下拉菜单命令产生的；表中的列标头和列注脚带区是通过【文件】|【页面设置】命令设置的，当打印的列数大于 1，就会在报表设计器中增加这两个带区。

2．调整带区大小

在报表设计器中，可以根据情况调整每个带区的大小和特征，具体方法是：将光标移到分隔栏符区域，当光标变成↕形状时，按住鼠标左键上下拖动带区到合适的高度。需要注意的是，如果在带区中插入控件，不能使带区的高度小于控件的高度。可以先增加带区的高度，把控件移入带区后，在减小带区的高度。

3．标尺

在【报表设计器】窗口的最上面部分和最左面都设有标尺，可以在带区中精确地定位对象的垂直和水平位置。标尺刻度默认度量单位是 inch 或 cm。选择【格式】|【设置网络刻度】命令，打开【设置网络刻度】对话框。在该对话框中，用户可以精确设置网格大小，也可以更改标尺刻度单位为 pixel，如图 10-18 所示。

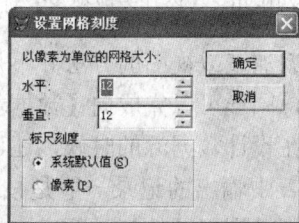

图 10-18　【设置网络刻度】对话框

10.3.2 设置报表数据环境

一般情况下，报表显示数据时总是与一定的数据源相联系。例如，使用【报表向导】时，向导的第 1 步就是要求用户确定数据源。因此，在设计报表时，确定报表的数据源是一项必须首先完成的任务。

在设计报表时，报表的数据源可以是数据库表、视图或自由表。如果该报表总是使用相同的数据源，就可以把数据源添加到报表的数据环境中。

【例 10-4】 以"学生"表为例，把数据源添加到报表的数据环境中。

① 打开【报表设计器】，单击鼠标右键，在弹出的快捷菜单中选择【数据环境】命令，打开报表的【数据环境设计器】窗口，如图 10-19 所示。

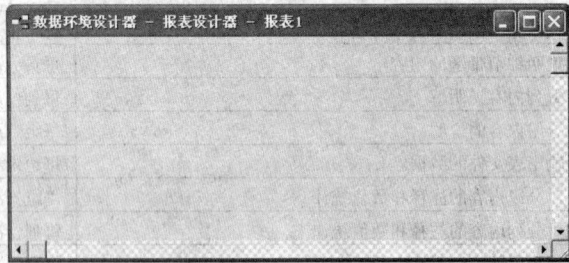

图 10-19 报表的【数据环境设计器】窗口

② 在【数据环境设计器】中单击鼠标右键，在弹出的快捷菜单中选择【添加】命令，在打开的【添加表或视图】对话框中选择添加"学生"表，然后单击【确定】按钮，如图 10-20 所示。此时，选择的数据源就添加到了【数据环境设计器】中，如图 10-21 所示。

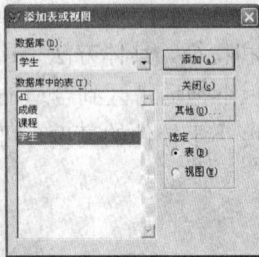

图 10-20 【添加表或视图】对话框   图 10-21 将"学生"表添加到【数据环境设计器】

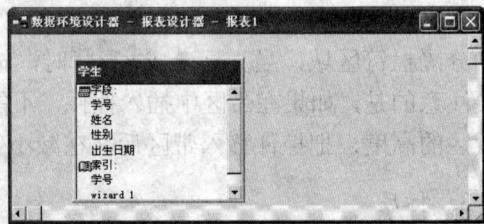

添加表或视图的方法并不是唯一的，也可以在主菜单上选择【数据环境】|【添加】命令，同样可以完成向【数据环境设计器】中添加表或视图的工作。

在设计数据源的时候，还可以对报表进行排序输出。如果报表的数据源是一个表，则报表中输出的记录一般是按照表中记录的顺序进行排序的。如果报表的数据源是视图，则可用视图的记录顺序来排序。

当然，也可通过设置索引来决定出现在报表中的记录顺序，方法如下：

① 在【数据环境设计器】窗口中单击鼠标右键，在弹出的快捷菜单中选择【属性】

命令，打开【属性】对话框，如图 10-22 所示。

② 在【属性】窗口中，选择对象框中的 "Cursor1"，然后在属性中选择 "Order" 属性，为 "学生" 表建立一个主索引标识，输入索引名为 "学号"。

10.3.3 添加报表控件

报表控件实际上是一些在报表设计器中设计报表布局时，表示将来在报表上显示或打印的一些项目。可以使用【报表控件】工具栏在报表上创建控件。当打开【报表设计器】时，自动显示此工具栏。单击需要添加的控件按钮，把鼠标指针移动到报表上，拖动鼠标到适当大小即可。如表 10-5 所示列出了报表控件的名称和功能。

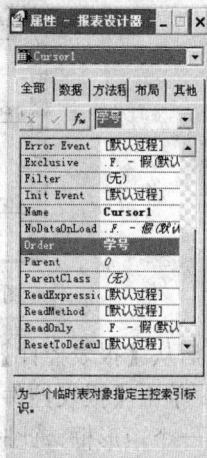

图 10-22 报表的【属性】窗口

表 10-5 报表控件的名称和功能

控件名称	功 能
标签	用于在带区中添加文本
域控件	用来输出报表中的各种类型的数据
线条	绘制报表上的各种直线
矩形	在报表中绘制矩形框和报表的边界
圆角矩形	在报表中绘制圆、椭圆、圆角矩形等
图片/ActiveX 绑定控件	在报表中添加位图或通用数据字段

1. 添加字段

在报表中可以使用域控件添加字段。

【例 10-5】 向 "学生" 表的报表中添加字段。

打开 "学生" 表的【数据环境设计器】，在 "学生" 表中用鼠标左键按住选定字段，如 "学号"，将它拖到报表设计器的细节带区，然后释放鼠标。这样 "学号" 字段就被拖放到布局上了，用同样的方法将 "学生" 表中的其他字段全部拖到报表中，调整各字段的位置后，效果如图 10-23 所示。

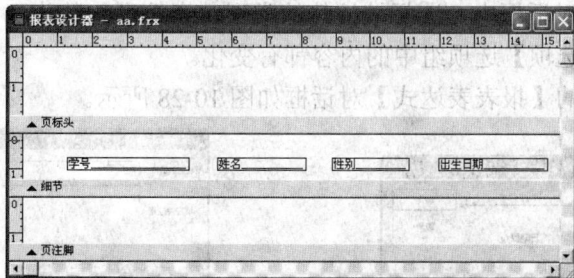

图 10-23 将 "学生" 表中的字段拖到报表中

若想将 "学生" 表中的全部字段一次性放入报表中，更简单的方法是：按住 "学生" 表的 "字段"，拖到报表设计器中放开即可，如图 10-24 所示。

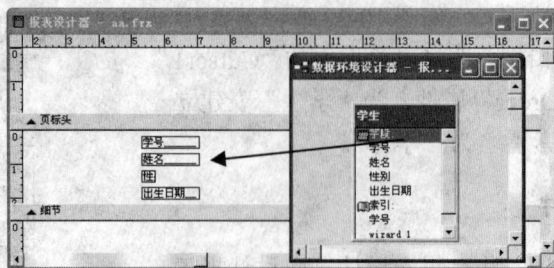

图 10-24　将"学生"表全部"字段"拖到报表中

然后从【报表控件】工具栏中向报表中添加控件，具体操作步骤如下。

① 单击【报表控件】工具栏中的【域控件】按钮 ![abl]，在【报表设计器】的细节带区拖出一个矩形框，此时，Visual FoxPro 弹出一个【报表表达式】对话框，如图 10-25所示。

② 在【报表表达式】对话框的【表达式】文本框里输入字段名，或单击右侧的选取按钮，打开【表达式生成器】对话框，在【字段】列表框中双击"学生.学生编号"，此时，"学生.学号"出现在【报表字段表达式】文本框中，如图 10-26 所示。单击【确定】按钮，关闭【表达式生成器】对话框，返回【报表表达式】对话框。

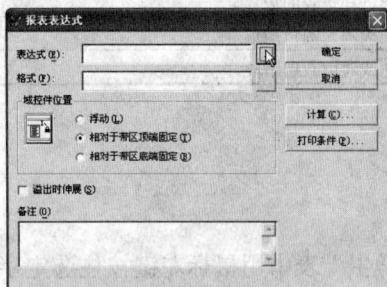

图 10-25　【报表表达式】窗口

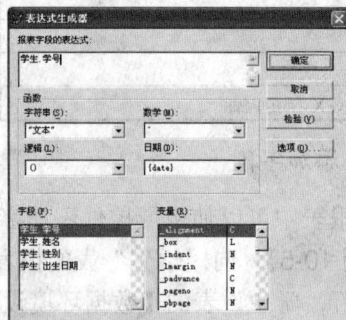

图 10-26　【报表表达式】窗口

③ 单击【格式】文本框后面的选取按钮，弹出【格式】对话框，如图 10-27 所示。

④ 在【格式】对话框中，选择域控件的类型：字符型、数值型和日期型。选定不同的类型时，【编辑选项】选项组中的内容都有变化。

⑤ 设置完成后的【报表表达式】对话框如图 10-28 所示。

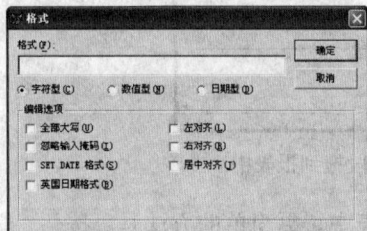

图 10-27　域控件的【格式】窗口

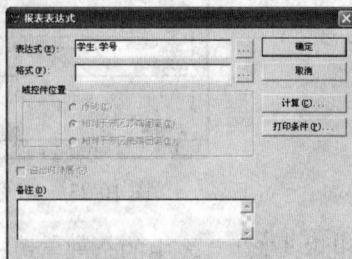

图 10-28　设置后的【报表表达式】窗口

2. 添加图片

在【报表控件】工具栏中单击【图片/ ActiveX 绑定控件】按钮，在【报表设计器】的相应带区，拖放出一个矩形框。在弹出的【报表图片】对话框中，在【图片来源】选项组中，单击【文件】文本框后面的选取按钮，在打开的【打开】对话框中选择一张图片。单击【确定】按钮返回【报表设计器】窗口中，最终效果如图 10-29 所示。

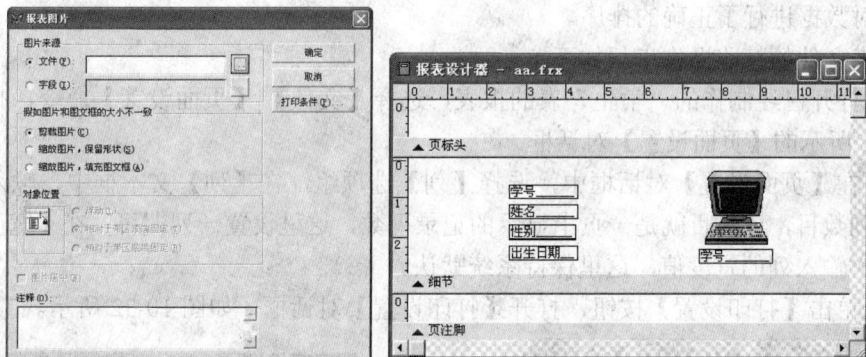

图 10-29 添加控件后的报表

3. 添加标签控件

在报表中，标签一般用作说明性文字。例如，在报表的页标头带区内对应字段变量的正上方加入标签用来说明该字段的意义，或者对于整个报表的标题也可用标签来设置。

① 在 Visual FoxPro 主菜单中选择【报表】|【默认字体】命令，在【字体】对话框中设置【字体】为"华文行楷"、【大小】为"二号"，单击【确定】按钮。

② 选择【报表控件】工具栏中的【标签】按钮 A，此时鼠标指针变成一条竖直线，表示可以插入文本，将鼠标移动至页标头带区，单击右键，即可进行文本输入。本例输入"学生信息一览表"。单击【预览】按钮，对报表进行预览，效果如图 10-30 所示。

图 10-30 预览当前报表

10.4　打印报表文件

使用报表设计器创建报表布局文件，目的是把要打印的数据组织成令人满意的格式。它按照数据源中记录出现的顺序处理记录。在打印一个报表文件之前，应确认数据源中已对数据进行了正确的排序。

报表文件的打印操作步骤如下。

① 打开已经制作的"学生"表的报表，选择【文件】|【页面设置】命令，打开如图 10-31 所示的【页面设置】对话框。

② 在【页面设置】对话框中，选择【列】选项组，在【列】文本框中，输入页面所需的列数目，该数目就是一页上显示的记录列数，这里设置一列即可；在【宽度】文本框中，输入列的宽度值，这里保持系统默认。

③ 单击【打印设置】按钮，打开【打印设置】对话框，如图 10-32 所示。

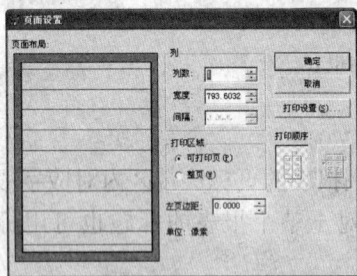

图 10-31　报表的【页面设置】窗口　　　　图 10-32　【打印设置】对话框

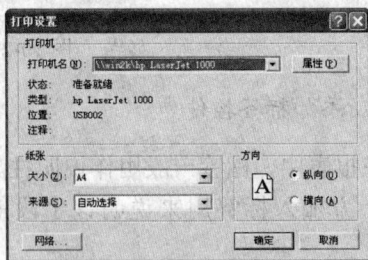

在【打印机名】列表框中选择已经正确连接的打印机。

④ 单击【属性】按钮，打开如图 10-33 所示的对话框。【属性】对话框主要用于设置纸张的大小、尺寸、打印精度等一些选项。这里保持系统默认值，单击【确定】按钮关闭对话框，返回到【打印设置】对话框。

⑤ 默认情况下，Visual FoxPro 打印的是报表的全部内容，也可以对打印内容进行控制，根据需要选择打印范围，具体方法是：在 Visual FoxPro 主菜单中选择【文件】|【打印】命令，打开【打印】对话框，如图 10-34 所示。

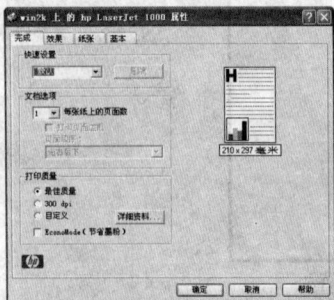

图 10-33　【属性】对话框　　　　图 10-34　【打印】对话框

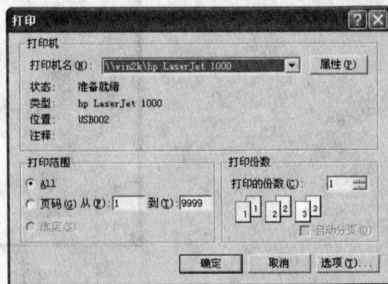

⑥ 在【打印】窗口中,在【页码】文本框里分别输入打印的起始页号和终止页号。在【打印份数】微调器里可设置所需打印的报表份数。

在【命令】窗口或程序中使用 REPORT FORM <报表文件名>命令也可以打印指定的报表。

10.5 标签的设计

标签是一种多列报表布局,是一种适合标签纸的特殊报表。它的创建、修改方法与报表基本相同。和创建报表一样,可以利用标签向导创建标签,也可以利用标签设计器设计标签。它们的不同点在于,创建标签时,均必须说明使用标签的类型。关于标签设计在这里就不再详细说明了。

10.6 习 题

一、单选题

1. 为了帮助用户尽快创建报表,Visual FoxPro 提供的向导有_____。
    A. 标签向导　　　　　　　　　B. 分组 / 总计报表向导
    C. 一对多报表向导　　　　　　D. 导入向导

2. 在报表设计中,关于报表标题,下列叙述中正确的是_____。
    A. 每页打印一次　　　　　　　B. 每报表打印一次
    C. 每组打印一次　　　　　　　D. 每列打印一次

3. 在报表设计器中,可以使用的控件是_____。
    A. 标签、域控件和线条　　　　B. 标签、域控件或视图
    C. 标签、文本框和列表框　　　D. 布局和数据源

4. 报表的数据源不可以是_____。
    A. 自由表或其他报表　　　　　B. 数据库表、自由表或视图
    C. 数据库表、自由表或查询　　D. 表、查询或视图

5. 在创建快速报表时,基本带区包括_____。
    A. 标题、细节和总结　　　　　B. 页标头、细节和页注脚
    C. 组标头、细节和组注脚　　　D. 报表标题、细节和页注脚

6. 设计报表通常包括两部分内容:_____和数据源,布局在 Visual FoxPro 报表设计中,"学生成绩表"的报表布局类型是_____。
    A. 列　　　　　B. 行　　　　　C. 标签　　　　　D. 多列

7. 在 Visual FoxPro 报表设计中,在报表标签布局中不能插入的报表控件是

_____。
    A. 域控件   B. 线条   C. 文本框   D. 图片/OLE 绑定控件

8. 在 Visual FoxPro 的报表设计中，为报表添加标题的正确操作是_____。
    A. 在页标头带区添加一个标签控件
    B. 在细节带区中添加一个标签控件
    C. 在组标头带区添加一个标签控件
    D. 从菜单选择【标题/总结】命令项添加一个标题带区，再在其中加一标签控件

二、填空题

1. 多栏报表的栏目数可以通过_____来设置。

2. 报表标题要通过_____控件定义。

3. 首次启动报表设计器时，报表布局中只有 3 个带区：页标头、_____和页注脚。

4. 报表由_____和_____两个基本部分组成。

5. 报表文件的扩展名是_____。

6. 对报表进行数据分组时，报表会自动包含_____和_____带区。

7. 报表中将字段控件称为_____。

8. 创建报表有_____、_____、_____3 种方法。

9. 设计好的报表既可以在打印机上输出，也可以通过_____浏览。

10. 在 Visual FoxPro 中用_____命令打印报表；若要预览报表则用_____命令。

第 11 章　综合实例：学生信息管理系统

本章要点

✧　全面了解学生信息管理系统的整体设计
✧　了解系统的模块组成情况和各个模块能实现的功能
✧　完成各个模块的代码实现

11.1　学生信息管理系统设计

11.1.1　系统设计目标

随着计算机技术的迅速发展，人们从过去繁杂的手工劳作中得以解脱，取而代之的是计算机的广泛应用，这种应用体现在各行各业。对于学校来说，编写一套完善的学生信息管理系统的任务就显得尤为必要了。本实例旨在抛砖引玉，通过开发一个简化的学生信息管理系统，展示 Visual FoxPro 的强大功能。

11.1.2　开发设计思想

1. 采用模块化设计

系统采用模块化程序设计方法，既便于系统功能的组合和修改、又便于技术维护人员和用户进行补充和维护。

2. 系统具备数据库维护功能

系统具备数据库维护功能，用户根据需要可以进行数据的添加、删除、修改、备份等操作。

3. 操作直观、方便、实用

系统操作简单方便，用户可以在最短时间内完成各种操作，从而提高工作效率，同时系统具备安全认证等要求。

11.1.3　系统功能分析

根据上述需求，本系统设计的具体功能如下。

① 学生管理：用于对学生基本信息的修改、添加、删除等管理。

② 学生查询：用于查询学生基本信息和成绩查询。

③ 学生选课：用于学生选择课程学习。

④ 学生成绩：用于对学生各科成绩的修改、添加、删除等管理。

⑤ 打印：用来打印学生的基本信息和成绩等。

⑥ 帮助：对系统提供一些操作帮助、版本信息等情况。

11.1.4　系统功能模块设计

根据上述需求，本系统的结构框图如图 11-1 所示。

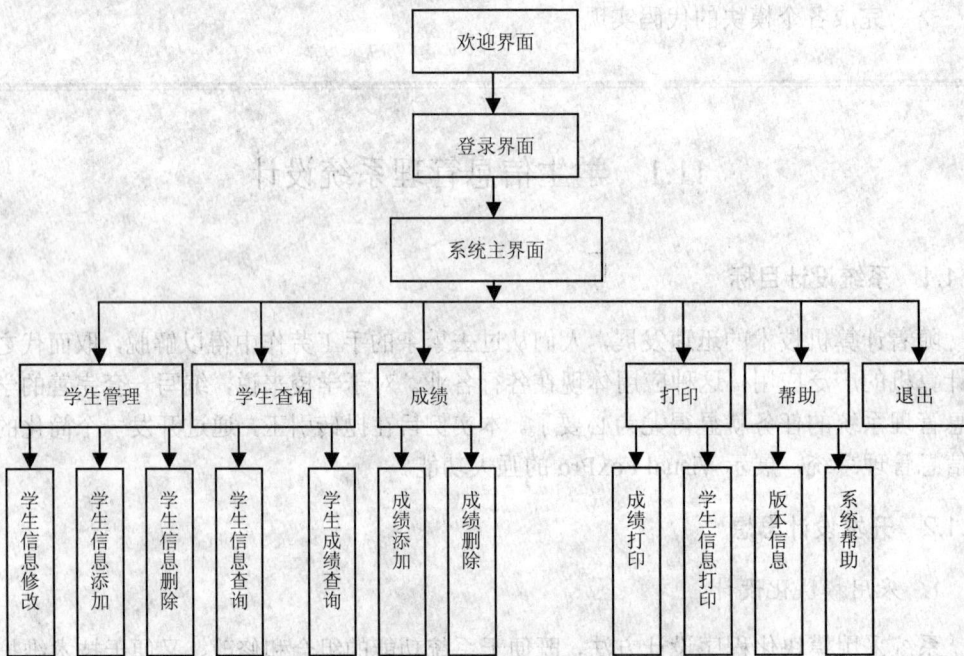

图 11-1　系统的结构框图

11.2　设计数据库和表

为了更好地提高软件开发和维护的效率，本例主要使用【项目管理器】来设计系统。

① 打开 Visual FoxPro 窗口，新建一个项目，保存为"学生信息管理.pjx"。

② 在【项目管理器】窗口中，选择【数据】选项卡中的【数据库】项，单击【新建】按钮，打开【新建数据库】对话框，如图 11-2 所示。

③ 单击【新建数据库】按钮 □，新建一个"学生"数据库，并保存在指定的文件位置。

④ 在【数据】选项卡的层次结构中选择【表】项，单击【新建】按钮，新建一个"登录"表，如图 11-3 所示。"登录"表的结构如表 11-1 所示。

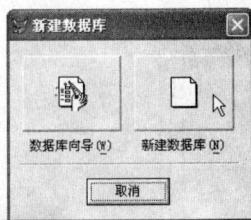

图 11-2 【新建数据库】对话框

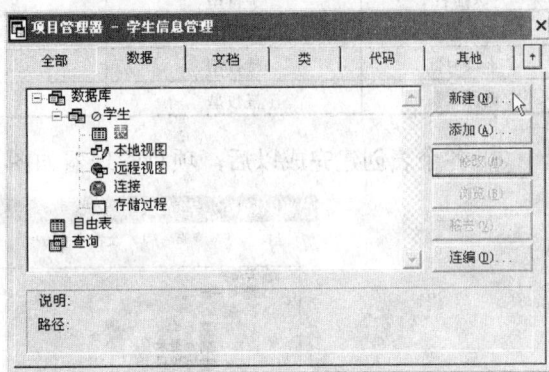

图 11-3 新建"登录"表

表 11-1 "登录"表的结构

字 段 名	字段类型	字段长度	说 明
用户名	字符型	10	主索引
密码	字符型	10	

⑤ 用同样的方法建立"学生"表，表结构如表 11-2 所示。

表 11-2 "学生"表结构

字 段 名	数据类型	字段长度	小数位数	说 明
学号	字符型	10		主索引
姓名	字符型	8		
性别	字符型	2		
年级	数值型	2	0	普通索引
出生年月	日期型	8		允许为空
系号	整数型	4		

⑥ 建立"成绩"表，表结构如表 11-3 所示。

表 11-3 "成绩"表结构

字 段 名	数据类型	字段长度	小数位数	说 明
学号	字符型	10		主索引
成绩	数值型	5	2	
课程号	字符型	2		普通索引

⑦ 建立"课程"表，表结构如表 11-4 所示。

表 11-4 "课程"表结构

字 段 名	数据类型	字段长度	小数位数	说 明
课程号	字符型	6		主索引
课程名	字符型	20		
学分	数值型	4	0	
上课时间	整数型	4		
选课人数	整数型	4		

⑧ 各个表创建完成以后，项目管理器如图 11-4 所示。

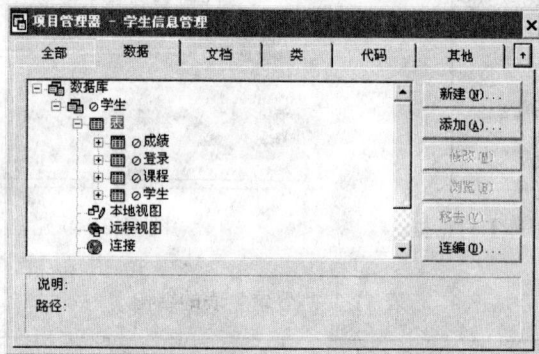

图 11-4 在项目管理器中新建表

11.3 创建各功能模块

本节主要介绍如何创建学生信息管理系统中的所有表单。

11.3.1 创建"欢迎界面"

选择【项目管理器】中的【文档】选项卡，新建一个"欢迎界面"。该界面设计类似计算机启动，当用户在界面运行一段时间后或按下任意键后就进入系统主界面。具体步骤如下。

① 在【项目管理器】中新建一个表单，如图 11-5 所示。在【属性】窗口中设置表单的属性如表 11-5 所示。

表 11-5 设置表单的属性

属 性 名	属 性 值	说 明
Caption	欢迎你的到来	窗口标题
Picture	e:\pic\hua004.jpg	插入界面背景图片

② 在【表单控件】工具栏中选择【计时器】控件 🕐，为表单添加一个控件 Timer。设其 Interval 属性为"3000"（ms），表示当表单运行到 Interval 属性规定的时间间隔后

触发 Timer 事件。

双击【计时器】控件⏰，在打开的代码窗口中添加如下代码：

```
thisform.release
DO FORM main            &&执行主表单main
```

在代码窗口中，选择对象 Form1，在其 KeyPress 过程中添加如下代码：

```
LPARAMETERS nKeyCode,nShiftAltCtrl
thisform.release
DO FORM main            &&执行主表单main
```

③ 在【表单控件】工具栏中选择【标签】控件 **A**，设置标签的属性如表 11-6 所示。

表 11-6 【标签】控件属性

属 性 名	属 性 值	说 明
Caption	学生信息管理系统	显示信息
Backstyle	0-透明	设置透明
Fontbold	.T.-真	
Autosize	.T.-真	
Fontsize	26	文字大小

调整标签在窗体上的位置，最终效果如图 11-6 所示。

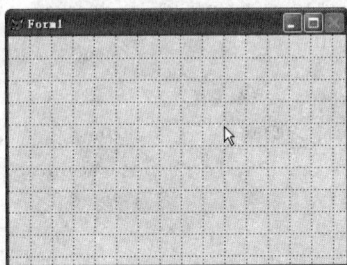

图 11-5 新建一个表单

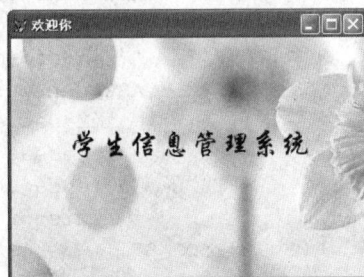

图 11-6 欢迎界面的最终效果

11.3.2 创建用户登录模块

为了保证系统安全，用户还需要设计一个用户身份验证界面，只有拥有权限的用户才能进入查询，界面如图 11-7 所示。

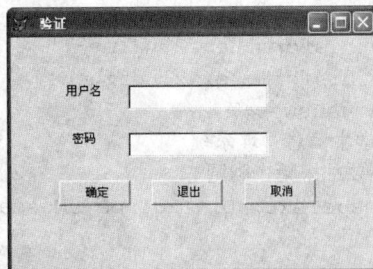

图 11-7 登录界面

"登录"表单的具体实现步骤如下。

① 在【项目管理器】中选择【文档】选项卡，单击【新建】按钮，新建一个表单。在【属性】窗口中设置表单的 Caption 属性为"登录"。

② 分别往表单中添加两个标签控件和文本框控件，分别设置两个标签的 Caption 属性为"用户名："和"密码："，而文本框在表单运行后供用户输入信息。

③ 向表单中添加 3 个按钮控件，用来触发表单事件，将 3 个按钮的 Caption 属性分别设置为"确定"、"取消"和"退出"。

双击【确定】按钮，编写其 Click 事件代码如下：

```
USE 登录            &&打开"登录"表
cx=ALLTRIM(thisform.text1.value)                    &&获得文本框输入的信息
cy=ALLTRIM(thisform.text2.value)
SET ORDER TO 用户名
SEEK cx                                             &&查找输入的信息
IF ALLTRIM(登录.用户名)!=cx
    cMessageTitle="学生信息管理系统"
    cMessageText="用户名错误，请重新输入！"
    nDialogType=4+32
    nAnswer=MESSAGEBOX(cMessageText,nDialogType,cMessageTitle)
        DO CASE
            CASE nAnswer=6
                thisform.text1.value=""
                thisform.text1.setfocus
            CASE nAnswer=7
                cMessageTitle="学生信息管理系统"
                cMessageText="不要乱来嘛，呵呵"
                messagebox(cMessageText,nDialogType,cMessageTitle)
                thisform.release
        ENDCASE
ELSE
    IF ALLTRIM(登录.密码)!=cy             &&判断输入的信息是否与密码
                                          &&相符合
        cMessageTitle="学生信息管理系统"
        cMessageText="密码错误，请重新输入！"
        nDialogType=4+32
        nanswer=MESSAGEBOX(cMessageText,nDialogType,cMessageTitle)
        DO CASE
                CASE nAnswer=6
                    thisform.text2.value=""
                    thisform.text2.setfocus
                CASE nAnswer=7
cMessageTitle="学生信息管理系统"
cMessageText="不要乱来嘛，呵呵"
messagebox(cMessageText,nDialogType,cMessageTitle)
thisform.release
ENDCASE
ELSE
```

```
thisform.release
DO main.mpr                              &&执行主菜单main.mpr
ENDIF
ENDIF
```

上段代码的功能是当用户单击【确定】按钮后，程序在"登录"表中查找相应用户名，若能查到，且密码正确则进入相应的管理界面。

【取消】按钮的功能是将两个文本框中的信息清空后重新填写。双击【取消】按钮，编写其 Click 事件代码如下：

```
thisform.text1.value=""
thisform.text2.value=""
thisform.text1.setfocus
```

双击【退出】按钮，编写其 Click 事件代码如下：

```
thisform.release
```

④ 保存表单。

11.3.3 创建添加学生信息模块

该表单用于输入学生基本信息，制作完成的表单界面如图 11-8 所示。

图 11-8 添加学生信息表单

① 在【项目管理器】中新建一个表单，在表单中单击鼠标右键，在弹出的快捷菜单中选择【数据环境】命令，在弹出的【添加表或视图】对话框中【数据库中的表】列表框中选择"学生"表，单击【添加】按钮。此时，"学生"表就添加到了【数据环境设计器】当中，如图 11-9 所示。

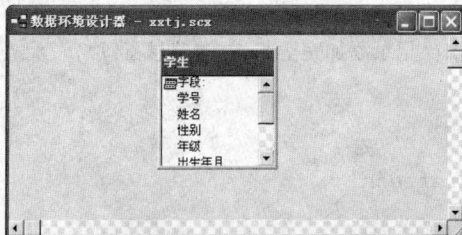

图 11-9 将"学生"表添加到【数据环境设计器】中

② 将"学生"表中所有字段拖到表单中，调整各个字段的显示位置，然后向表单中添加一个【标签】控件，在属性窗口中设置其属性如表 11-7 所示。

表 11-7 【标签】控件属性

属 性 名	属 性 值	说 明
Caption	添加学生信息	显示信息
FontName	华文行楷	
Autosize	.T.-真	
Fontsize	20	文字大小

③ 向表单中添加两个按钮控件，设置它们的 Caption 属性分别为"添加"和"退出"。设计完成的表单界面如图 11-10 所示。

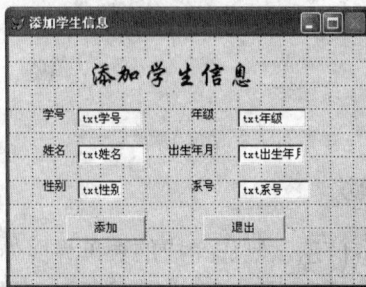

图 11-10 "添加学生信息"表单

④ 给表单编写代码。在表单的 Init 事件中输入如下代码：

```
USE 学生                                    &&打开学生表
APPEND BLANK                                &&在表尾追加一条空白记录
thisform.txt学号.readonly=.F.              &&把各文本框设置为读写状态
thisform.txt姓名.readonly=.F.
thisform.txt性别.readonly=.F.
thisform.txt年级.readonly=.F.
thisform.txt出生年月.readonly=.F.
thisform.txt系号.readonly=.F.
thisform.txt学号.setfocus()                &&让txt学号获得焦点
thisform.refresh
```

双击【添加】按钮，输入如下代码：

```
m=MESSAGEBOX("是否保存更改？",4+48,"信息窗口")
IF m=6
    MESSAGEBOX("记录添加完毕",48,"信息窗口")
ELSE
    DELETE
    PACK
    thisform.refresh
ENDIF
APPEND BLANK
thisform.txt学号.setfocus()
```

```
thisform.refresh
```

双击【退出】按钮，输入如下代码：

```
DELE                    &&删除空记录
PACK
RELEASE THISFORM
USE
```

11.3.4　创建学生信息修改模块

本小节创建的表单用于对学生的基本信息进行修改。表单的运行效果如图 11-11 所示。

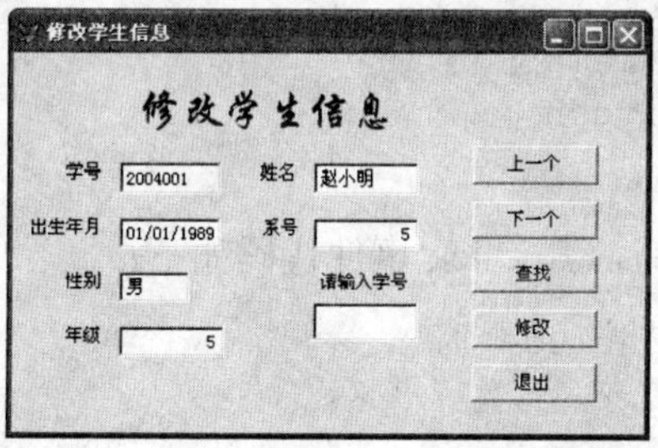

图 11-11　"修改学生信息"表单

① 在新建的表单中添加"学生"表中的所有字段，然后再向表中分别添加一个标签和一个文本框，标签的 Caption 属性为"请输入学号"。向表单中添加 5 个按钮控件，其中：

【上一个】按钮控件属性如表 11-8 所示。

表 11-8　【上一个】按钮控件属性

属 性 名	属 性 值	说 明
Caption	上一个	显示信息
Name	Cmd1	

【下一个】按钮控件属性如表 11-9 所示。

表 11-9　【下一个】按钮控件属性

属 性 名	属 性 值	说 明
Caption	下一个	显示信息
Name	Cmd2	

② 添加表单的 Init 事件代码如下：

```
USE 学生                          &&打开"学生"表
PUBLIC temp(6)                    &&定义一个数组
thisform.txt学号.readonly=.F.     &&把各文本框设置为读写状态
thisform.txt姓名.readonly=.F.
thisform.txt性别.readonly=.F.
thisform.txt年级.readonly=.F.
```

```
thisform.txt出生年月.readonly=.F.
thisform.txt系号.readonly=.F.
thisform.text1.setfocus()                    &&让查找学号文本框获得焦点
thisform.refresh
SCATTER TO temp                              &&把当前记录个项存入数组中
```

③ 添加【修改】按钮的 Click 事件代码如下：

```
m=MESSAGEBOX("是否保存更改？",4+48,"信息窗口")
IF m=6
    MESSAGEBOX("记录修改成功！",48,"信息窗口")
    SCATTER TO temp
ELSE
    GATHER FROM temp
    thisform.refresh
ENDIF
```

④ 双击【上一个】按钮，其 Click 事件代码如下：

```
thisform.cmd2.enabled=.T.
IF BOF()
   GO TOP
   this.enabled=.F.
ELSE
   SKIP -1                 &&记录指针指向上一条记录
ENDIF
thisform.refresh
SCATTER TO temp
```

⑤ 添加【下一个】按钮的 Click 事件代码如下：

```
thisform.cmd1.enabled=.T.
SKIP 1
IF EOF()                   &&如果当前记录位置在表尾
    GO BOTTOM
    this.enabled=.F.
ELSE
    thisform.refresh
ENDIF
SCATTER TO temp
```

⑥ 添加【查找】按钮的 Click 事件代码如下：

```
n=RECNO()                  &&获取表的当前记录号
GO TOP
SCAN
   IF 学生.学号=ALLTRIM(thisform.text1.value)
       thisform.text1.value=""
       thisform.text1.setfocus()
       thisform.refresh
       SCATTER TO temp
       RETURN
```

```
    ENDIF
ENDSCAN
MESSAGEBOX("不好意思，该学号不存在！",0,"失败")
GO n
thisform.text1.value=""
thisform.text1.setfocus()
thisform.refresh
```

操作技巧　　　Recno 函数会返回当前记录指针所指向记录的编号。

⑦ 添加【退出】按钮的 Click 事件代码如下：

```
RELEASE THISFORM
USE
```

11.3.5　创建学生信息删除模块

删除表单的制作和修改表单相似。新建一个表单，添加完控件后的表单界面如图 11-12 所示。由于修改表单和删除表单的界面几乎完全相同，因此这里采用复制的方法，具体步骤如下。

① 打开修改模块表单，选择 Visual FoxPro 下拉菜单【文件】|【另存为】命令，在弹出的【另存为】对话框中保存表单名为"xxsc.scx"，如图 11-13 所示。

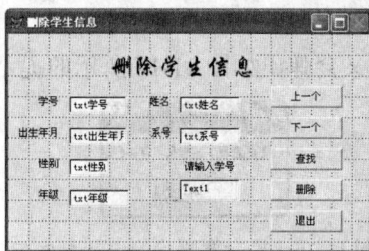

图 11-12　删除学生信息表单

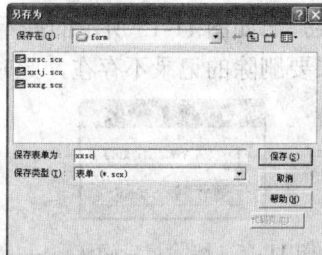

图 11-13　复制一个表单

② 返回【项目管理器】中，在【文档】选项卡中选择【表单】项，单击【添加】按钮，将"xxsc.scx"添加到【项目管理器】中。修改表单的部分属性后，删除信息表单效果如图 11-14 所示。

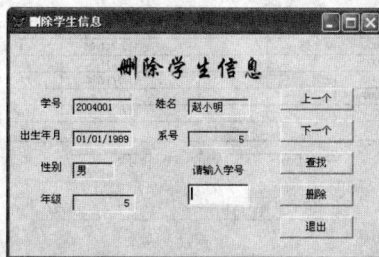

图 11-14　删除信息表单

③ 添加表单的 Init 事件代码如下：

```
USE 学生                              &&打开"学生"表
thisform.txt学号.readonly=.T.        &&把各文本框设置为不可读写状态
thisform.txt姓名.readonly=.T.
thisform.txt性别.readonly=.T.
thisform.txt年级.readonly=.T.
thisform.txt出生年月.readonly=.T.
thisform.txt系号.readonly=.T.
thisform.text1.setfocus()           &&让查找学号文本框获得焦点
thisform.refresh
```

④ 添加【删除】按钮的 Click 事件代码如下：

```
m=MESSAGEBOX("是否确定删除该记录？",4+48,"信息窗口")
IF m=6
    DELE
    SKIP 1
    PACK
    MESSAGEBOX("记录已成功删除！",48,"信息窗口")
ENDIF
THISFORM.REFRESH
```

⑤ 表单中的其他按钮代码和修改表单一样。运行表单，在【请输入学号】下面的文本框中输入一个学号，单击【查找】按钮，如果该记录存在将显示出来；单击【删除】按钮，会弹出如图 11-15 所示的提示窗口。

如果要删除的记录不存在，此时 Visual FoxPro 又会弹出如图 11-16 所示的提示框。

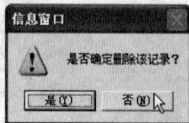

图 11-15　删除记录确认窗口　　　　图 11-16　提示要删除的记录不存在

11.3.6　创建学生信息查询模块

使用"类"为表单创建一个导航条。导航条的效果如图 11-17 所示。

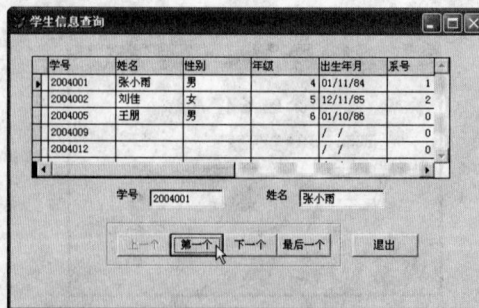

图 11-17　学生信息查询表单运行效果

导航条的主要功能是：单击导航条上的相应按钮时，在表单中的记录自动执行相应操作，从而实现浏览记录的功能。

建立导航条的步骤如下。

① 在【项目管理器】中选择【类】选项卡，单击【新建】按钮，此时弹出【新建类】对话框，如图 11-18 所示。

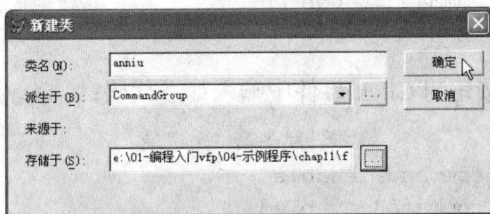

图 11-18　【新建类】窗口

在【类名】文本框中输入"anniu"，在【派生于】组合框中选择"CommandGroup"，表示这个类派生于一个按钮组，在【存储于】组合框中指定保存路径。单击【确定】按钮进入【类设计器】窗口。

小提示　"派生"是面向对象编程的常用概念。"类"是一个"对象"（object），它集成了属性和方法，"类"具有继承性。比如"车"可以是一个类，"轿车"就可以从"车"这个类中派生出来。

② 在【属性】窗口中设置 ButtonCount 属性为"4"，即按钮的数目为 4，把按钮拖动到适当位置，并根据需要修改每个按钮的 Caption 属性，设置后的效果如图 11-19 所示。

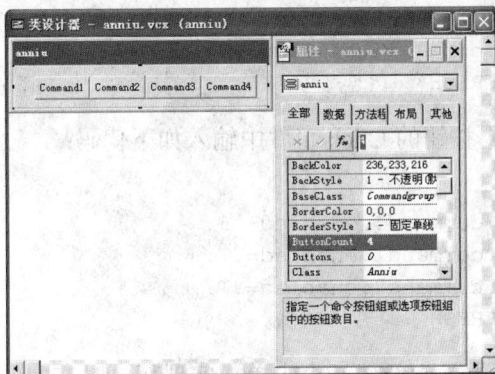

图 11-19　设置按钮属性

③ 在【上一个】按钮的 Click 事件中输入如下代码：

```
SKIP -1                     &&指针后退一个
IF BOF（）                   &&如果已经是第一个记录
    MESSAGEBOX("不好意思，已是第一个记录",48,"信息窗口")
    this.parent.command1.enabled=.f.
    this.parent.command2.enabled=.f.
```

```
    SKIP                         &&指针前进一个，使之仍然显示第一个记录
ELSE
    this.parent.command1.enabled=.T.
    this.parent.command2.enabled=.T.
ENDIF
this.parent.command3.enabled=.T.
this.parent.command4.enabled=.T.          &&根据状况设置各按钮的可用状态
THISFORM.REFRESH
```

④ 在【第一个】按钮的 Click 事件中输入如下代码：

```
GOTO TOP                  &&指针跳到第一个记录
this.parent.command1.enabled=.F.
this.parent.command3.enabled=.T.
this.parent.command4.enabled=.T.          &&根据状况设置各按钮的可用状态
THISFORM.REFRESH
```

⑤ 在【下一个】按钮的 Click 事件中输入如下代码：

```
SKIP
IF EOF()      &&如果已经是最后一条记录
    MESSAGEBOX("不好意思，已是最后一条记录",48,"信息窗口")
    SKIP -1              &&记录后退一个，使之仍然显示最后一条记录
    this.parent.command3.enabled=.F.
    this.parent.command4.enabled=.F.
ELSE
    this.parent.command3.enabled=.T.
    this.parent.command4.enabled=.T.
ENDIF
this.parent.command1.enabled=.T.
this.parent.command2.enabled=.T.
THISFORM.REFRESH
```

⑥ 在【最后一个】按钮的 Click 事件中输入如下代码：

```
GOTO BOTTOM
this.parent.command3.enabled=.F.
this.parent.command1.enabled=.T.
this.parent.command2.enabled=.T.
THISFORM.REFRESH
```

下面在【项目管理器】中新建一个表单，实现翻页时文本框以及表格的实时更新。

① 在表单中单击鼠标右键，选择【数据环境】选项，将前面建立的"学生"表和"成绩"表添加到【数据环境设计器】当中，如图 11-20 所示。

② 选中"学生"表的标题栏，将整个"学生"表的字段拖到表单中，再分别将"学号"和"姓名"字段拖到表单，然后在【表单控件】工具栏中单击【查看类】按钮，在下拉框中选择【添加】命令，如图 11-21 所示。

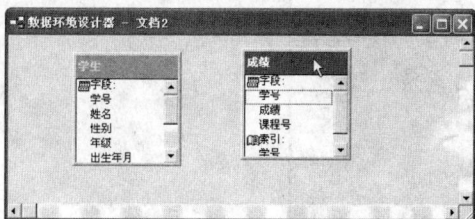

图 11-20 添加表到【数据环境设计器】窗口

图 11-21 向【表单控件】栏中添加类

③ 将刚才建立的类添加到【表单控件】栏中，此时，可以发现添加类后的【表单控件】栏如图 11-22 所示。

④ 在【表单控件】栏中选择类 "anniu" ，把它加入到表单中。

⑤ 在【表单控件】工具栏中单击【查看类】按钮，在下拉框中选择【常用】命令，向表单再添加一个按钮，其功能为退出表单。调整各个控件的位置，表单的最终效果如图 11-23 所示。

图 11-22 添加类后的
【表单控件】栏

⑥ 为【退出】按钮添加如下代码：

```
THISFORM.RELEASE
```

11.3.7 创建学生成绩查询模块

该表单和学生信息查询表单基本类似，具体步骤可参考 11.3.6 小节内容，制作完成的成绩表单如图 11-24 所示。

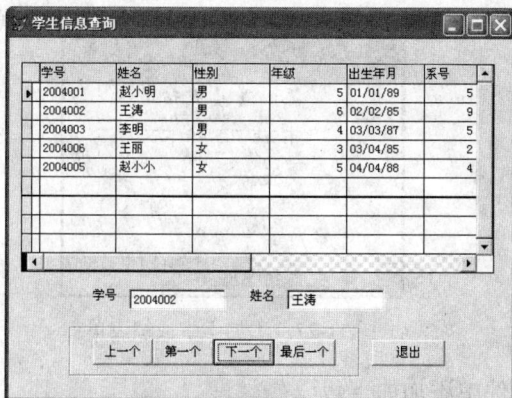

图 11-23 学生信息查询表单

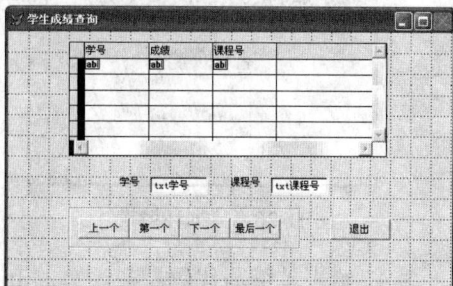

图 11-24 学生成绩查询表单

11.3.8 创建添加学生成绩模块

该表单用于录入学生成绩，制作完成的表单界面如图 11-25 所示。

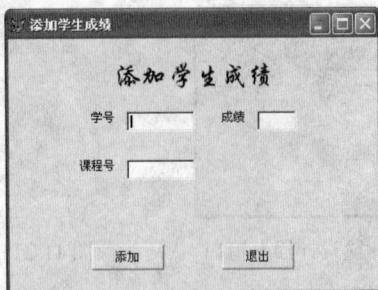

图 11-25 "添加学生成绩表单"的界面

① 在【项目管理器】中新建一个表单,在表单中单击鼠标右键,在弹出的快捷菜单中选择【数据环境】命令,在弹出的【添加表或视图】对话框中选择"成绩"表,关闭【添加表或视图】对话框。此时【数据环境设计器】窗口如图 11-26 所示。

② 将"成绩"表中所有字段拖到表单中。调整各个字段的显示位置,然后向表单添加一个【标签】控件**A**,在属性窗口中设置其属性,如表 11-10 所示。

表 11-10 【标签】控件属性

属 性 名	属 性 值	说 明
Caption	添加学生成绩	显示信息
FontName	华文行楷	
Autosize	.T.-真	
Fontsize	20	文字大小

③ 向表单中添加两个按钮控件,设置它们的 Caption 属性分别为"添加"和"退出"。设计完成的表单界面如图 11-27 所示。

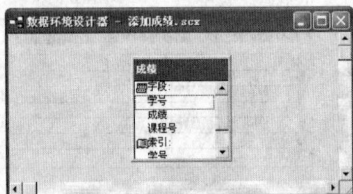

图 11-26 数据环境设计器

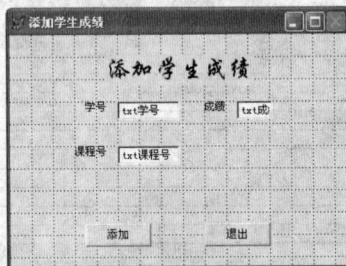

图 11-27 添加学生成绩表单

④ 给表单编写代码。在表单的 Init 事件中添加如下代码:

```
USE 成绩                          &&打开"成绩"表
APPEND BLANK                      &&在表尾追加一条空白记录
thisform.txt学号.readonly=.F.     &&把各文本框设置为读写状态
thisform.txt成绩.readonly=.F.
thisform.txt课程号.readonly=.F.
thisform.txt学号.setfocus()       &&让txt学号获得焦点
THISFORM.REFRESH
```

双击【添加】按钮，添加如下代码：

```
m=MESSAGEBOX("是否保存更改？",4+48,"信息窗口")
IF m=6
    MESSAGEBOX("记录添加完毕",48,"信息窗口")
ELSE
    DELETE
    PACK
    THISFORM.REFRESH
ENDIF
APPEND  BLANK
thisform.txt学号.setfocus()
THISFORM.REFRESH
```

双击【退出】按钮，加入代码如下：

```
DELE                        .&&删除空记录
PACK
RELEASE  THISFORM
USE
```

11.3.9　创建学生成绩修改模块

下面要创建一个表单，用于对学生的成绩进行修改。

① 在新建的表单中添加"成绩"表中的所有字段，然后再向表中分别加入一个标签和一个文本框，标签的 Caption 属性为"请输入学号"；向表单中添加 5 个按钮控件，其中

【上一个】按钮控件属性如表 11-11 所示。

表 11-11 【上一个】按钮控件属性

属 性 名	属 性 值	说　　明
Caption	上一个	显示信息
Name	Cmd1	

【下一个】按钮控件属性如表 11-12 所示。

表 11-12 【下一个】按钮控件属性

属 性 名	属 性 值	说　　明
Caption	下一个	显示信息
Name	Cmd2	

② 为控件分别添加事件代码。添加表单的 Init 事件代码如下：

```
USE 成绩                         &&打开"成绩"表
PUBLIC temp(6)                  &&定义一个数组
thisform.txt学号.readonly=.F.   &&把各文本框设置为读写状态
thisform.txt课程号.readonly=.F.
```

```
thisform.txt成绩.readonly=.F.
thisform.text1.setfocus()                    &&让查找学号文本框获得焦点
THISFORM.REFRESH
SCATTER TO temp                               &&把当前记录个项存入数组中
```

添加【修改】按钮的 Click 事件代码如下:

```
m=MESSAGEBOX("是否保存更改？",4+48,"信息窗口")
IF m=6
    MESSAGEBOX("记录修改成功！",48,"信息窗口")
    SCATTER TO temp
ELSE
    GATHER FROM temp
    tHISFORM.REFRESH
ENDIF
```

双击【上一个】按钮，添加【上一个】按钮的 Click 事件代码如下:

```
thisform.cmd2.enabled=.T.
IF BOF()
    GO TOP
    this.enabled=.F.
ELSE
    SKIP -1                                   &&记录指针指向上一条记录
ENDIF
THISFORM.REFRESH
SCATTER TO temp
```

添加【下一个】按钮的 Click 事件代码如下:

```
thisform.cmd1.enabled=.T.
    SKIP 1
IF EOF()                          &&如果当前记录位置在表尾
    GO BOTTOM
    this.enabled=.F.
ELSE
    THISFORM.REFRESH
ENDIF
SCATTER TO temp
```

添加【查找】按钮的 Click 事件代码如下:

```
n=RECNO()
GO TOP
SCAN
    IF 成绩.学号=ALLTRIM(thisform.text1.value)
        thisform.text1.value=""
        thisform.text1.setfocus()
        thisform.refresh
        SCATTER TO temp
        RETURN
    ENDIF
```

```
ENDSCAN
MESSAGEBOX("不好意思，该学号不存在！",0,"失败")
GO n
thisform.text1.value=""
thisform.text1.setfocus()
THISFORM.REFRESH
```

添加【退出】按钮的 Click 事件代码如下：

```
RELEASE THISFORM
USE
```

单击【运行】按钮，查看表单的运行效果如图 11-28 所示。

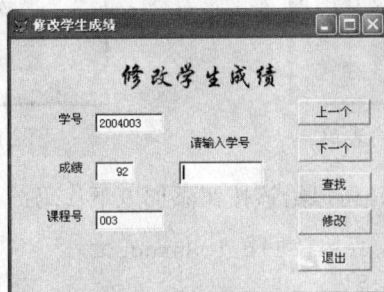

图 11-28　运行成绩修改表单

11.3.10　创建学生成绩删除模块

删除表单的制作和修改表单相似。新建一个表单，添加完控件后的表单界面如图 11-29 所示。

添加表单的 Init 事件代码如下：

```
USE 成绩                              &&打开"成绩"表
thisform.txt学号.readonly=.T.          &&把各文本框设置为不可读写状态
thisform.txt课程号.readonly=.T.
thisform.txt成绩.readonly=.T.
thisform.text1.setfocus()              &&让查找学号文本框获得焦点
THISFORM.REFRESH
```

添加【删除】按钮的 Click 事件代码如下：

```
m=MESSAGEBOX("是否确定删除该记录？",4+48,"信息窗口")
IF m=6
    DELE
    SKIP  1
    PACK
    MESSAGEBOX("记录已成功删除！",48,"信息窗口")
ENDIF
THISFORM.REFRESH
```

表单中的其他按钮代码和修改表单一样，这里不再赘述了。

11.3.11　创建打印模块

打印模块表单主要是打印数据表的结构信息，如图 11-30 所示，在表单中提供打开文件功能，用户可以在弹出的窗口中选择想要打印的表，同时，表单还提供了文件的打印功能。

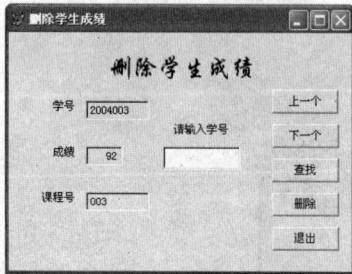

图 11-29　删除学生信息表单　　　　　　图 11-30　打印界面

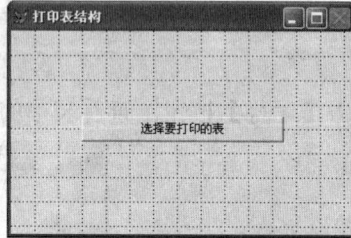

在表单中只有一个按钮，可以给该按钮添加以下代码：

```
LOCAL lcOldAlias,lcRepFile,lcStructDBF
lcOldAlias = ALIAS()
lcStructDBF = SYS(2015)
COPY STRUCTURE EXTENDED TO (lcStructDBF)
SELECT 0
USE (lcStructDBF) ALIAS _temp EXCL
ALTER TABLE _temp ALTER COLUMN field_name c(20)
SET FIELDS TO field_name,field_type,field_len,field_dec,field_null
STORE "_frx" TO lcRepFile
CREATE REPORT (lcRepFile) FROM _temp
REPORT FORM (lcRepFile) PREVIEW
IF FILE("_frx.frx") AND FILE("_frx.frt")
    DELETE FILE _frx.frt
ENDIF
USE IN _temp
IF FILE(lcStructDBF+".dbf")
    DELETE FILE (lcStructDBF+".dbf")
    DELETE FILE (lcStructDBF+".fpt")
    DELETE FILE (lcStructDBF+".bak")
    DELETE FILE (lcStructDBF+".tbk")
ENDIF
IF !EMPTY(lcOldAlias)
    SELECT (lcOldAlias)
ENDIF
```

运行表单，单击【选择要打印的表】按钮，弹出【打开】窗口，如图11-31 所示，需要用户选择打印的表，这里选择"学生"表。

单击【确定】按钮，此时"学生"表的表结构就出现在报表设计器中，如图11-32所示。

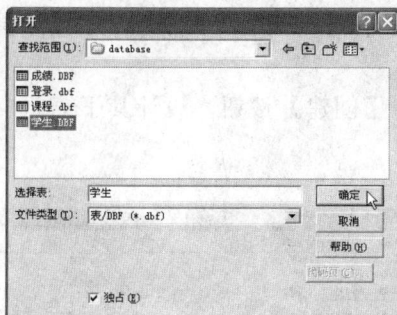

图 11-31 【打开】窗口

图 11-32 打印"学生"表结构

最后完成帮助表单的制作，帮助文件的最终效果如图 11-33 所示。

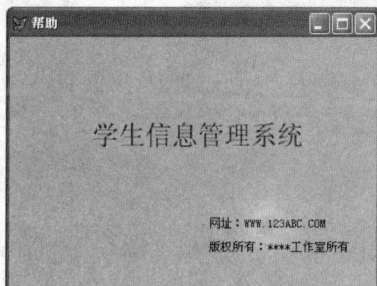

图 11-33 帮助表单的界面

11.4 制作系统菜单

针对本系统的功能实现，制作系统菜单的操作步骤如下。

① 在【项目管理器】中选择【其他】选项卡，选中【菜单】选项，单击【新建】按钮，弹出【新建菜单】对话框，如图 11-34 所示。

② 单击【菜单】按钮，打开【菜单设计器】对话框，在【菜单名称】列中分别输入"学生管理"、"学生查询"、"成绩"、"打印"、"帮助"和"退出"，完成的【菜单设计器】如图 11-35 所示。

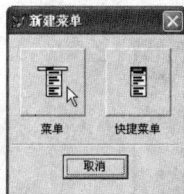

图 11-34 【新建菜单】窗口

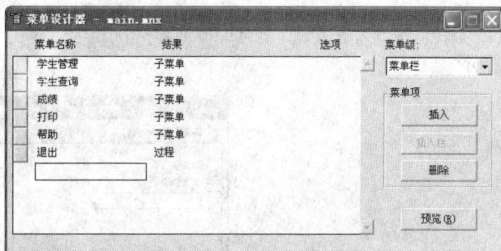

图 11-35 【菜单设计器】窗口

③ 保存菜单名为"main"。在 Visual FoxPro 系统菜单中选择【显示】|【常规选项】

命令,打开【常规选项】对话框,如图 11-36 所示。在【常规选项】窗口选中【顶层表单】和【替换】两项,单击【确定】按钮返回。

④ 选择"学生管理"菜单名称,单击其后的【创建】按钮,设计其子菜单,如图 11-37 所示。

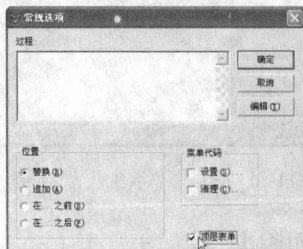

图 11-36　【常规选项】对话框　　　　图 11-37　"学生管理"子菜单设计

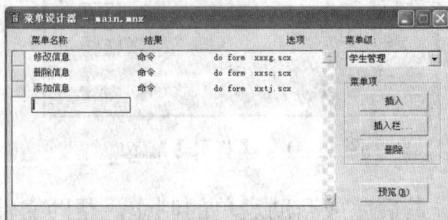

为"学生管理"中的 3 个子菜单分别添加如下命令:

```
DO FORM xxxg.scx
DO FORM xxsc.scx
DO FORM xxtj.scx
```

⑤ 返回【菜单设计器】对话框,为"学生查询"创建子菜单,创建的效果如图 11-38 所示。

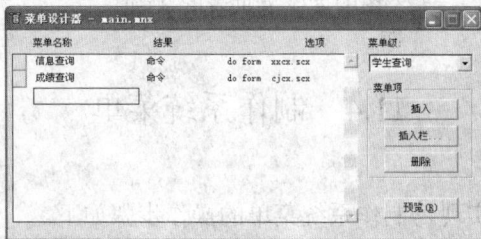

图 11-38　"学生查询"子菜单的设计

为"学生查询"中的两个子菜单分别添加如下命令:

```
DO FORM xxcx.scx
DO FORM cjcx.scx
```

⑥ 返回【菜单设计器】对话框,为"成绩"创建子菜单,创建的效果如图 11-39 所示。

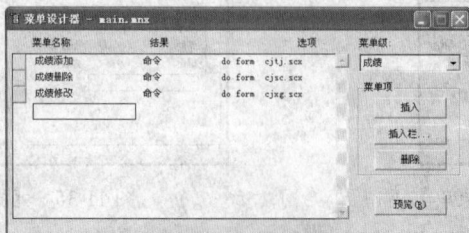

图 11-39　"成绩"子菜单的设计

为"成绩"中的 3 个子菜单分别添加如下命令：

```
DO FORM cjtj.scx
DO FORM cjsc.scx
DO FORM cjxg.scx
```

⑦ 为其他菜单命令添加代码。为系统菜单【打印】添加如下命令：

```
DO FORM dy.scx
```

为系统菜单【帮助】添加如下命令：

```
DO FORM bz.scx
```

为系统菜单【退出】添加如下命令：

```
CLEAR EVENTS
QUIT
```

⑧ 在 Visual FoxPro 系统菜单中选择【菜单】|【生成】命令，设定好输出菜单的位置，单击【生成】按钮，输出 main.mpr 菜单文件。【生成菜单】窗口如图 11-40 所示。

⑨ 关闭【菜单设计器】，返回【项目管理器】窗口中，然后新建一个顶层表单。选择【文档】|【表单】命令，单击【新建】按钮，弹出【新建】对话框，如图 11-41 所示。

图 11-40　【生成菜单】窗口　　　　　　图 11-41　【新建表单】窗口

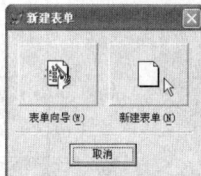

单击【新建表单】按钮，在【属性】窗口中设置 ShowWindows 属性为"2-作为顶层表单"，双击表单，打开代码窗口，在【过程】组合框中选择"init"，加入以下代码：

```
CLOSE ALL
CLOSE DATABASE
_VISUAL FOXPRO.Visible = .F.
this.caption="学生信息管理系统"
DO main.mpr with this
```

选择 Destroy 过程事件，在代码窗口加入如下代码：

```
CLEAR EVENTS
RETU
```

保存表单为"main"，关闭表单。

需要注意的是，此步骤需要将其余表单的 ShowWindows 属性全部设置为"1-在顶层表单中"。

⑩ 建立一个主控程序"main.prg"。在【项目管理器】中，选择【代码】选项卡中的【程序】，然后单击【新建】按钮，此时弹出【程序】窗口，输入如图 11-42 所示的

代码。

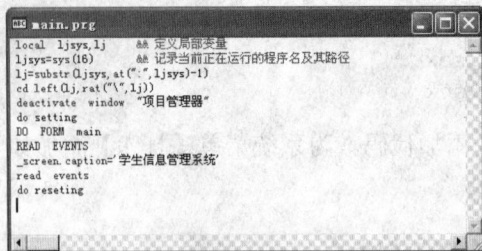

图 11-42　【程序】窗口

保存程序的文件名为"main"，在【项目管理器】中再次选中它，在 Visual FoxPro
系统菜单中选择【项目】|【设置主文件】命令，确认【设置主文件】被选中，如图 11-43
所示。

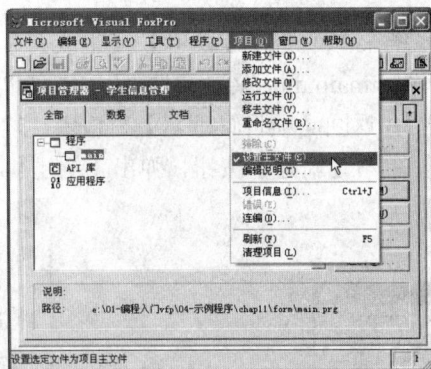

图 11-43　设置"main"为主文件

⑪ 新建一个程序文件，用来设置安装环境，保存文件的名字为"setting.prg"，输入
以下代码：

```
SET SYSMENU OFF
SET SYSMENU TO
SET TALK OFF
SET NOTIFY OFF
SET EXCLUSIVE ON
SET UNIQUE ON
SET SAFETY OFF
```

⑫ 新建一个程序文件，用来恢复系统环境，程序的文件名为"resetting.prg"，输入
以下代码：

```
SET SYSMENU TO DEFAULT
SET SYSMENU ON
SET TALK ON
SET NOTIFY ON
SET EXCLUSIVE ON
SET SAFETY ON
```

```
MODIFY WINDOW SCREEN
```

分别将以上程序文件加入到项目管理器中，并在【命令】窗口中输入命令：

```
MODI COMM CONFIG.FPW
```

⑬ 建立一个应用程序环境配置文件 config.fpw，如图 11-44 所示。

图 11-44　【文件】窗口

在该窗口中输入以下语句：

```
SCREEN = OFF
TITLE ="这是我自己的系统"
MVCOUNT = 1025
OUTSHOW = ON
RESOURCE = OFF
THROTTLE = 0
TALK = OFF
MULTILOCKS = ON
EXCLUSIVE = OFF
SAFETY = OFF
```

本段程序用于设置一些系统信息，用户可以修改"TITLE"的内容，但其他程序不需改动。

⑭ 编译程序。在【项目管理器】中选择【连编】按钮，打开【连编选项】对话框，如图 11-45 所示。

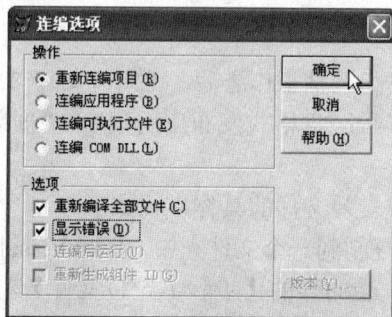

图 11-45　设置【连编选项】窗口

该对话框中的主要选项设置如下：

【重新连编项目】：将仔细地检查项目中的所有文件、产生源代码或者是检查错误，该选项对应的命令是：BUILD PROJECT。

【连编应用程序】：该选项可以将项目连编成扩展名为.app 类型的应用程序。

【连编可执行文件】：将项目连编成.exe 类型的可执行文件，双击它就可以运行程序了。

【连编 COM DLL】：用来创建一个扩展名为.dll 文件的动态链接库。

【重新编译全部文件】：将重新编译项目中的所有文件，并创建每个源文件的对象文件。

本例中选中【连编可执行文件】单选项，在【选项】组中选择【重新编译全部文件】和【显示错误】复选框，单击【版本】按钮，给程序定义一个版本号，如图 11-46 所示。

⑮ 定义完成后，单击【确定】按钮，编译可执行文件 main.exe 程序，保存程序，关闭 Visual FoxPro 窗口。双击 main.exe，运行程序，运行效果如图 11-47 所示。

用户可以利用所学的知识，将"欢迎"表单和"登录"表单添加到系统当中。

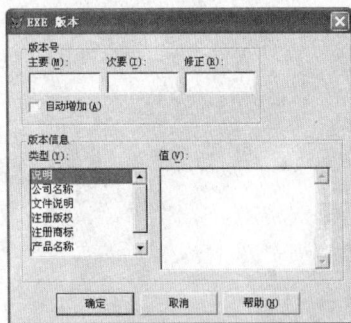

图 11-46　定义版本信息　　　　图 11-47　运行程序效果

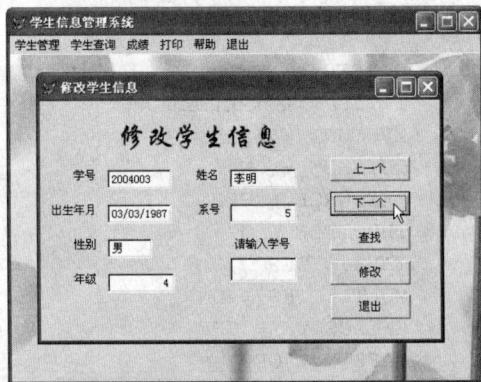

11.5　创建安装文件

在完成应用程序的开发和测试工作之后，可用"安装向导"为应用程序创建安装程序和发布磁盘。如果要以多种磁盘格式发布应用程序，"安装向导"会按指定的格式来创建安装程序和磁盘。

使用"安装向导"创建安装文件的具体步骤如下。

① 将用户创建的程序复制到一个文件夹中。打开 Visual FoxPro，选择【工具】|【向导】|【安装】命令，打开安装向导的【步骤 1-定位文件】对话框，如图 11-48 所示。

② 在【发布树目录】中选择"学生信息管理系统"所在的目录，单击【下一步】按钮，进入安装向导的【步骤 2-指定组件】对话框，如图 11-49 所示。

③ 选择安装程序所需要的组件。在【应用程序组件】选项组中选择【Visual FoxPro 运行时刻组件】和【Microsoft Graph 6.0 运行时刻】复选框。

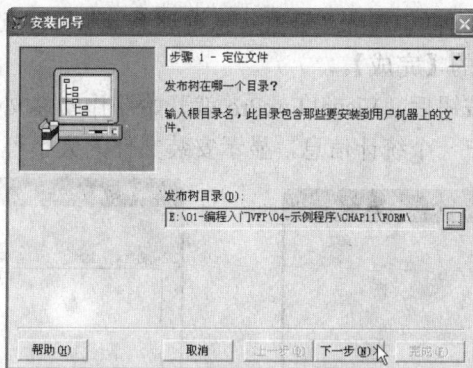

图 11-48 步骤 1-定位文件

④ 单击【下一步】按钮，打开【步骤 3-磁盘映象】对话框，如图 11-50 所示。这一步主要是选择安装程序的存放位置。在【磁盘映象】选项组中选择【网络安装（非压缩）】复选项，单击【下一步】按钮，进入安装向导的【步骤 4-安装选项】对话框，如图 11-51 所示。

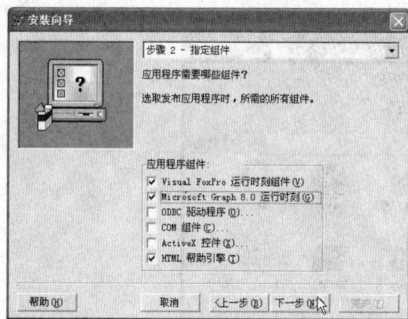

图 11-49 步骤 2-指定组件

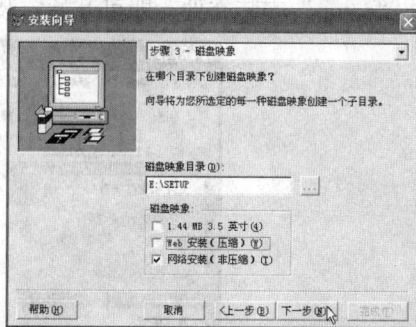

图 11-50 步骤 3-磁盘映象

⑤ 在【安装对话框标题】文本框中输入"学生信息管理系统"，在【版权信息】文本框中输入该软件归哪个公司所有，单击【下一步】按钮，进入安装向导的【步骤 5-默认目标目录】对话框，如图 11-52 所示。

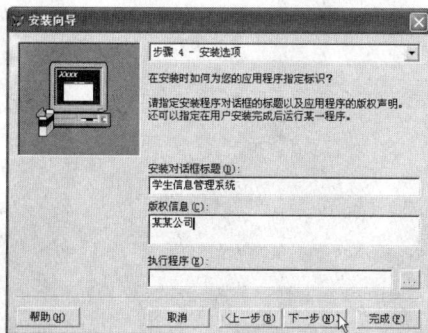

图 11-51 步骤 4-安装选项

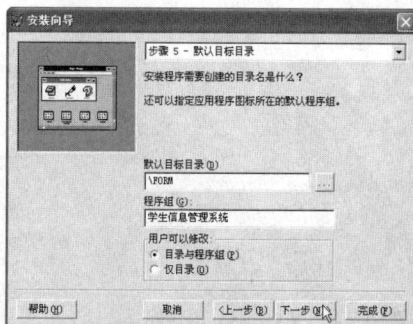

图 11-52 步骤 5-默认目标目录

⑥ 在【程序组】文本框中输入"学生信息管理系统",其他选项保持默认。单击【下一步】按钮,直到最后的【完成】。

⑦ 单击【完成】按钮后,Visual FoxPro 就开始制作安装文件,如图 11-53 所示。

⑧ 稍后系统给用户一个统计信息,显示安装文件的大小等,如图 11-54 所示。

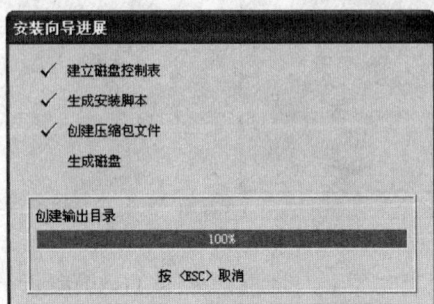

图 11-53 【安装向导进展】窗口

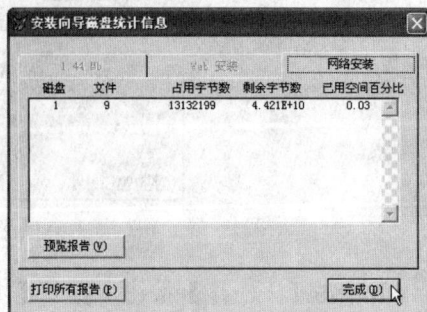

图 11-54 安装信息统计

⑨ 打开安装文件的指定路径,可以看到,与一般的应用程序相似,如图 11-55 所示。双击"setup"安装文件,即可开始安装程序文件了。

图 11-55 安装文件所在目录

附录 A Visual FoxPro 常用函数

数值运算函数

函 数 名	操 作	举 例	结 果
SQRT(x)	求平方根	SQRT(9)	3
INT(x)	取整数	INT(3.14)	3
ROUND(x,num)	按指定位数四舍五入	ROUND(3.14159,2)	3.14
MOD(x,y)	求 x 除以 y 的余数	MOD(25,4)	1
MAX(x,y)	求 x,y 中的最大值	MAX(7,9)	9
MIN(x,y)	求 x,y 中的最小值	MIN(2,4)	2

字符操作函数

函 数 名	操 作	举 例	结 果
UPPER(s)	将字符转换成大写字母	UPPER("abc")	ABC
LOWER(s)	将字符转换成小写字母	LOWER("XYZ")	xyz
LEN(s)	求字符串的长度	LEN("长江 7 号")	7
AT(s1,s2)	在字符串 s2 中找字符串 s1	AT("B","BEIJING")	1
SUBSTR(s,n,m)	在字符串 s 中的第 n 个字符起取 m 个字符	SUBSTR("TECHNOLO",2,3)	ECH
LEFT(s,n)	从字符串 s 左边取 n 个字符	LEFT("中国人",4)	中国
RIGHT(s,n)	从字符串 s 右边取 n 个字符	RIGHT("1345",2)	45
SPACE(n)	生成 n 个空格	"结果"+SPACE(2)+"67"	结果　67
TRIM(s)	删除字符串尾部空格	TRIM("姓名　")	姓名
ALLTRIM(s)	删除字符串中所有空格	ALLTRIM("年　龄")	年龄
STUFF(s1,n1,n2,s2)	用字符串 s2 替换 s1 中第 n1 个字符起的 n2 个字符	STUFF("now",2,1,"e")	new
&	宏替换	P="G2" USE &P	USE　G2

日期和时间函数

函 数 名	操 作	举 例	结 果
DATE( )	求当前日期	DATE( )	12/22/08
DATETIME( )	求当前日期和时间	DTAETIME( )	12/22/08 11:02:20 AM
YEAR(d)	求年份	YEAR(DATE( ))	2008
MONTH(d)	求月份（数值）	MONTH(DATETIME( ))	12
CMONTH(d)	求月份（字符）	CMONTH(DATETIME( ))	December
DAY(d)	求日期	DAY(DATE( ))	22
DOW(d)	求当前星期（数值）	DOW(DATE( ))	2
CDOW(d)	求当前星期（字符）	CDOW(DATE( ))	Monday
TIME(d)	求当前时间	TIME(DATE( ))	11:05:18.43

数据类型转换函数

函 数 名	操 作	举 例	结 果
ASC(s)	求第一个字符的 ASCII	ASC("What")	87
CHR(n)	求 ASCII 值对应的字符	CHR(87)	W
STR(r,l,d)	将数值转换成字符	STR(3.1415,4,2)	3.14
VAL(s)	将字符串转换成数值	VAL("123")	123.00
CTOD(s)	将字符串转换成日期	CTOD("12/23/08")	12/23/08
DTOC(s)	将日期转换成字符串	DTOC(DATE( ))	12/23/08
DTOS(d)	将日期转换成年/月/日的格式	DTOS(DATE( ))	20081223
CTOT(c)	将字符串转换成日期时间型	CTOT("12/23/08 11:02:20 AM")	12/23/08 11:02:20 AM
DTOT(d)	将日期型转换成日期时间型	DTOT(DATE( ))	12/23/08 12:00:00 AM
TTOC(t)	将日期时间型转换成字符型	TTOC(DATETIME( ))	12/26/08 10:23:05 AM
TTOD(t)	将日期时间型转换成日期型	TTOD(DATETIME( ))	12/23/08
IIF(c,e1,e2)	逻辑判断	A=2.1 IIF(A>0,"YES","NO")	YES

检测函数

函 数 名	操 作	举 例	结 果
RECNO( )	检测当前记录号	RECNO( )	1
RECCOUNT( )	检测当前记录数	RECCOUNT( )	12
BOF( )	开始记录	BOF( )	1
EOF( )	最后记录	EOF( )	12
FOUND( )	返回查找结果	FOUND( )	.T.
ROW( )	返回当前行坐标	ROW( )	1
COL( )	返回当前列坐标	COL( )	1
SYS(n)	返回系统状态	SYS(13)	联机状态

附录 B　Visual FoxPro 常用数据库文件命令

文　件　名	功　　能
ADD TABLE	在当前数据库中添加一个自由表
APPEND	在表的末尾添加一个或多个新记录
APPEND FROM ARRAY	由数组添加记录到表中
APPEND FROM	从一个文件中读入记录，追加到当前表的末尾
APPEND GENERAL	从文件中导入 OLE 对象并将其放入通用字段中
APPEND MEMO	将文本文件的内容复制到备注字段中
APPEND PROCEDURES	将文本文件中的存储过程追加到当前数据库中
AVERAGE	计算数值表达式或字段的算术平均值
BLANK	清除当前记录中所有字段的数据
BROWSE	打开【浏览】窗口，显示当前或选定表的记录
CALCULATE	对表中的字段或包含字段的表达式进行财务和统计操作
CHANGE	显示要编辑的字段
CLOSE	关闭各种类型的文件
CLOSE MEMO	关闭一个或多个备注编辑窗口
COMPILE DATABASE	编译数据库中的存储过程
CONTINUE	继续执行先前的 LOCATE 命令
COPY MEMO	复制当前记录中的指定备注字段的内容到文本文件中
COPY PROCEDURES	将当前数据库中的存储过程复制到文本文件中
COPY STRUCTURE	用当前选择的表结果创建一个新的空自由表
COPY TO ARRAY	将当前选定表中的数据复制到数组
COPY TO	用当前选定表中的内容创建新文件
COUNT	统计表中记录数目
CREATE	生成一个新的 Visual FoxPro 表
CREATE CONNECTION	创建一个命令联接并把它存储在当前数据库中
CREATE DATABASE	创建并打开一个数据库
CREATE TRIGGER	创建表的删除、插入和更新触发器
CREATE VIEW	从 Visual FoxPro 环境创建视图文件
DELETE	给要删除的记录做标记
DELETE CONNECTION	从当前数据库中删除一个命名联接
DELETE DATABASE	从磁盘上删除数据库
DELETE VIEW	从当前数据库中删除一个 SQL 视图
DISPLAY	在 Visual FoxPro 主窗口或用户自定义窗口中显示与当前表有关的信息
DISPLAY CONNECTIONS	显示当前数据库中与命令联接有关的信息
DISPLAY DATABASE	显示有关当前数据库的信息，或当前数据库中的字段、命令连接、表或视图的信息
DISPLAY MEMORY	显示内存变量和数组的当前内容
DISPLAY PROCEDURES	显示当前数据库中存储过程的名称
DISPLAY STRUCTURE	显示一个表文件的结果

文　件　名	功　　能
DISPLAY TABLES	显示包含在当前数据库中所有的表和表的信息
DISPLAY VIEWS	显示当前数据库中关于 SQL 视图的信息以及 SQL 视图是否基于本地或远程表的信息
DROP TABLE	把一个表从数据库中移出，并从磁盘中删除它
DROP VIEW	从当前数据库中删除指定的 SQL 视图
EDIT	显示要编辑的字段
EXPORT	把 Visual FoxPro 表中的数据复制到其他格式的文件中
FIND	查找记录
FREE TABLE	删除表中的数据库引用
GATHER	将选定表中当前记录的数据替换为某个数组、内存变量组或对象中的数据
IMPORT	从外部文件导入数据，创建一个 Visual FoxPro 新表
INSERT	插入记录
JOIN	将两个数据库文件合并
LIST	连续显示表或环境信息
LIST CONNECTIONS	连续显示有关当前数据库中命令连接的信息
LIST DATABASE	连续显示有关当前数据库的信息
LIST PROCEDURES	连续显示当前数据库存储过程的名称
LIST TABLES	连续显示包含在当前数据库中所有表和表的信息
LIST VIEWS	连续显示包含在当前数据库中有关 SQL 视图的信息
LOCATE	按顺序搜索表从而找到满足指定逻辑表达式的第一个记录
MODIFY CONNECTION	显示联接设计器，使用户能交互修改当前数据库中已有的命名联接
MODIFY DATABASE	打开数据库设计器，使用户能交互地修改当前数据库
MODIFY PROCEDURE	打开 Visual FoxPro 文本编辑器，可在其中为当前数据库创建新的存储过程
MODIFY STRUCTURE	显示表设计器
MODIFY VIEW	显示视图设计器
OPEN DATABASE	打开一个数据库
PACK	从当前表中永久删除标有删除标记的记录
PACK DATABASE	从当前数据库中永久删除标有删除标记的记录
RECALL	恢复所选表中带有删除标记的记录
REMOVE TABLE	从当前数据库中移去一个表
RENAME CONNECTION	重命名当前数据库中的一个命名联接
RENAME TABLE	重命名当前数据库中的表
RENAME VIEW	重命名当前数据库中的 SQL 视图
REPLACE	更名表的记录内容
REPLACE FROM ARRAY	使用内存变量数组中的值更新字段内容
SCAN　ENDSCAN	运行扫描数据表文件
SCATTER	从当前记录中把数据复制到一组内存变量或数组中
SEEK	查找记录命令
SELECT	激活指定工作区
SET DATABASE	指定当前数据库
SET DATASESSION	激活指定的表单数据工作期
SET DELETED	指定 FoxPro 是否处理标有删除标记的记录，以及其他命令是否可操作
SET FIELDS	指定可以访问表中的哪些字段
SET FILTER	指定访问当前表中记录时必须满足的条件

续表

文　件　名	功　能
SET INDEX	打开一个或多个索引文件，供当前表使用
SET KEY	根据索引关键字，指定访问记录的范围
SET NEAR	FIND 或 SEEK 查找记录不成功时，确定记录指针停留的位置
SET RELATION	在两个打开的表之间建立关系
SET RELATIONOFF	解除当前选定工作区中父表与相关子表之间已建立的关系
SET SKIP	创建表与表之间的一对多关系
SET TABLEVALIDATE	指定一个表的执行级别
SET WINDOW OF MEMO	设置备注字段使用的窗口
SKIP	使记录指针在表中向前移动或向后移动
SUM	对当前选定表的指定数值字段或全部数值字段进行求和
TOTAL UPDATE	计算当前选定表中数值字段的总和
UPDATE	更新数据库文件的记录
USE	打开一个表及其相关索引文件，或打开一个 SQL 视图
VALIDATE DATABASE	保证当前数据库中表和索引位置的正确性
ZAP	从表中删除所有记录，只保留表的结构

主要参考文献

匡松. 2003. Visual FoxPro 程序设计教程[M]. 成都：四川大学出版社.

徐燕，王兆其，王冰青. 1999. Visual FoxPro 6.0 中文版程序设计[M]. 北京：人民邮电出版社.

许振宇. 1998. 中文 Visual FoxPro 5.0 高级程序设计指南[M]. 北京：海洋出版社.

袁建洲. 2002. Visual FoxPro 7.0 程序设计与应用[M]. 北京：电子工业出版社.

张洪举. 2003. 专家门诊：Visual FoxPro 开发答疑 160 问[M]. 北京：人民邮电出版社.